高职高专“十一五”机电类专业规划教材

公差配合与测量技术

主　编　冯丽萍
副主编　徐秀娟　安宏宇
参　编　杨亚辉

机 械 工 业 出 版 社

全书共分9章，主要包括绪论、尺寸公差与配合、测量技术基础、形位公差与检测、表面粗糙度及测量、圆锥公差与检测、光滑极限量规、常用联接件的公差与检测、渐开线圆柱齿轮的公差与检测等。本书采用最新国家标准，内容简明扼要，理论联系实际，各章均配置了习题及授课、解题所需要的公差表格，以配合教学所需。

本书可作为高等职业技术院校机械类各专业的教材，也可供电大、职大机械类各专业的师生在教学中使用，以及从事机械设计与制造、标准化、计量测试等工作的工程技术人员参考。

本教材配有电子课件，凡使用本书作为教材的教师可登录机械工业出版社教材服务网 www.cmpedu.com 下载。咨询邮箱：cmpgaozhi@sina.com。咨询电话：010－88379375

图书在版编目（CIP）数据

公差配合与测量技术/冯丽萍主编．—北京：机械工业出版社，2007.12（2017.6 重印）
高职高专“十一五”机电类专业规划教材
ISBN 978-7-111-23113-4

Ⅰ．公…　Ⅱ．冯…　Ⅲ．①公差—配合②技术测量　Ⅳ．TG801

中国版本图书馆 CIP 数据核字（2007）第 195578 号

机械工业出版社（北京市百万庄大街22号　邮政编码100037）
策划编辑：王英杰　王海峰　责任编辑：王海峰
责任校对：王　欣　封面设计：马精明　责任印制：李　洋
北京振兴源印务有限公司印刷
2017年7月第1版·第11次印刷
184mm×260mm·11.25印张·278千字
32001—33900册
标准书号：ISBN 978-7-111-23113-4
定价：29.00元

凡购本书，如有缺页、倒页、脱页，由本社发行部调换

电话服务
社服务中心：（010）88361066
销售一部：（010）68326294
销售二部：（010）88379649
读者购书热线：（010）88379203

网络服务
门户网：http://www.cmpbook.com
教材网：http://www.cmpedu.com
封面无防伪标均为盗版

前　言

“公差配合与测量技术”是高等职业教育与高等工科院校机械类各专业的一门重要技术基础课，是与制造业发展紧密相联系的一门综合性技术基础学科。它包含几何量公差与检测两大方面内容，将计量学和标准化两个领域的相关内容有机地结合在一起，与机械设计、机械制造、质量控制、生产组织管理等许多领域密切相关，是机械工程技术人员和管理人员必备的基本知识和技能。

本书采用我国最新的公差标准编写，结合高职高专的教学特点，尽量做到深入浅出，理论联系实际，在叙述基本概念、基本理论的基础上，重点强调标准的应用能力，同时加强常用几何量检测基本技能的培养。为了巩固课堂教学效果，配合教学的需要，每章均配备了适量的习题，提供了相关的公差表格。此外，本书各章既有联系，又保持内容上的相对独立性和系统性，以适应不同专业教学的需求。

全书内容包括绪论、尺寸公差与配合、测量技术基础、形位公差与检测、表面粗糙度及测量、圆锥公差与检测、光滑极限量规、常用联接件的公差与检测、渐开线圆柱齿轮的公差与检测等。本书还就新一代 GPS（Geometrical Product Specifications and Verification）作了简单介绍。新一代 GPS 是信息时代几何产品技术规范和计量认证综合为一体的新型国际标准，它标志着标准和计量进入了一个全新的时代。

本书由陕西工业职业技术学院冯丽萍主编。本书的编写分工为：第 1、2、3、9 章由冯丽萍编写，第 6、8 章由徐秀娟编写，第 4、7 章由安宏宇编写，第 5 章由杨亚辉编写。朱航科和王丽两位老师参加了本书的资料整理工作，在此表示衷心感谢。

由于编者水平所限，书中难免存在错误与疏漏，恳请读者和专家批评指正。

编　者

目录

第1章　绪　　论

1.1　互换性与公差

1.1.1　互换性的含义

所谓互换性（interchangeability），就是事物之间可以相互替换的性能。互换性在日常生活及工程中的应用比比皆是，例如，灯泡坏了，买个同规格的换上即可达到照明目的；电视机的集成芯片坏了，换上同规格的新芯片便能保证电视机正常使用；自行车、缝纫机、汽车的零部件坏了，换一个相同规格的新零件就能满足要求。

在机械制造业中，互换性是指按照规定技术要求制造的同一规格零部件，能够彼此相互替换而效果相同的性能。零部件的互换性包括几何量、力学性能和理化性能等方面的互换性。本课程仅讨论几何量的互换性。

1.1.2　互换性的保证——公差

在零件的加工过程中，几何量误差是不可避免的，要使同一规格零件的几何量参数完全一样是不可能的，也是没有必要的。实践证明，只要将零件实际几何量的变动控制在一定范围内，即可实现互换性。这里，几何量允许的变动范围称为公差。公差越小，几何量精度越高，加工难度越大；反之，几何量精度越低，加工难度越小。公差可以控制误差，从而保证互换性的实现。

1.1.3　互换性的种类

互换性按其互换程度可分为完全互换性和不完全互换性。

1. 完全互换性

简称互换性，指零部件在装配前，不作任何选择；装配时，不需调整和修配；装配后，满足使用要求。

2. 不完全互换性

也称有限互换性，指零部件在装配前，允许有附加的选择；装配时，允许有附加的调整；装配后，能满足使用要求。不完全互换性可以用分组互换法、调整法或其他方法来实现。

（1）分组互换法　当装配精度要求很高时，若采用完全互换会使零件的公差很小，从而导致加工困难，成本增高，甚至无法加工。因此，可按分组互换法组织生产：将零件公差适当扩大，以减小加工难度，在加工后将零件按实际参数值大小分为若干组，使同组零件实际参数值的差别减小，然后按对应组进行装配。此时，仅同组内的零件可以互换，组与组之间不能互换。分组互换，既可保证装配精度及使用要求，又能使零件易于加工，降低成本。

（2）调整法　指在机器装配或使用过程中，对某一特定零件按所需尺寸进行调整，以达到装配精度要求。例如，可以通过调整减速器端盖与箱体之间的垫片厚度来达到调整轴承轴向间隙的目的。

一般来说，对于厂际间协作，应采用完全互换性。厂内生产零部件的装配，则可采用不完全互换性。

1.1.4　互换性的作用

机械制造业中互换性的作用体现在产品的设计、制造、装配和使用等方面。

从设计方面看，由于零部件具有互换性，可以最大限度地采用标准件、通用件，从而简化计算、绘图等工作，缩短设计周期，并有利于计算机辅助设计和产品品种的多样化。

从制造方面看，互换性有利于组织专业化生产。由于产品单一、数量多、分工细，可广泛采用高效专用加工设备，甚至计算机辅助制造，实现加工过程的机械化、自动化，提高产量和质量，降低生产成本。

从装配方面看，由于零部件具有互换性，不需辅助加工和修配，从而可减轻劳动强度，缩短装配周期，并可按流水作业方式进行装配，便于采用自动装配，大大提高装配生产率。

从使用方面看，零部件具有互换性，可以及时更换那些已经磨损或损坏了的零部件，减少了机器的维修时间和费用，保证机器能连续而持久地运转，提高了设备的利用率。

综上所述，互换性是机器制造业可持续发展的重要生产原则和技术基础。互换性在提高产品质量和可靠性、提高经济效益等方面均有重大意义。但是，应该指出，互换性原则不是在任何情况下都适用，有时零件只能采用单个配制才符合经济原则。

1.2　标准与标准化

现代工业生产规模大、分工细，一种机械产品的制造，往往涉及到许多部门和企业，为了适应生产中各部门和企业之间技术上相互协调，生产环节之间相互衔接的要求，必须有一种手段，使独立的、分散的部门和企业之间保持必要的技术统一，使其成为一个有机的整体，以实现互换性生产。标准与标准化正是联系这种关系的主要途径和手段。标准化是互换性生产的基础。

1.2.1　概念

标准（standard）是对重复性事物和概念所作的统一规定。它以科学、技术和实践经验的综合成果为基础，经有关方面协商一致，由主管机构批准，以特定形式发布，作为共同遵守的准则和依据。

标准化是指在经济、技术、科学及管理等社会实践中，对重复性事物和概念通过制定、发布和实施标准，达到统一，以获得最佳秩序和社会效益。由此可见，标准化包括制定、发布、贯彻实施以及不断修订标准的全部活动过程，其核心内容是贯彻实施标准。

1.2.2 标准的分类

标准按其性质可分为技术标准和管理标准两类。通常所说的标准，大都指技术标准。按标准化对象的特征，技术标准分为基础标准、产品标准、方法标准、安全标准、卫生标准、环境标准等，如图 1-1 所示。基础标准是指在一定范围内作为其他标准的基础，被普遍使用并具有广泛指导意义的标准，如计量单位、优先数系、机械制图、极限与配合、形状和位置公差、表面粗糙度等标准。

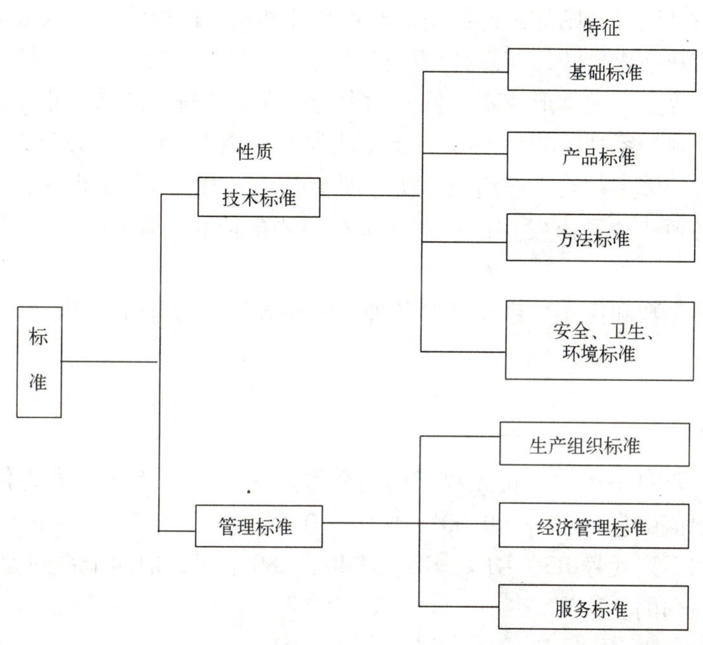

图 1-1 标准分类

1.2.3 标准的级别

标准制定的范围不同，其级别也不一样。我国标准分为四个级别：国家标准、行业标准、地方标准和企业标准。在全国范围内统一制定的标准为国家标准；在全国同一行业内制定的标准为行业标准；在省、自治区、直辖市范围内制定的标准为地方标准；在企业内部制定的标准为企业标准。后三个级别的标准不得与国家标准相抵触。

从世界范围看，有国际标准和国际区域性标准两级。国际标准是指由国际标准化组织（ISO）和国际电工委员会（IEC）制定发布的标准。国际区域性标准是指由国际地区（或国家集团）性组织，如欧洲标准化委员会（CNE）、欧洲电工标准化委员会（CENELEC）等所制定发布的标准。我国于 1978 年恢复参加 ISO 组织后，陆续修订了自己的标准。

总之，标准化是组织现代化大生产的重要手段，是实现专业化协作生产的必要前提，是科学管理的重要组成部分，是整个社会经济合理化的技术基础，是发展贸易，提高产品在国内、外市场上竞争能力的技术保证。搞好标准化工作，对提高产品和工程建设质量、提高劳动生产率、改善人民生活、高速发展国民经济等都有重要的意义。

1.3 优先数与优先数系

1.3.1 数值标准

在设计机械产品时，需要确定许多技术参数。当选定一个数值作为某种产品的参数指标时，这个数值就会按照一定的规律，向一切相关制品、材料等有关的参数指标传播扩散。例如，螺孔的尺寸一旦确定，则加工螺纹用的丝锥尺寸和检验内螺纹的螺纹塞规尺寸，甚至攻螺纹前的钻孔尺寸和钻头尺寸，与螺孔相配的螺钉尺寸都随之确定。这种技术参数的传播，在生产实践中极为普遍，常常形成牵一发而动全身的现象。每种产品不止一种参数，而每一种参数又不止一个规格系列，如果没有一个共同遵守的数值标准，势必造成产品的数值杂乱无章，品种规格过于繁多，给生产组织、协作配套以及使用维修等带来很大困难。因此，对各种技术参数，必须从全局出发加以协调，进行适当的简化和统一，实现数值系列的标准化。

实践证明，优先数和优先数系就是对各种技术参数的数值进行协调、简化和统一的一种科学的数值制度。

1.3.2 优先数系

国家标准 GB/T321—1980《优先数和优先数系》规定十进等比数列为优先数系（所谓十进，即数列的项值中包括：…，0.001，0.01，0.1，1，10，100，1000，…），共规定了五个系列，分别用系列代号 R5、R10、R20、R40、R80 表示，前四个系列为基本系列，R80 为补充系列。各系列的公比为

R5 的公比：$q_5 = \sqrt[5]{10} \approx 1.60$

R10 的公比：$q_{10} = \sqrt[10]{10} \approx 1.25$

R20 的公比：$q_{20} = \sqrt[20]{10} \approx 1.12$

R40 的公比：$q_{40} = \sqrt[40]{10} \approx 1.06$

R80 的公比：$q_{80} = \sqrt[80]{10} \approx 1.03$

选用优先数系时，采用“先疏后密”的原则，即按 R5、R10、R20、R40 的顺序选用，补充系列 R80 仅用于分级很细的特殊场合。

1.3.3 优先数

优先数系中的每一个数（项值）即为优先数。按照公比计算得到的优先数的理论值，除 10 的整数幂外，都是无理数，在工程技术上不能直接应用。实际应用的数值都是经过化整后的近似值，根据取值的精确程度，数值可以分为：

1）计算值：取五位有效数字，供精确计算用。

2）常用值：即通常所称的优先数，取三位有效数字，是经常使用的。

3）化整值：将常用值进一步圆整，一般取两位有效数字，较少采用。

优先数系的基本系列见表 1-1。

表 1-1 优先数系的基本系列（摘自 GB/T321—1980）

基本系列（常用值）				计算值
R5	R10	R20	R40	
1. 00	1. 00	1. 00	1. 00	1. 0000
			1. 06	1. 0593
		1. 12	1. 12	1. 1220
			1. 18	1. 1885
	1. 25	1. 25	1. 25	1. 2589
			1. 32	1. 3335
		1. 40	1. 40	1. 4125
			1. 50	1. 4962
1. 60	1. 60	1. 60	1. 60	1. 5849
			1. 70	1. 6788
		1. 80	1. 80	1. 7783
			1. 90	1. 8836
	2. 00	2. 00	2. 00	1. 9953
			2. 12	2. 1135
		2. 24	2. 24	2. 2387
			2. 36	2. 3714
2. 50	2. 50	2. 50	2. 50	2. 5119
			2. 65	2. 6607
		2. 80	2. 80	2. 8184
			3. 00	2. 9854
	3. 15	3. 15	3. 15	3. 1623
			3. 35	3. 3497
		3. 55	3. 55	3. 5481
			3. 75	3. 7584
4. 00	4. 00	4. 00	4. 00	3. 9811
			4. 25	4. 2170
		4. 50	4. 50	4. 4668
			4. 75	4. 7315
	5. 00	5. 00	5. 00	5. 0119
			5. 30	5. 3088
		5. 60	5. 60	5. 6234
			6. 00	5. 9566
6. 30	6. 30	6. 30	6. 30	6. 3096
			6. 70	6. 6834
		7. 10	7. 10	7. 0795
			7. 50	7. 4989
	8. 00	8. 00	8. 00	7. 9433
			8. 50	8. 4140
		9. 00	9. 00	8. 9125
			9. 50	9. 4406
10. 00	10. 00	10. 00	10. 00	10. 0000

1.3.4 优先数系的特点

1）优先数系中任意两项的积、商和任意一项的整次幂仍为同系列的优先数，便于计算。

2）R5 的项值包含在 R10 中，R10 的项值包含在 R20 中，R20 的项值包含在 R40 中，R40 的项值包含在 R80 中，便于数值扩散。

3）优先数系中的项值可按十进法向两端无限延伸，因而优先数的范围是不受限制的。

4）优先数系中相邻项的相对差为常数（相对差是指后项减前项的差值与前项之比的百分数），即系列中数值间隔相对均匀。

优先数系广泛应用于技术标准的制定，它适用于各种尺寸、参数的系列化和质量指标的分级，使各种技术参数从一开始就纳入标准化轨道，对保证各种工业产品品种、规格的合理简化分档和协调配套具有重大意义。本课程所涉及的有关标准，如尺寸分段、公差分级、表面粗糙度参数系列等，都是按优先数系确定的。

1.4 检测与计量

1.4.1 检测

制定了先进的公差标准，对零件的几何量分别规定了合理的公差，还应采用适当的检测措施，才能保证零部件的互换性。检测是检验和测量的统称。测量能够获得被测几何量的具体数值；而检验只是对几何量合格性进行判别，不必得出具体数值。通过检测，零件几何参数的实际值在规定的公差范围之内就合格；反之，就不合格。但是必须指出，检测的目的不仅仅在于判别零件合格与否，还在于分析废品产生的原因，以便设法减小，甚至消除废品。实践证明，产品质量的提高，有赖于检测精度的提高；产品生产率的提高，一定程度上也有赖于检测效率的提高。

1.4.2 计量

说到检测，与其紧密关联的一个概念就是计量。计量是利用技术和法制手段保证检测实现统一和准确的一门科学。计量学主要研究以下内容：

1）计量单位及其基准和标准的建立、复现、保存及使用。

2）计量方法以及计量器具的特性。

3）测量误差和不确定理论。

4）测量者进行测量的能力。

5）基本物理常数、标准物质及材料的测定。

要进行检测，就必须从计量上保证单位统一，量值准确。计量对整个检测领域起指导、监督、保证和仲裁的作用。

1.4.3 检测和计量在我国的发展

检测和计量在我国有悠久的历史，秦朝我国统一了度量衡制度，西汉时期制成了铜质卡尺。但由于长期的封建统治，检测技术和计量手段都处于落后的状态，直到解放后这种落后的局面才得以改变。1959 年国务院发布了《关于统一计量制度的命令》，确定采用米制为我国长度计量单位。1977 年国务院发布了《中华人民共和国计量管理条例》，健全了各级计量机构和长度量值传递系统，保证了全国计量单位的统一。1984 年国务院发布了《关于在我国统一实行法定计量单位的命令》，在全国范围内统一实行了以国际单位制为基础的法定计量单位。1985 年发布了《中华人民共和国计量法》，使我国计量单位制度更加统一，量值更加准确可靠。

随着科学技术的发展，检测技术也有了很大的发展，测量精度可达到纳米级，测量空间由二维发展到三维。另外，我国还研制出一些达到世界先进水平的量仪，如激光光电比长仪、激光丝杠动态检查仪、无导轨大长度测量仪等。

20 世纪 60 年代发展起来的三坐标测量机也得到了广泛的应用。三坐标测量机有“测量中心”之称，它的基本功能就是指示测头所处空间位置的 X、Y、Z 坐标值，它的测量精度、测量效率高，能够测量几何形状复杂的表面，并能够进行在线测量，防止废品的发生。

现阶段，由于计算机的应用已深入到人类生活的各个方面，计算机在几何量检测领域的应用也日趋广泛。例如，计量仪器微机化，仪器可实现数据的自动采集、处理，前面所说的三坐标测量机都配有相应的测量软件；计算机辅助精度设计，利用计算机来完成公差数据的管理、相关零件公差的分配和各种公差的选取等；另外，还有计算机辅助专用量具设计，由计算机来完成大量公差数据的查找、计算及画图工作，减轻了人的劳动，提高了工作效率。

1.5 新一代 GPS 简介

GPS（Geometrical Product Specifications and Verification）即产品几何量技术规范与认证的简称，它贯穿于几何产品的研究、开发、设计、制造、验收、出厂、使用以及维修的全过程。

随着计算机信息技术的发展，以前适用于手工设计环境的 GPS 标准不便于计算机的表达、处理和数据传递。公差理论和标准的落后已成为制约 CAD/CAM 技术继续深入发展的瓶颈。基于这个原因，ISO/TC 213（国际产品尺寸和几何规范及认证技术委员会）着手全面修订 ISO 公差标准体系，研究和建立一个基于信息技术，适应 CAD/CAM 的技术要求，保证预定几何精度为目标的标准体系，这一新的 GPS 标准体系与现代设计和制造技术相结合，是对传统公差设计和控制思想的一次大的变革。

凡有大小和形状的产品都是几何产品，所以 GPS 的应用极为广泛。基于“标准和计量”的新一代 GPS 蕴含了工业大生产的基本特征，反映了技术发展的内在要求，为产品技术评估提供了“通用语言”。新一代 GPS 体系将有利于产品的设计、制造及检测，通过对规范和认证（检验）过程的不确定度处理，实现资源的自动化分配。更重要的是能够消除技术壁垒，便于商品和服务的交流，提升企业的国际竞争能力。标准体系不但影响一个国家的经济发展，而且对一个国家的科学技术和制造业水平起决定性作用。

1.6 本课程的任务

本课程是机械类、近机类各专业的一门重要技术基础课，是联系设计课程与工艺课程的纽带，是从基础课学习过渡到专业课学习的桥梁。它包含了公差和检测两大方面的内容，公差部分主要通过课堂教学来完成，检测部分主要通过实验教学来完成。

学生在学习本课程前，应具备一定的理论和生产实践知识，能读图，懂得图样标注法，了解机械加工的一般知识和常用机构的原理。学生学完本课程后应达到以下要求：

1）掌握互换性与标准化的基本概念及有关术语定义。

2）基本掌握有关公差标准的主要内容和主要规定。

3）会查用有关公差表格，并能对公差配合要求进行正确标注和解释。

4）具有初步选用公差与配合的能力。

5）掌握测量技术的基本知识，会选用和使用测量器具，具有对典型几何量实施检测的能力。

6）掌握光滑极限量规的设计原则和基本方法。

总之，本课程的任务在于使学生获得机械工艺技术人员所必须具备的几何量公差与检测的基本知识和技能。后续课程的学习及毕业后的工作实践，还会进一步加深学生对本课程的理解。

习 题 1

1-1 互换性的含义是什么？互换性按互换的程度分为哪几类？

1-2 什么是公差？它和互换性的关系是什么？

1-3 互换性在机械制造业中有什么作用？

1-4 何谓标准？何谓标准化？互换性生产与标准化的关系是什么？

1-5 检测和计量的关系是什么？

1-6 写出 R5 系列 0.1～100 的优先数。

1-7 试述新一代 GPS 建立的必要性。

1-8 本课程的主要任务是什么？

第2章　尺寸公差与配合

为了满足机械零部件的精度要求，保证其互换性，应对尺寸公差与配合进行标准化，因此，国家发布了一系列有关尺寸公差与配合的国家标准，它主要包括：GB/T 1800.1—1997《极限与配合　基础　第1部分：词汇》、GB/T 1800.2—1998《极限与配合　基础　第2部分：公差、偏差和配合的基本规定》、GB/T 1800.3—1998《极限与配合　基础　第3部分：标准公差和基本偏差数值表》、GB/T 1800.4—1999《极限与配合　标准公差等级和孔、轴的极限偏差表》、GB/T 1801—1999《极限与配合　公差带与配合的选择》、GB/T 1804—2000《一般公差　未注公差的线性和角度尺寸的公差》。这些标准是我国机械工业重要的基础标准，它们的制定和实施可以满足我国机械产品设计和适应国际贸易的需要。

本章主要介绍有关尺寸公差与配合的基本术语及定义、国家标准的构成和公差配合的选择。

2.1　基本术语及定义

2.1.1　有关孔和轴的定义

1. 孔

孔通常是指工件的圆柱形内表面，也包括非圆柱形内表面（由二平行平面或切面形成的包容面）。

2. 轴

轴通常是指工件的圆柱形外表面，也包括非圆柱形外表面（由二平行平面或切面形成的被包容面）。

从装配关系讲，孔是包容面，轴是被包容面。从加工过程看，随着余量的切除，孔的尺寸由小变大，轴的尺寸由大变小，如图2-1所示。

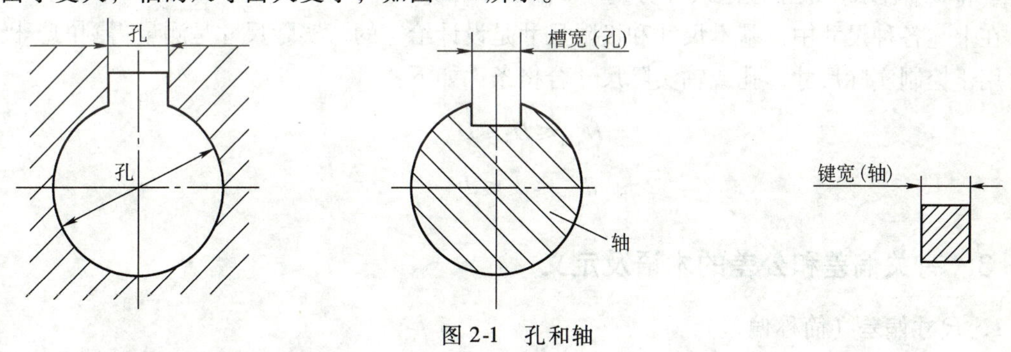

图2-1　孔和轴

2.1.2　有关尺寸的术语及定义

1. 尺寸

尺寸是指以特定单位表示线性尺寸值的数值，通常指两点之间的距离，如直径、半径、宽度、高度、深度、中心距等。

由尺寸的定义可知，尺寸由数值和特定单位组成。在机械制造中，常以 mm 作为特定单位，依据 GB/T 4458.4—1984《机械制图　尺寸注法》的规定，图样上的尺寸以毫米（mm）为单位时，单位省略，只标数值，但若以其他单位表示时，则必须注明单位。

2. 基本尺寸（D，d）

基本尺寸是指由设计给定的尺寸。孔用 D 表示，轴用 d 表示。它是由设计者根据零件的使用要求，通过强度、刚度等的计算和结构设计，经过化整而确定的。基本尺寸一般应采用标准尺寸，执行 GB/T 2822—1981《标准尺寸》的规定。基本尺寸的标准化可以缩减定值刀具、量具、夹具的规格数量。

图样上标注的尺寸，通常均为基本尺寸。

3. 实际尺寸（D_a，d_a）

实际尺寸是指通过测量得到的尺寸。孔和轴的实际尺寸分别用 D_a 和 d_a 表示。由于测量误差的存在，测得的实际尺寸并非是被测尺寸的真值。由于加工误差的存在，按同一图样要求加工的各个零件，其实际尺寸往往不同，即使是同一零件不同位置、不同方向的实际尺寸也往往不一样，如图 2-2 所示。

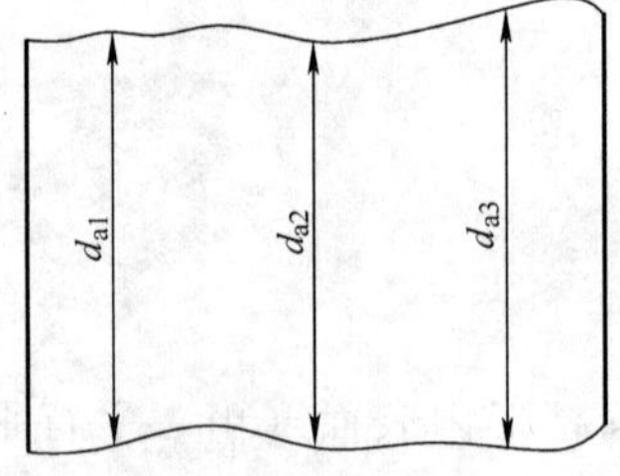

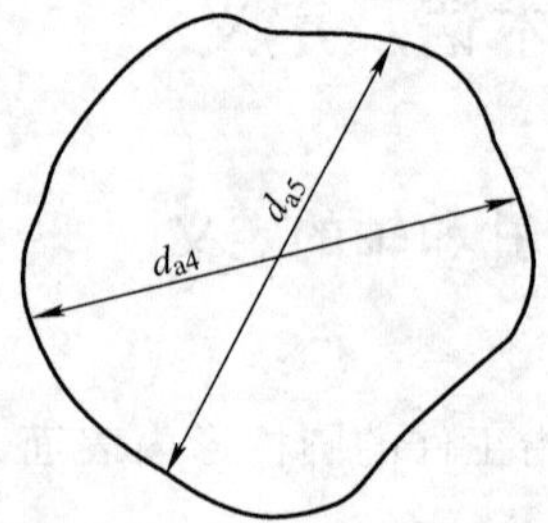

图 2-2　实际尺寸

4. 极限尺寸

极限尺寸是指一个孔或轴允许的尺寸的两个极端，即允许尺寸变化的两个界限值。其中较大的一个称为最大极限尺寸，较小的一个称为最小极限尺寸。孔和轴的最大极限尺寸分别用 D_{max} 和 d_{max} 表示，最小极限尺寸分别用 D_{min} 和 d_{min} 表示。

在上述各种尺寸中，基本尺寸和极限尺寸是设计给定的，实际尺寸是测量得到的。极限尺寸用于控制实际尺寸，孔或轴实际尺寸合格条件如下：

$$D_{min} \leqslant D_a \leqslant D_{max}$$

$$d_{min} \leqslant d_a \leqslant d_{max}$$

2.1.3 有关偏差和公差的术语及定义

1. 尺寸偏差（简称偏差）

尺寸偏差是指某一尺寸（实际尺寸、极限尺寸等）减其基本尺寸所得的代数差，其值可正，可负或零。偏差值除零外，前面必须冠以正号或负号。

偏差分为实际偏差和极限偏差，而极限偏差又分为上偏差和下偏差。

（1）实际偏差（E_a，e_a）　实际尺寸减其基本尺寸所得的代数差。孔和轴的实际偏差分

别用符号 E_a 和 e_a 表示，公式如下：

$$E_a = D_a - D$$
$$e_a = d_a - d \tag{2-1}$$

（2）极限偏差　极限尺寸减其基本尺寸所得的代数差。最大极限尺寸减其基本尺寸所得的代数差称为上偏差，孔和轴的上偏差分别用符号 ES 和 es 表示；最小极限尺寸减其基本尺寸所得的代数差称为下偏差，孔和轴的下偏差分别用符号 EI 和 ei 表示，公式如下：

$$\mathrm{ES} = D_{max} - D \quad \mathrm{es} = d_{max} - d$$
$$\mathrm{EI} = D_{min} - D \quad \mathrm{ei} = d_{min} - d \tag{2-2}$$

极限偏差用于控制实际偏差，孔或轴实际偏差合格条件如下：

$$\mathrm{EI} \leqslant E_a \leqslant \mathrm{ES}$$
$$\mathrm{ei} \leqslant e_a \leqslant \mathrm{es}$$

2. 尺寸公差（简称公差）

尺寸公差是指允许尺寸的变动量。它等于最大极限尺寸与最小极限尺寸之差，或上偏差与下偏差之差，是一个没有符号的绝对值，且不能为零。孔和轴的尺寸公差分别用符号 T_h 和 T_s 表示，公式如下：

$$T_h = |D_{max} - D_{min}| = |\mathrm{ES} - \mathrm{EI}|$$
$$T_s = |d_{max} - d_{min}| = |\mathrm{es} - \mathrm{ei}| \tag{2-3}$$

需要注意的是，公差和极限偏差都是设计时给定的，但它们之间有本质的不同。在数值上，极限偏差是代数差值，可为正，为负或为零，公差是没有任何符号的绝对值，不能为零；在作用上，极限偏差用于控制实际偏差，是判别尺寸合格与否的依据，公差的大小反映尺寸的精度，公差值越小，精度越高，反之，精度越低；在工艺上，极限偏差是决定刀具与工件相对位置的依据，公差的大小则决定了加工的难易程度。

基本尺寸、极限尺寸、极限偏差和尺寸公差之间的关系如图2-3所示。

3. 公差带图

图2-3分析了基本尺寸、极限尺寸、极限偏差及公差之间的相互关系。但由于公差和偏差的数值与尺寸数值相差甚远，不能用同一比例画在一张图上，所以我们可以采用公差带图清晰而直观地来表示它们之间的关系，如图2-4所示。

（1）零线　用来表示基本尺寸的一条直线。以零线作为上、下偏差的起点，零线以上为正偏差，零线以下为负偏差，位于零线上的偏差是零。

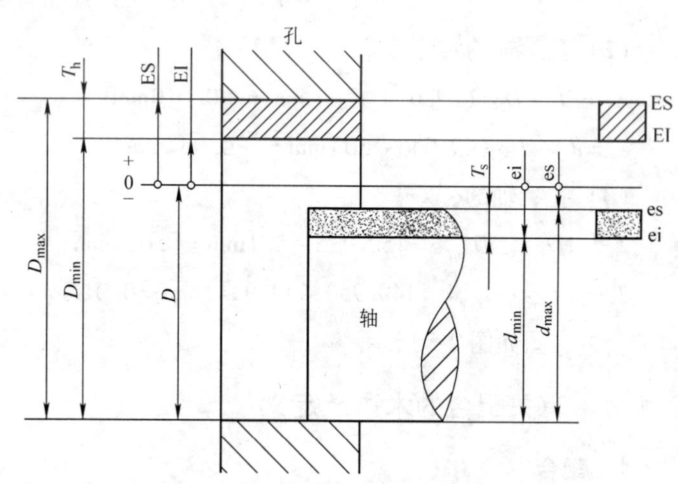

图2-3　公差与配合示意图

（2）尺寸公差带（简称公差带） 是由代表上偏差和下偏差或最大极限尺寸和最小极限尺寸的两条直线所限定的一个区域。公差带在零线垂直方向上的宽度代表公差值，沿零线方向的长度可适当选取。通常，孔公差带用斜线表示，轴公差带用网点表示。

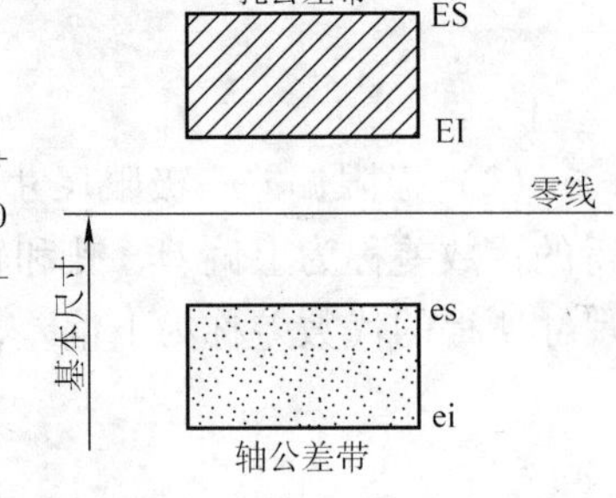

图 2-4 公差带图

公差带图中，基本尺寸的单位用 mm 表示，极限偏差和公差的单位可用 mm 表示，也可用 μm 表示。

（3）公差带的两要素 公差带由“公差带大小”和“公差带位置”两个要素组成。公差带的大小由公差值确定，位置由基本偏差确定。通常使用标准化的公差值和基本偏差。

1）标准公差 指国家标准所规定的公差值。

2）基本偏差 指国家标准中确定公差带相对零线位置的那个极限偏差，一般为靠近或位于零线的那个极限偏差。当公差带在零线上方时，其下偏差为基本偏差；当公差带在零线下方时，其上偏差为基本偏差；当公差带相对于零线对称分布时，其上、下偏差中的任何一个都可作为基本偏差。

这种标准化的公差和偏差制度称为极限制，它是一系列标准的孔、轴公差数值和极限偏差数值。

例 2-1 已知基本尺寸 $D(d)=50\text{mm}$，孔的极限尺寸 $D_{max}=50.025\text{mm}$，$D_{min}=50\text{mm}$；轴的极限尺寸 $d_{max}=49.950\text{mm}$，$d_{min}=49.934\text{mm}$。现测得孔、轴的实际尺寸分别为 $D_a=50.010\text{mm}$，$d_a=49.946\text{mm}$。求孔、轴的极限偏差、实际偏差及公差，并画公差带图。

解：

（1）孔、轴的极限偏差

$$\text{ES}=D_{max}-D=(50.025-50)\text{mm}=+0.025\text{mm}$$

$$\text{EI}=D_{min}-D=(50-50)\text{mm}=0\text{mm}$$

$$\text{es}=d_{max}-d=(49.950-50)\text{mm}=-0.050\text{mm}$$

$$\text{ei}=d_{min}-d=(49.934-50)\text{mm}=-0.066\text{mm}$$

（2）孔、轴的实际偏差

$E_a=D_a-D=(50.010-50)\text{mm}=+0.010\text{mm}$

$e_a=d_a-d=(49.946-50)\text{mm}=-0.054\text{mm}$

（3）孔、轴的公差

$T_h=|D_{max}-D_{min}|=|50.025-50|\text{mm}=0.025\text{mm}$

$T_s=|d_{max}-d_{min}|=|49.950-49.934|\text{mm}=0.016\text{mm}$

公差带图如图 2-5 所示。

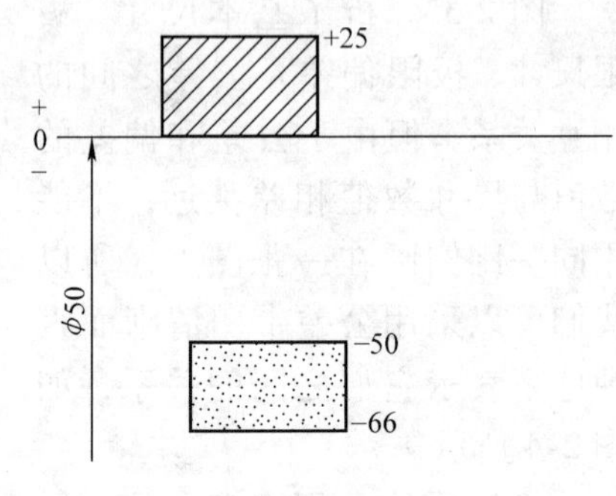

图 2-5 例 2-1 公差带图

2.1.4 有关配合的术语及定义

1. 配合

配合是指基本尺寸相同的、相互结合的孔和轴公差带之间的关系。孔和轴公差带之间关系不同，形成的配合就不同。

2．间隙（X）或过盈（Y）

间隙或过盈是指孔的尺寸减去相配合的轴的尺寸所得的代数差。该代数差为正则是间隙,用符号 X 表示；为负则是过盈，用符号 Y 表示。间隙或过盈前必须冠以正号或负号。

3．配合的种类

根据相互结合的孔、轴公差带之间不同的相对位置关系，配合分为三大类。

（1）间隙配合　指具有间隙（包括最小间隙等于零）的配合。此时，孔的公差带位于轴公差带的上方，$D_{min} \geqslant d_{max}$ 或 EI≥es，如图2-6所示。只要孔和轴的实际尺寸都在各自的公差带之内，任取一对孔、轴，就能保证孔的实际尺寸一定大于或等于轴的实际尺寸，相配后必有间隙。

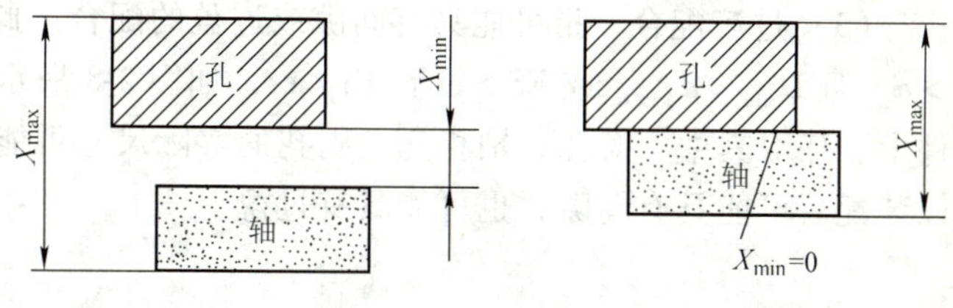

图 2-6　间隙配合

由于孔和轴的实际尺寸允许在各自公差带内变动，因此孔和轴配合的间隙也是变动的。当孔为最大极限尺寸而轴为最小极限尺寸时，装配后具有最大间隙，配合最松；当孔为最小极限尺寸而轴为最大极限尺寸时，装配后具有最小间隙，配合最紧。

最大间隙和最小间隙统称极限间隙，是间隙配合中允许间隙变动的两个界限值，分别用 X_{max} 和 X_{min} 表示，公式如下：

$$\begin{aligned} X_{max} &= D_{max} - d_{min} = \mathrm{ES} - \mathrm{ei} \\ X_{min} &= D_{min} - d_{max} = \mathrm{EI} - \mathrm{es} \end{aligned} \tag{2-4}$$

在实际设计中有时用到平均间隙。平均间隙是最大间隙和最小间隙的平均值，用 X_{av} 表示。

$$X_{av} = \frac{1}{2}(X_{max} + X_{min}) \tag{2-5}$$

（2）过盈配合　指具有过盈（包括最小过盈等于零）的配合。此时，孔的公差带位于轴公差带的下方，$D_{max} \leqslant d_{min}$ 或 ES≤ei，如图2-7所示。孔和轴公差带之间如此关系，保证了任意一对合格的孔和轴相配后必有过盈。

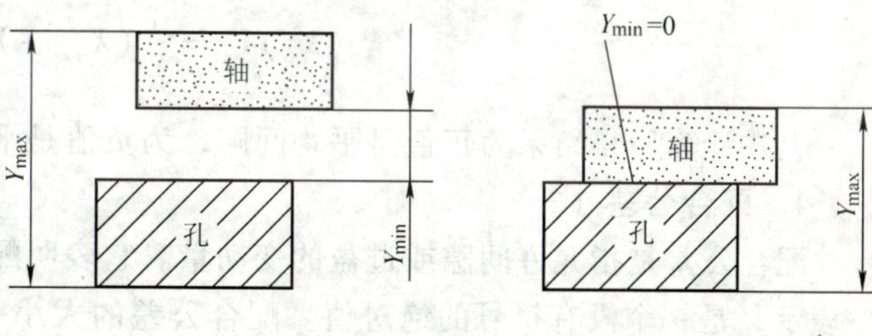

图 2-7　过盈配合

同样，过盈配合中的过盈也是变动的。当孔为最大极限尺寸而轴为最小极限尺寸时，装配后具有最小过盈，配合最松；当孔为最小极限尺寸而轴为最大极限尺寸时，装配后具有最大过盈，配合最紧。

最小过盈和最大过盈统称极限过盈，是过盈配合中允许过盈变动的两个界限值，分别用

Y_{min}和Y_{max}表示，公式如下：

$$\begin{aligned} Y_{min} &= D_{max} - d_{min} = ES - ei \\ Y_{max} &= D_{min} - d_{max} = EI - es \end{aligned} \tag{2-6}$$

平均过盈是最大过盈和最小过盈的平均值，用Y_{av}表示。

$$Y_{av} = \frac{1}{2}(Y_{max} + Y_{min}) \tag{2-7}$$

（3）过渡配合　指可能具有间隙或过盈的配合。此时，孔和轴的公差带相互交叠，$D_{max} > d_{min}$且$D_{min} < d_{max}$，或ES > ei且EI < es，如图2-8所示。在位于各自公差带内的孔、轴合格件中，任取其中一对孔、轴相配，则孔的实际尺寸可能大于、等于或小于轴的实际尺寸，所以装配后可能具有间隙，也可能具有过盈。

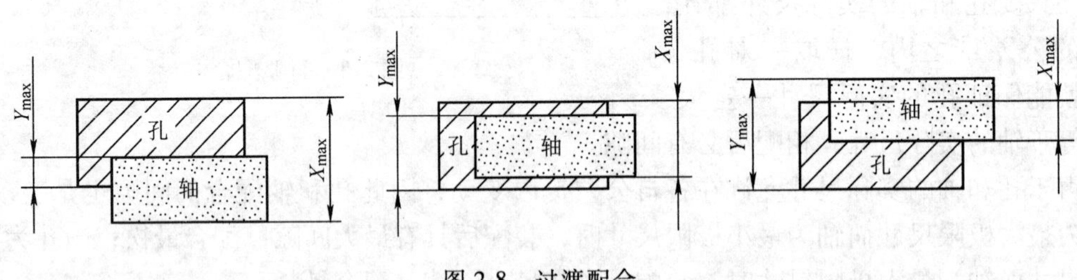

图2-8　过渡配合

当孔为最大极限尺寸而轴为最小极限尺寸时，装配后具有最大间隙，配合最松；当孔为最小极限尺寸而轴为最大极限尺寸时，装配后具有最大过盈，配合最紧。

最大间隙和最大过盈是过渡配合中允许间隙和过盈变动的两个界限值，分别用X_{max}和Y_{max}表示，公式如下：

$$\begin{aligned} X_{max} &= D_{max} - d_{min} = ES - ei \\ Y_{max} &= D_{min} - d_{max} = EI - es \end{aligned} \tag{2-8}$$

过渡配合中的平均间隙或平均过盈是：

$$(X_{av})Y_{av} = \frac{1}{2}(X_{max} + Y_{max}) \tag{2-9}$$

上式计算所得结果为正值是平均间隙，为负值是平均过盈。

4．配合公差（T_f）

配合公差是指允许间隙或过盈的变动量。它表明配合松紧程度的变化范围。配合公差用T_f表示，是一个没有符号的绝对值。配合公差的大小为配合最松状态时的极限间隙（或极限过盈）与配合最紧状态时的极限间隙（或极限过盈）代数差的绝对值，公式如下：

$$\begin{aligned} &\text{对于间隙配合} \quad T_f = |X_{max} - X_{min}| \\ &\text{对于过盈配合} \quad T_f = |Y_{min} - Y_{max}| \\ &\text{对于过渡配合} \quad T_f = |X_{max} - Y_{max}| \end{aligned} \tag{2-10}$$

在上式中，将极限间隙和极限过盈分别用孔、轴的极限尺寸或极限偏差带入，换算整理

后，三种配合的配合公差都为

$$T_f = T_h + T_s \tag{2-11}$$

上式表明，要减小配合公差，提高配合精度，就必须减小相互配合的孔和轴的公差，即提高相互配合的孔的精度和轴的精度。

例 2-2　计算 $\phi30^{+0.033}_{0}$ mm 孔与 $\phi30^{-0.020}_{-0.041}$ mm 轴配合的极限间隙、平均间隙、配合公差，并画公差带图。

解：

$$X_{max} = ES - ei = (+0.033)mm - (-0.041)mm = +0.074mm$$

$$X_{min} = EI - es = 0mm - (-0.020)mm = +0.020mm$$

$$X_{av} = \frac{1}{2}(X_{max} + X_{min}) = \frac{1}{2}[(+0.074) + (+0.020)]mm = +0.047mm$$

$$T_f = |X_{max} - X_{min}| = |(+0.074) - (+0.020)|mm = 0.054mm$$

公差带图如图 2-9 所示。

5．配合制

配合制是指用标准化的孔、轴公差带（即同一极限制的孔和轴）组成各种配合的制度。在机械产品中，有各种不同的配合要求，这就需要各种不同位置关系的孔、轴公差带来实现。但为了简化起见，无需将孔、轴公差带同时变动，只要固定一个，变更另一个即可满足要求，并获得良好的技术经济效益。

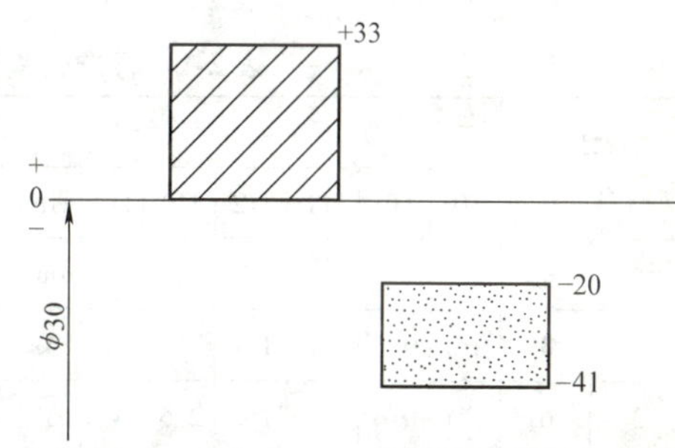

图 2-9　例 2-2 公差带图

GB/T 1800.1—1997 规定了两种配合制：基孔制和基轴制。

（1）基孔制　指基本偏差一定的孔的公差带，与不同基本偏差的轴的公差带形成各种配合的一种制度，如图 2-10 所示。

基孔制中的孔为基准孔，其代号为 H，它的基本偏差为下偏差，数值为零，即 EI = 0。

（2）基轴制　指基本偏差为一定的轴的公差带，与不同基本偏差的孔的公差带形成各种配合的一种制度，如图 2-11 所示。

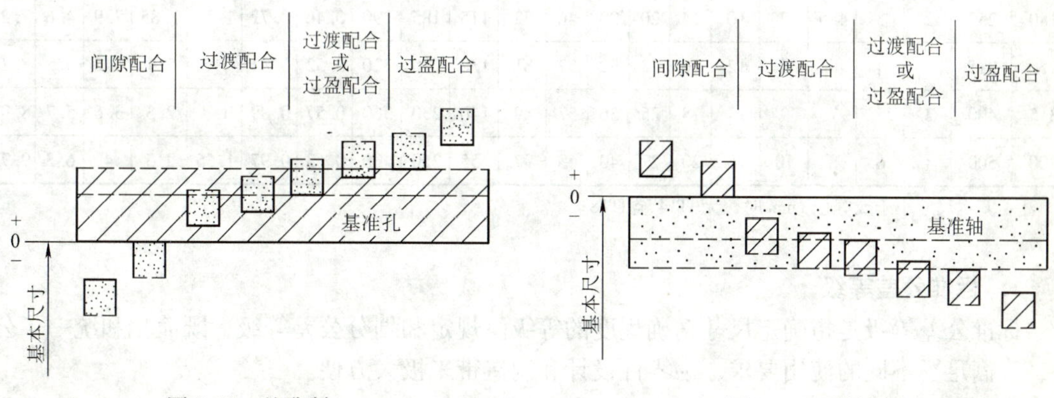

图 2-10　基孔制　　图 2-11　基轴制

基轴制中的轴是基准轴，其代号为 h，它的基本偏差为上偏差，数值为零，即 es = 0。

2.2 《极限与配合》国家标准的构成

在机械产品中，基本尺寸不大于 500mm 的尺寸段为常用尺寸，该尺寸段在生产实践中应用最广。本节着重对该尺寸段进行介绍。

由前面可知，各种配合是由孔、轴公差带之间的关系决定的，而公差带有两要素：大小和位置，大小由标准公差确定，位置由基本偏差确定。为了使公差带的大小和位置标准化，实现互换性，满足各种使用要求，GB/T 1800. 3—1998 规定了孔和轴的标准公差系列与基本偏差系列。

2.2.1 标准公差系列

标准公差系列是国家标准制定出的一系列标准公差数值，见表 2-1。

表 2-1 标准公差数值（摘自 GB/T 1800. 3—1998）

基本尺寸/mm		标准公差等级																			
		IT01	IT0	IT1	IT2	IT3	IT4	IT5	IT6	IT7	IT8	IT9	IT10	IT11	IT12	IT13	IT14	IT15	IT16	IT17	IT18
大于	至	μm													mm						
—	3	0. 3	0. 5	0. 8	1. 2	2	3	4	6	10	14	25	40	60	0. 1	0. 14	0. 25	0. 4	0. 6	1	1. 4
3	6	0. 4	0. 6	1	1. 5	2. 5	4	5	8	12	18	30	48	75	0. 12	0. 18	0. 3	0. 48	0. 75	1. 2	1. 8
6	10	0. 4	0. 6	1	1. 5	2. 5	4	6	9	15	22	36	58	90	0. 15	0. 22	0. 36	0. 58	0. 9	1. 5	2. 2
10	18	0. 5	0. 8	1. 2	2	3	5	8	11	18	27	43	70	110	0. 18	0. 27	0. 43	0. 7	1. 1	1. 8	2. 7
18	30	0. 6	1	1. 5	2. 5	4	6	9	13	21	33	52	84	130	0. 21	0. 33	0. 52	0. 84	1. 3	2. 1	3. 3
30	50	0. 6	1	1. 5	2. 5	4	7	11	16	25	39	62	100	160	0. 25	0. 39	0. 62	1	1. 6	2. 5	3. 9
50	80	0. 8	1. 2	2	3	5	8	13	19	30	46	74	120	190	0. 3	0. 46	0. 74	1. 2	1. 9	3	4. 6
80	120	1	1. 5	2. 5	4	6	10	15	22	35	54	87	140	220	0. 35	0. 54	0. 87	1. 4	2. 2	3. 5	5. 4
120	180	1. 2	2	3. 5	5	8	12	18	25	40	63	100	160	250	0. 4	0. 63	1	1. 6	2. 5	4	6. 3
180	250	2	3	4. 5	7	10	14	20	29	46	72	115	185	290	0. 46	0. 72	1. 15	1. 85	2. 9	4. 6	7. 2
250	315	2. 5	4	6	8	12	16	23	32	52	81	130	210	320	0. 52	0. 81	1. 3	2. 1	3. 2	5. 2	8. 1
315	400	3	5	7	9	13	18	25	36	57	89	140	230	360	0. 57	0. 89	1. 4	2. 3	3. 6	5. 7	8. 9
400	500	4	6	8	10	15	20	27	40	63	97	155	250	400	0. 63	0. 97	1. 55	2. 5	4	6. 3	9. 7

注：基本尺寸小于或等于 1mm 时，无 IT14 至 IT18。

1. 标准公差等级

标准公差等级是指确定尺寸精确程度的等级。规定和划分公差等级，既简化和统一了公差，又满足了不同的使用要求，为零件设计和制造带来极大方便。

国家标准设置了 20 个公差等级，它们分别用代号 IT01、IT0、IT1、IT2、…、IT18 表示。其中，IT01 精度最高，等级依次降低，IT18 精度最低。

2. 标准公差因子

标准公差因子是用以确定标准公差的基本单位，是制定标准公差数值的基础。该因子是基本尺寸的函数。

在生产实践中，对基本尺寸相同的零件，可按公差大小评定其精度的高低，但对基本尺寸不同的零件，评定其精度就不能仅看其公差大小。实际上，在相同的加工条件下，基本尺寸不同的零件加工后产生的误差也不同。统计分析发现加工误差和基本尺寸呈三次方抛物线关系，如图 2-12 所示。

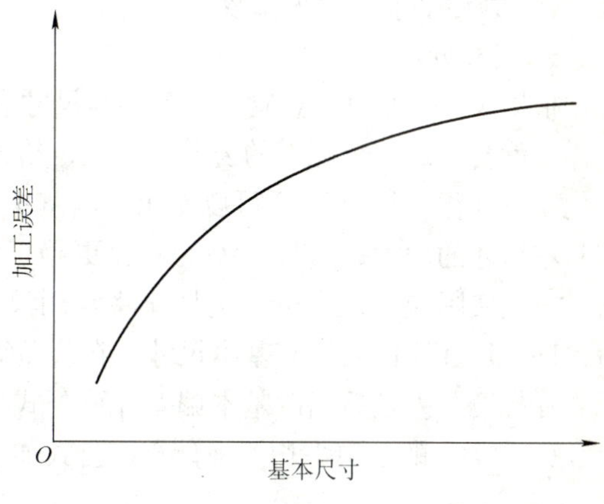

图 2-12 加工误差与基本尺寸的关系

公差限制加工误差范围，而加工误差范围与基本尺寸有一定关系，因此，公差与基本尺寸应有一定关系，这种关系用标准公差因子来表示。

标准公差因子是以生产实践为基础，通过专门的试验和大量的统计分析，找到加工误差和测量误差随基本尺寸变化的规律来确定的。

IT5 ~ IT18 的标准公差因子 i（单位：μm）计算公式如下：

$$i = 0.45\sqrt[3]{D} + 0.001D \tag{2-12}$$

式中，D 为基本尺寸（mm）。

上式中第一项表示加工误差与基本尺寸符合抛物线关系，第二项表示测量误差与基本尺寸符合线性关系。

各级标准公差数值计算公式见表 2-2。

表 2-2 标准公差数值计算公式

公差等级	公式	公差等级	公式	公差等级	公式
IT01	$0.3 + 0.008D$	IT6	$10i$	IT13	$250i$
IT0	$0.5 + 0.012D$	IT7	$16i$	IT14	$400i$
IT1	$0.8 + 0.020D$	IT8	$25i$	IT15	$640i$
IT2	$(IT1)(IT5/IT1)^{1/4}$	IT9	$40i$	IT16	$1000i$
IT3	$(IT1)(IT5/IT1)^{1/2}$	IT10	$64i$	IT17	$1600i$
IT4	$(IT1)(IT5/IT1)^{3/4}$	IT11	$100i$	IT18	$2500i$
IT5	$7i$	IT12	$160i$		

对于 IT01、IT0、IT1 这三个标准公差等级，主要考虑测量误差的影响，因此标准公差与基本尺寸呈线性关系。

对于 IT2、IT3、IT4 这三个标准公差等级，它们的公差值是在 IT1 ~ IT5 之间呈等比数列，其公比为 $q=(\mathrm{IT5}/\mathrm{IT1})^{1/4}$。

IT5 ~ IT18 级的标准公差按下式计算：

$$\mathrm{IT}=ai \tag{2-13}$$

式中，a 为标准公差等级系数。

3. 尺寸分段

根据表 2-2 可知，对应每一个基本尺寸和公差等级，就可以计算出一个相应的公差值，这样，就会形成一个庞大的公差数值表，给生产、设计带来很多困难，也不利于公差值的标准化、系列化。从图 2-12 可以看出，当基本尺寸变化不大时，其产生的误差变化很小，随着基本尺寸的增大，这种误差的变化更趋于缓慢。为了减小公差数值的数目，简化公差表格，方便实际应用，应按一定规律将常用尺寸分成若干段落，这叫做尺寸分段。尺寸分段后，同一尺寸段内的所有基本尺寸，在公差等级相同的情况下，具有相同的标准公差。

在标准公差及后面的基本偏差计算公式中，基本尺寸 D 一律按所属尺寸段内首尾两个尺寸（D_1、D_2）的几何平均值来计算，公式如下：

$$D=\sqrt{D_1D_2} \tag{2-14}$$

按式（2-12）、式（2-14）及表 2-2 的计算公式，可算出各尺寸段各标准公差等级的标准公差数值，按国家标准有关规定对尾数进行圆整，最后编制出标准公差数值表，供设计时查用，见表 2-1。

2.2.2 基本偏差系列

1. 基本偏差代号

孔、轴基本偏差各有 28 种，每种基本偏差的代号用一个或两个英文字母表示。孔用大写字母表示，轴用小写字母表示。

在 26 个英文字母中，去掉 5 个容易与其他参数混淆的字母 I(i)、L(l)、O(o)、Q(q)、W(w)，增加 7 个双写字母 CD(cd)、EF(ef)、FG(fg)、JS(js)、ZA(za)、ZB(zb)、ZC(zc)，这 28 种基本偏差代号反映了 28 种公差带的位置，构成了基本偏差系列。

2. 基本偏差系列图

基本偏差系列如图 2-13 所示。

如图 2-13a 所示，在孔的基本偏差系列中，代号为 A ~ G 的基本偏差为下偏差 EI（正值），其绝对值逐渐减小；代号为 H 的基本偏差为下偏差 EI = 0，是基孔制配合中基准孔的代号；代号为 JS 的孔的公差带相对于零线对称分布，基本偏差为上偏差 ES = +IT/2 或下偏差 EI = -IT/2；代号为 J ~ ZC 的基本偏差为上偏差 ES（除 J、K 外，其余皆为负值），K ~ ZC 基本偏差的绝对值逐渐增大。

如图 2-13b 所示，在轴的基本偏差系列中，代号为 a ~ g 的基本偏差为上偏差 es（负值），其绝对值逐渐减小；代号为 h 的基本偏差为上偏差 es = 0，是基轴制配合中基准轴的代号；代号为 js 的轴的公差带相对于零线对称分布，基本偏差为上偏差 es = +IT/2 或下偏差 ei = -IT/2；代号为 j ~ zc 的基本偏差为下偏差 ei（除 j 外，其余皆为正值），k ~ zc 基本偏差的绝对值逐渐增大。

JS 和 js 将逐渐代替近似对称于零线的基本偏差 J 和 j，因此在国家标准中，基本偏差 J

仅应用于6级、7级和8级，基本偏差j仅应用于5级、6级、7级和8级。

在图2-13中，除J（j）、JS（js）特殊情况外，由于基本偏差仅确定公差带的位置，因而仅绘出了公差带的一端，另一端未加限制。

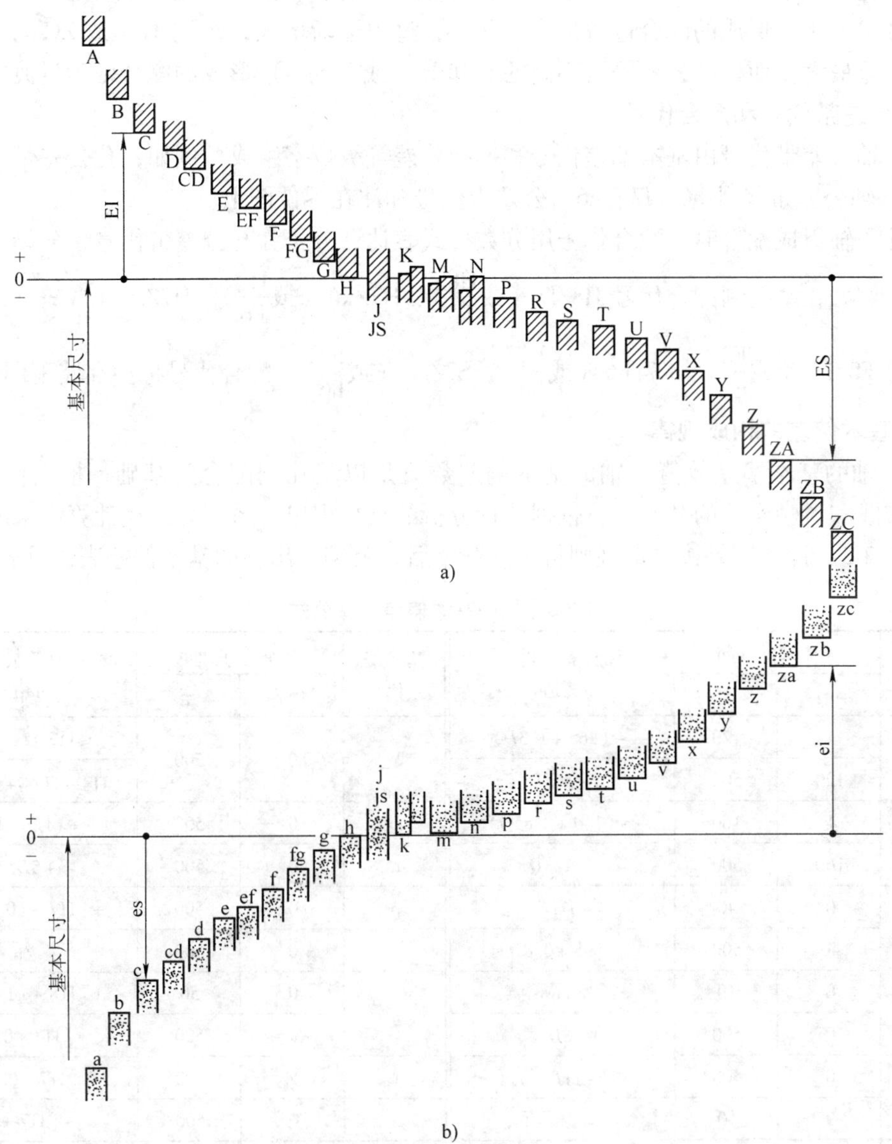

图2-13　基本偏差系列图

a）孔　b）轴

3．各种基本偏差所形成配合的特征

（1）间隙配合　a～h（或A～H）与基准孔（或基准轴）形成间隙配合。其中a与H（或A与h）形成的配合间隙最大。此后，间隙逐渐减小，基本偏差h与H形成的配合间隙最小，该配合最小间隙为零。

（2）过渡配合　js～n（或JS～N）与基准孔（或基准轴）一般形成过渡配合。其中js

与 H（或 JS 与 h）形成配合较松，获得间隙概率较大。此后，配合逐渐变紧，n 与 H（或 N 与 h）形成的配合较紧，获得过盈的概率较大。而标准公差等级很高的 n 与 H（或 N 与 h）形成的配合则为过盈配合。

（3）过盈配合　p ~ zc（或 P ~ ZC）与基准孔（或基准轴）一般形成过盈配合。其中 p 与 H（或 P 与 h）形成的配合过盈最小。此后，过盈逐渐增大，zc 与 H（或 ZC 与 h）形成的配合过盈最大。而标准公差等级不高的 p 和 H（或 P 与 h）形成的配合则为过渡配合。

4. 公差带代号和配合代号

孔、轴公差带代号由基本偏差代号和标准公差等级数字组成。例如，孔公差带代号 H7、F8、D9，轴公差带代号 h6、f7、n6。公差带代号标注在零件图上。

当孔、轴组成配合时，配合代号用分数形式表达，分子为孔公差带代号，分母为轴公差带代号。例如，基孔制配合代号 H8/f7（或$\frac{H8}{f7}$）、H7/k6（或$\frac{H7}{k6}$）、H7/s6（或$\frac{H7}{s6}$），基轴制配合代号 F8/h7（或$\frac{F8}{h7}$）、K7/h6（或$\frac{K7}{h6}$）、S7/h6（或$\frac{S7}{h6}$）。配合代号标注在装配图上。

5. 基本偏差的构成规律

（1）轴的基本偏差数值　轴的基本偏差数值是以基孔制配合为基础，根据设计要求，在生产实践和科学实验的基础上，依据统计分析的结果得出一系列公式经计算而来的，计算公式见表 2-3。计算结果按一定规则将尾数圆整后，就编制出轴的基本偏差表，见表 2-4。

表 2-3　轴的基本偏差计算公式

基本偏差代号	基本尺寸/mm		计算公式 es/μm	基本偏差代号	基本尺寸/mm		计算公式 ei/μm
	大于	至			大于	至	
a	1	120	$-(265+1.3D)$	k	0	500	≤IT3 及≥IT8：0
	120	500	$-3.5D$				IT4 ~ IT7：$+0.6\sqrt[3]{D}$
b	1	160	$-(140+0.85D)$	m	0	500	+(IT7 − IT6)
	160	500	$-1.8D$	n	0	500	$+5D^{0.34}$
c	0	40	$-52D^{0.2}$	p	0	500	+[IT7 +(0 至 5)]
	40	500	$-(95+0.8D)$	r	0	500	$+\sqrt{p\cdot s}$
cd	0	10	$-\sqrt{c\cdot d}$	s	0	50	+[IT8 +(1 至 4)]
d	0	500	$-16D^{0.44}$		50	500	+[IT7 + 0.4D]
e	0	500	$-11D^{0.41}$	t	24	500	+[IT7 + 0.63D]
ef	0	10	$-\sqrt{e\cdot f}$	u	0	500	+[IT7 + D]
f	0	500	$-5.5D^{0.41}$	v	14	500	+[IT7 + 1.25D]
fg	0	10	$-\sqrt{f\cdot g}$	x	0	500	+[IT7 + 1.6D]
g	0	500	$-2.5D^{0.34}$	y	18	500	+[IT7 + 2D]
h	0	500	0	z	0	500	+[IT7 + 2.5D]
j	0	500	无公式	za	0	500	+[IT8 + 3.15D]
js	0	500	es = +IT/2 或 ei = −IT/2	zb	0	500	+[IT9 + 4D]
				zc	0	500	+[IT10 + 5D]

注：公式中 D 是基本尺寸段的几何平均值，单位为 mm。

表 2-4 基本尺寸≤500mm 轴的基本偏差数值(摘自 GB/T1800.3—1998)

基本尺寸/mm	基本偏差/μm																														
	上偏差 es											js	下偏差 ei																		
	a	b	c	cd	d	e	ef	f	fg	g	h		j			k		m	n	p	r	s	t	u	v	x	y	z	za	zb	zc
	所有公差等级												5~6	7	8	4~7	≤3 >7	所有公差等级													
≤3	-270	-140	-60	-34	-20	-14	-10	-6	-4	-2	0	偏差 = $\pm\frac{IT}{2}$	-2	-4	-6	0	0	+2	+4	+6	+10	+14	—	+18	—	+20	—	+26	+32	+40	+60
>3~6	-270	-140	-70	-46	-30	-20	-14	-10	-6	-4	0		-2	-4	—	+1	0	+4	+8	+12	+15	+19	—	+23	—	+28	—	+35	+42	+50	+80
>6~10	-280	-150	-80	-56	-40	-25	-18	-13	-8	-5	0		-2	-5	—	+1	0	+6	+10	+15	+19	+23	—	+28	—	+34	—	+42	+52	+67	+97
>10~14	-290	-150	-95	—	-50	-32	—	-16	—	-6	0		-3	-6	—	+1	0	+7	+12	+18	+23	+28	—	+33	—	+40	—	+50	+64	+90	+130
>14~18																									+39	+45	—	+60	+77	+108	+150
>18~24	-300	-160	-110	—	-65	-40	—	-20	—	-7	0		-4	-8	—	+2	0	+8	+15	+22	+28	+35	—	+41	+47	+54	+63	+73	+98	+136	+188
>24~30																							+41	+48	+55	+64	+75	+88	+118	+160	+218
>30~40	-310	-170	-120	—	-80	-50	—	-25	—	-9	0		-5	-10	—	+2	0	+9	+17	+26	+34	+43	+48	+60	+68	+80	+94	+112	+148	+200	+274
>40~50	-320	-180	-130																				+54	+70	+81	+97	+114	+136	+180	+242	+325
>50~65	-340	-190	-140	—	-100	-60	—	-30	—	-10	0		-7	-12	—	+2	0	+11	+20	+32	+41	+53	+66	+87	+102	+122	+144	+172	+226	+300	+405
>65~80	-360	-200	-150																		+43	+59	+75	+102	+120	+146	+174	+210	+274	+360	+480
>80~100	-380	-220	-170	—	-120	-72	—	-36	—	-12	0		-9	-15	—	+3	0	+13	+23	+37	+51	+71	+91	+124	+146	+178	+214	+258	+335	+445	+585
>100~120	-410	-240	-180																		+54	+79	+104	+144	+172	+210	+256	+310	+400	+525	+690
>120~140	-460	-260	-200	—	-145	-85	—	-43	—	-14	0		-11	-18	—	+3	0	+15	+27	+43	+63	+92	+122	+170	+202	+248	+300	+365	+470	+620	+800
>140~160	-520	-280	-210																		+65	+100	+134	+190	+228	+280	+340	+415	+535	+700	+900
>160~180	-580	-310	-230																		+68	+108	+146	+210	+252	+310	+380	+465	+600	+780	+1000
>180~200	-660	-340	-240	—	-170	-100	—	-50	—	-15	0		-13	-21	—	+4	0	+17	+31	+50	+77	+122	+166	+236	+284	+350	+425	+520	+670	+880	+1150
>200~225	-740	-380	-260																		+80	+130	+180	+258	+310	+385	+470	+575	+740	+960	+1250
>225~250	-820	-420	-280																		+84	+140	+196	+284	+340	+425	+520	+640	+820	+1050	+1350
>250~280	-920	-480	-300	—	-190	-110	—	-56	—	-17	0		-16	-26	—	+4	0	+20	+34	+56	+94	+158	+218	+315	+385	+475	+580	+710	+920	+1200	+1550
>280~315	-1050	-540	-330																		+98	+170	+240	+350	+425	+525	+650	+790	+1000	+1300	+1700
>315~355	-1200	-600	-360	—	-210	-125	—	-62	—	-18	0		-18	-38	—	+4	0	+21	+37	+62	+108	+190	+268	+390	+475	+590	+730	+900	+1150	+1500	+1900
>355~400	-1350	-680	-400																		+114	+208	+294	+435	+530	+660	+820	+1000	+1300	+1650	+2100
>400~450	-1500	-760	-440	—	-230	-135	—	-68	—	-20	0		-20	-32	—	+5	0	+23	+40	+68	+126	+232	+330	+490	+595	+740	+920	+1100	+1450	+1850	+2400
>450~500	-1650	-840	-480																		+132	+252	+360	+540	+660	+820	+1000	+1250	+1600	+2100	+2600

注：1. 基本尺寸小于或等于 1mm 时，各级 a 和 b 均不采用。

2. js 的数值，对 IT7 至 IT11，若 IT 的数值（μm）为奇数，则取 $js = \pm\frac{IT-1}{2}$。

当轴的基本偏差确定后，另一个极限偏差可根据轴的基本偏差数值和标准公差值按下式计算：

$$\begin{aligned} ei &= es - T_s \\ es &= ei + T_s \end{aligned} \tag{2-15}$$

（2）孔的基本偏差数值　从图2-13可以看出，孔的基本偏差与同名代号轴的基本偏差相对于零线呈反射关系。因此，孔的基本偏差不需要另一套计算公式，而是根据同字母代号轴的基本偏差，按一定规则换算得到。

换算的原则是：同名配合的配合性质相同，即基孔制配合变成同字母代号的基轴制配合（例如H7/f6变成F7/h6），它们具有相同的极限间隙或极限过盈。根据该原则，孔的基本偏差按以下两种规则换算：

1）通用规则。同一字母代号表示的孔、轴基本偏差的绝对值相等而符号相反。换算公式如下：

$$\begin{aligned} EI &= -es \\ ES &= -ei \end{aligned} \tag{2-16}$$

通用规则适用范围：①A～H　所有等级
②K、M、N　>8的等级
③P～ZC　>7的等级

2）特殊规则。同一字母代号表示的孔、轴基本偏差绝对值相差一个Δ值，符号相反。换算公式如下：

$$ES = -ei + \Delta \tag{2-17}$$

上式中，Δ为孔的标准公差值IT_n与高一级的轴的标准公差值IT_{n-1}之差，即$\Delta = IT_n - IT_{n-1} = T_h - T_s$

特殊规则适用范围：①K、M、N　≤8的等级
②P～ZC　≤7的等级

按以上两规则换算出孔的基本偏差数值，经圆整后就编制出孔的基本偏差数值表，见表2-5。

当孔的基本偏差确定后，另一个极限偏差可根据孔的基本偏差数值和标准公差值按下式计算：

$$\begin{aligned} EI &= ES - T_h \\ ES &= EI + T_h \end{aligned} \tag{2-18}$$

2.2.3　公差与配合在图样上的标注

零件图上一般有三种标注方法：①基本尺寸后标注公差带代号，如ϕ50H7、ϕ50f6，如图2-14a、b所示；②基本尺寸后标注上、下偏差数值，如$\phi 50^{+0.025}_{0}$、$\phi 50^{-0.025}_{-0.041}$；③基本尺寸后同时标注公差带代号和上、下偏差数值，如$\phi 50H7(^{+0.025}_{0})$、$\phi 50f6(^{-0.025}_{-0.041})$。当上、下偏差绝对值相等而符号相反时，则在偏差数值前加注“±”，如$\phi 50 \pm 0.008$。

表 2-5 基本尺寸≤500mm 孔的基本偏差数值(摘自 GB/T1800. 3—1998)

基本尺寸/mm	基本偏差/μm																																			Δ/μm					
	下偏差 EI											JS	上偏差 ES																											
	A	B	C	CD	D	E	EF	F	FG	G	H		J			K		M		N		P~ZC	P	R	S	T	U	V	X	Y	Z	ZA	ZB	ZC						
	所有公差等级												6	7	8	≤8	>8	≤8	>8	≤8	>8	≤7	>7												3	4	5	6	7	8
≤3	+270	+140	+60	+34	+20	+14	+10	+6	+4	+2	0	偏差 = ±IT/2	+2	+4	+6	0	0	-2	-2	-4	-4	在>7级的相应数值上增加一个Δ值	-6	-10	-14	—	-18	—	-20	—	-26	-32	-40	-60	0					
>3~6	+270	+140	+70	+46	+30	+20	+14	+10	+6	+4	0		+5	+6	+10	-1+Δ	—	-4+Δ	-4	-8+Δ	0		-12	-15	-19	—	-23	—	-28	—	-35	-42	-50	-80	1	1.5	1	3	4	6
>6~10	+280	+150	+80	+56	+40	+25	+18	+13	+8	+5	0		+5	+8	+12	-1+Δ		-6+Δ	-6	-10+Δ	0		-15	-19	-23	—	-28	—	-34	—	-42	-52	-67	-97	1	1.5	2	3	6	7
>10~14	+290	+150	+95	—	+50	+32	—	+16	—	+6	0		+6	+10	+15	-1+Δ	—	-7+Δ	-7	-12+Δ	0		-18	-23	-28	—	-33	—	-40	—	-50	-64	-90	-130	1	2	3	3	7	9
>14~18																												-39	-45	—	-60	-77	-108	-150						
>18~24	+300	+160	+110	—	+65	+40	—	+20	—	+7	0		+8	+12	+20	-2+Δ	—	-8+Δ	-8	-15+Δ	0		-22	-28	-35	—	-41	-47	-54	-63	-73	-98	-136	-188	1.5	2	3	4	8	12
>24~30																										-41	-48	-55	-64	-75	-88	-118	-160	-218						
>30~40	+310	+170	+120	—	+80	+50	—	+25	—	+9	0		+10	+14	+24	-2+Δ	—	-9+Δ	-9	-17+Δ	0		-26	-34	-43	-48	-60	-68	-80	-94	-112	-148	-200	-274	1.5	3	4	5	9	14
>40~50	+320	+180	+130																							-54	-70	-81	-97	-114	-136	-180	-242	-325						
>50~65	+340	+190	+140	—	+100	+60	—	+30	—	+10	0		+13	+18	+28	-2+Δ	—	-11+Δ	-11	-20+Δ	0		-32	-41	-53	-66	-87	-102	-122	-144	-172	-226	-300	-405	2	3	5	6	11	16
>65~80	+360	+200	+150																					-43	-59	-75	-102	-120	-146	-174	-210	-274	-360	-480						
>80~100	+380	+220	+170	—	+120	+72	—	+36	—	+12	0		+16	+22	+34	-3+Δ	—	-13+Δ	-13	-23+Δ	0		-37	-51	-71	-91	-124	-146	-178	-214	-258	-335	-445	-585	2	4	5	7	13	19
>100~120	+410	+240	+180																					-54	-79	-104	-144	-172	-210	-256	-310	-400	-525	-690						
>120~140	+460	+260	+200	—	+145	+85	—	+43	—	+14	0		+18	+26	+41	-3+Δ	—	-15+Δ	-15	-27+Δ	0		-43	-63	-92	-122	-170	-202	-248	-300	-365	-470	-620	-800	3	4	6	7	15	23
>140~160	+520	+280	+210																					-65	-100	-134	-190	-228	-280	-340	-415	-535	-700	-900						
>160~180	+580	+310	+230																					-68	-108	-146	-210	-252	-310	-380	-465	-600	-780	-1000						
>180~200	+660	+340	+240	—	+170	+100	—	+50	—	+15	0		+22	+30	+47	-4+Δ	—	-17+Δ	-17	-31+Δ	0		-50	-77	-122	-166	-236	-284	-350	-425	-520	-670	-880	-1150	3	4	6	9	17	26
>200~225	+740	+380	+260																					-80	-130	-180	-258	-310	-385	-470	-575	-740	-960	-1250						
>225~250	+820	+420	+280																					-84	-140	-196	-284	-340	-425	-520	-640	-820	-1050	-1350						
>250~280	+920	+480	+300	—	+190	+110	—	+56	—	+17	0		+25	+36	+55	-4+Δ	—	-20+Δ	-20	-34+Δ	0		-56	-94	-158	-218	-315	-385	-475	-580	-710	-920	-1200	-1550	4	4	7	9	20	29
>280~315	+1050	+540	+330																					-98	-170	-240	-350	-425	-525	-650	-790	-1000	-1300	-1700						
>315~355	+1200	+600	+360	—	+210	+125	—	+62	—	+18	0		+29	+39	+60	-4+Δ	—	-21+Δ	-21	-37+Δ	0		-62	-108	-190	-268	-390	-475	-590	-730	-900	-1150	-1500	-1900	4	5	7	11	21	32
>355~400	+1350	+680	+400																					-114	-208	-294	-435	-530	-660	-820	-1000	-1300	-1650	-2100						
>400~450	+1500	+760	+440	—	+230	+135	—	+68	—	+20	0		+33	+43	+66	-5+Δ	—	-23+Δ	-23	-40+Δ	0		-68	-126	-232	-330	-490	-595	-740	-920	-1100	-1450	-1850	-2400	5	5	7	13	23	34
>450~500	+1650	+840	+480																					-132	-252	-360	-540	-660	-820	-1000	-1250	-1600	-2100	-2600						

注：1. 基本尺寸小于 1mm 时，各级 A 和 B 及 >IT8 的 N 均不采用。

2. JS 的数值，对 IT7 至 IT11，若 IT 的数值（μm）为奇数，则取 $JS = \pm\frac{IT-1}{2}$。

3. 特殊情况，当基本尺寸大于 250 至 315mm 时，M6 的 ES 等于 -9（不等于 -11）。

4. 对≤IT8 的 K、M、N 和≤IT7 的 P~ZC，所需 Δ 值从表内右侧栏选取。

在装配图上一般有两种标注方法：①基本尺寸后标注配合代号，如 ϕ50H7/f6（或 $\phi 50\dfrac{H7}{f6}$)，如图 2-14c 所示；②基本尺寸后同时标注配合代号和上、下偏差数值，如 $\phi 50H7(^{+0.025}_{\ 0})/\phi 50f6(^{-0.025}_{-0.041})$ $\left(或\ \phi 50\dfrac{H7(^{+0.025}_{\ 0})}{f6(^{-0.025}_{-0.041})}\right)$。

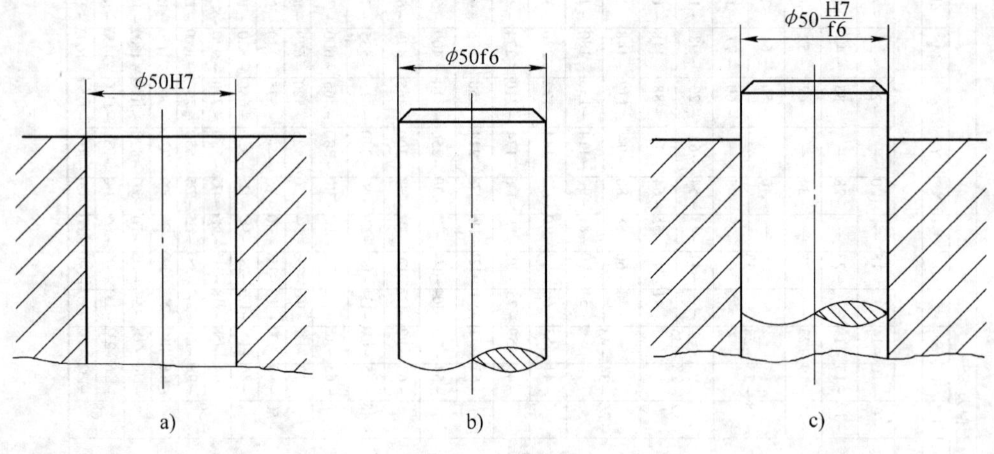

图 2-14　图样标注
a）孔零件图　b）轴零件图　c）装配图

例 2-3　查表确定 ϕ55g6、ϕ72P7 的极限偏差，并画公差带图。

解：

ϕ55g6：查表 2-1 得公差值为　　$IT6 = 19\mu m$

查表 2-4 得基本偏差为　　$es = -10\mu m$

则另一极限偏差　　$ei = es - IT6 = -10\mu m - 19\mu m = -29\mu m$

公差带图如图 2-15a 所示。

ϕ72P7：查表 2-1 得公差值为　　$IT7 = 30\mu m$

查表 2-5 得基本偏差为　　$ES = -32\mu m + \Delta = -32\mu m + 11\mu m = -21\mu m$

则另一极限偏差　　$EI = ES - IT7 = -21\mu m - 30\mu m = -51\mu m$

公差带图如图 2-15b 所示。

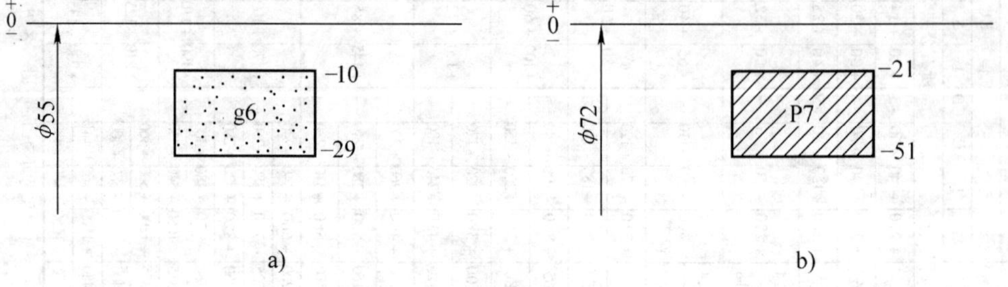

图 2-15　例 2-3 公差带图

例 2-4 查表确定 $\phi20$H7/p6 和 $\phi20$P7/h6 两种配合的孔、轴的极限偏差，并比较它们的配合性质是否相同。

解：

查表 2-1 得 IT6 = 13μm IT7 = 21μm

（1）基孔制配合 $\phi20$H7/p6

$\phi20$H7 H 基本偏差为 EI = 0

则另一极限偏差为 ES = 0μm + IT7 = 0μm + 21μm = +21μm

$\phi20$p6 查表 2-4 得 p 基本偏差为 ei = +22μm

则另一极限偏差为 es = ei + IT6 = (+22μm) + 13μm = +35μm

于是得 $\phi20\dfrac{\mathrm{H7}\left(^{+0.021}_{\ \ 0}\right)}{\mathrm{p6}\left(^{+0.035}_{+0.022}\right)}$，该配合中 Y_{min} = ES − ei = (+21μm) − (+22μm) = −1μm

Y_{max} = EI − es = 0μm − (+35μm) = −35μm

公差带图如图 2-16a 所示。

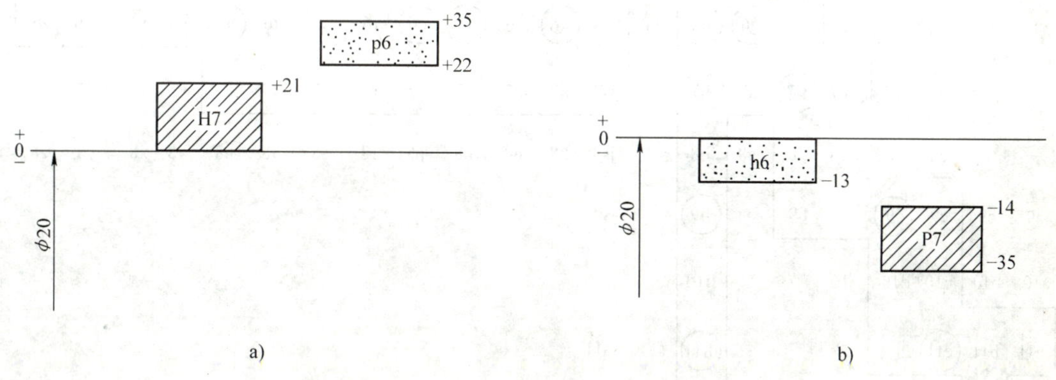

图 2-16 例 2-4 公差带图

（2）基轴制配合 $\phi20$P7/h6

$\phi20$P7 查表 2-5 得 P 基本偏差为 ES = −22μm + Δ = −22μm + 8μm = −14μm

则另一极限偏差为 EI = ES − IT7 = (−14μm) − 21μm = −35μm

$\phi20$h6 h 基本偏差为 es = 0

则另一极限偏差为 ei = es − IT6 = 0μm − 13μm = −13μm

于是得 $\phi20\dfrac{\mathrm{P7}\left(^{-0.014}_{-0.035}\right)}{\mathrm{h6}\left(^{\ \ 0}_{-0.013}\right)}$，该配合中 Y_{min} = ES − ei = (−14μm) − (−13μm) = −1μm

Y_{max} = EI − es = (−35μm) − 0μm = −35μm

比较基孔制配合 $\phi20$H7/p6 和基轴制配合 $\phi20$P7/h6 的极限过盈，可见它们的配合性质相同。

公差带图如图 2-16b 所示。

2.2.4 一般、常用和优先的公差带与配合

国家标准规定了20个标准公差等级和28种基本偏差，由此可以组成544种轴的公差带和543种孔的公差带，而这些公差带又可以组成近30万种配合。这么多的公差带和配合都使用显然是不经济的，它必然导致定值刀具、量具以及工艺装备的品种和规格过于繁杂，为此，GB/T 1801—1999规定了一般、优先和常用的公差带与配合。

1. 一般、常用和优先的公差带

国家标准规定的一般用途轴的公差带116种，如图2-17所示。图中方框内的59种为常用公差带，圆圈内的13种为优先公差带。

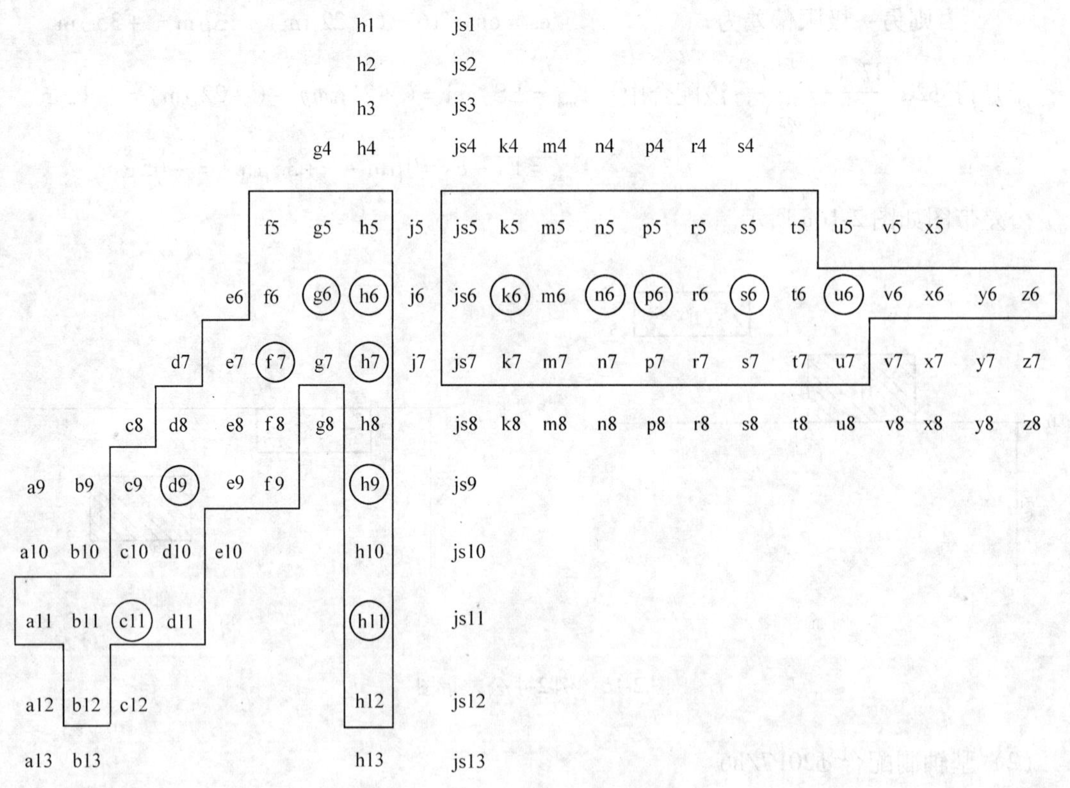

图2-17 一般、常用和优先轴公差带

国家标准规定的一般用途孔的公差带105种，如图2-18所示。图中方框内的44种为常用公差带，圆圈内的13种为优先公差带。

选用公差带时，按优先、常用、一般的顺序来选取。

2. 常用和优先配合

国际标准规定的基孔制常用配合59种，优先配合13种，见表2-6；基轴制常用配合47种，优先配合13种，见表2-7。选用时，按优先、常用的顺序选取；不能满足要求，可选用图2-17和图2-18中的公差带，组成所需要的配合；若还不能满足要求，可从国家标准中提供的544种轴公差带和543种孔公差带中选取合用的公差带，组成需要的配合。

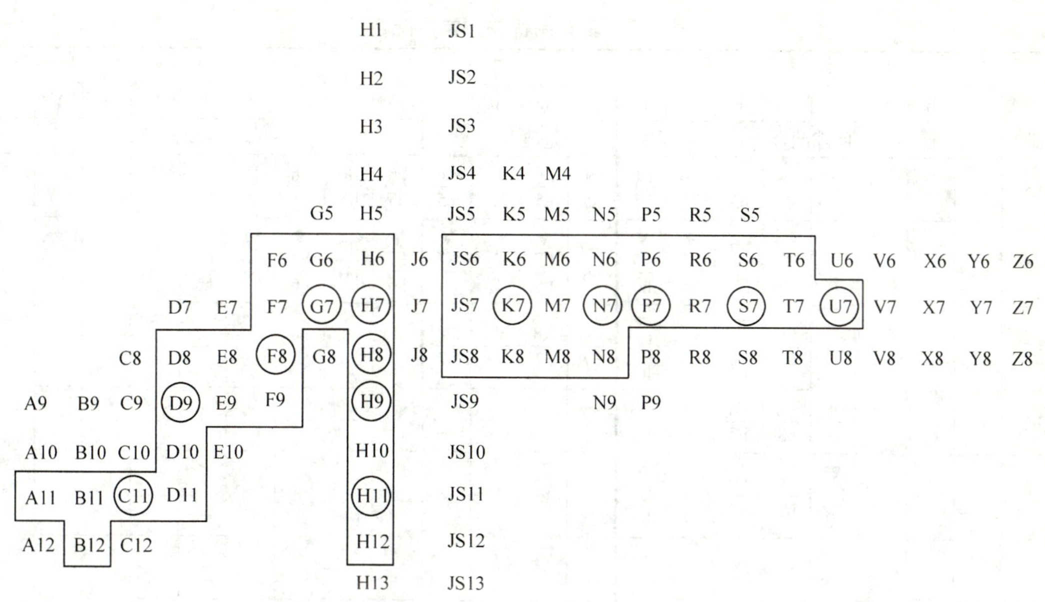

图 2-18 一般、常用和优先孔公差带

表 2-6 基孔制优先、常用配合

基准孔	轴																				
	a	b	c	d	e	f	g	h	js	k	m	n	p	r	s	t	u	v	x	y	z
	间隙配合								过渡配合				过盈配合								
H6						H6/f5	H6/g5	H6/h5	H6/js5	H6/k5	H6/m5	H6/n5	H6/p5	H6/r5	H6/s5	H6/t5					
H7						H7/f6	▼H7/g6	▼H7/h6	H7/js6	▼H7/k6	H7/m6	▼H7/n6	▼H7/p6	H7/r6	▼H7/s6	H7/t6	▼H7/u6	H7/v6	H7/x6	H7/y6	H7/z6
H8					H8/e7	▼H8/f7	H8/g7	▼H8/h7	H8/js7	H8/k7	H8/m7	H8/n7	H8/p7	H8/r7	H8/s7	H8/t7	H8/u7				
				H8/d8	H8/e8	H8/f8		H8/h8													
H9			H9/c9	▼H9/d9	H9/e9	H9/f9		▼H9/h9													
H10			H10/c10	H10/d10				H10/h10													
H11	H11/a11	H11/b11	▼H11/c11	H11/d11				▼H11/h11													
H12		H12/b12						H12/h12													

注：1. H6/n5、H7/p6 在基本尺寸小于或等于 3mm 和 H8/r7 在基本尺寸小于或等于 100mm 时，为过渡配合。

2. 带▼的配合为优先配合。

表 2-7 基轴制优先、常用配合

基准轴	孔																				
	A	B	C	D	E	F	G	H	JS	K	M	N	P	R	S	T	U	V	X	Y	Z
	间隙配合								过渡配合				过盈配合								
h5						F6/h5	G6/h5	H6/h5	JS6/h5	K6/h5	M6/h5	N6/h5	P6/h5	R6/h5	S6/h5	T6/h5					
h6						F7/h6	▼G7/h6	▼H7/h6	JS7/h6	▼K7/h6	M7/h6	▼N7/h6	▼P7/h6	R7/h6	▼S7/h6	T7/h6	▼U7/h6				
h7					E8/h7	▼F8/h7		▼H8/h7	JS8/h7	K8/h7	M8/h7	N8/h7									
h8				D8/h8	E8/h8	F8/h8		H8/h8													
h9				▼D9/h9	E9/h9	F9/h9		▼H9/h9													
h10				D10/h10				H10/h10													
h11	A11/h11	B11/h11	▼C11/h11	D11/h11				▼H11/h11													
h12		B12/h12						H12/h12													

注：带▼的配合为优先配合。

2.2.5 一般公差

零件图上所有尺寸都有一定的公差要求，但为了简化制图，节省设计时间，对不重要的尺寸和精度要求较低的非配合尺寸，在零件图上通常不标注它们的公差。为了保证使用要求，GB/T 1804—2000《一般公差　未注公差的线性和角度尺寸的公差》对未注公差的尺寸规定了一般公差。

一般公差是指在车间普通工艺条件下，机床设备一般加工能力可以保证的公差。在正常维护和操作情况下，它代表车间一般加工的经济加工精度。

GB/T 1804—2000 对线性尺寸和倒圆半径、倒角高度尺寸的一般公差规定了四个公差等级：精密级 f、中等级 m、粗糙级 c、最粗级 v，这四个等级分别相当于 IT12、IT14、IT16、IT17，并规定了相应的极限偏差数值，其极限偏差的取值均采用对称分布的公差带，对尺寸也采用了大的分段，见表 2-8 和表 2-9。

表 2-8 未注公差线性尺寸的极限偏差数值（摘自 GB/T 1804—2000）　（单位：mm）

公差等级	基本尺寸分段							
	0.5～3	>3～6	>6～30	>30～120	>120～400	>400～1000	>1000～2000	>2000～4000
f（精密级）	±0.05	±0.05	±0.1	±0.15	±0.2	±0.3	±0.5	—
m（中等级）	±0.1	±0.1	±0.2	±0.3	±0.5	±0.8	±1.2	±2
c（粗糙级）	±0.2	±0.3	±0.5	±0.8	±1.2	±2	±3	±4
v（最粗级）	—	±0.5	±1	±1.5	±2.5	±4	±6	±8

表 2-9 倒圆半径与倒角高度尺寸的极限偏差数值（摘自 GB/T 1804—2000） （单位：mm）

公差等级	基本尺寸分段			
	0.5～3	>3～6	>6～30	>30
f（精密级） m（中等级）	±0.2	±0.5	±1	±2
c（粗糙级） v（最粗级）	±0.4	±1	±2	±4

注：倒圆半径与倒角高度尺寸的含义参见国家标准 GB/T 6403.4《零件倒圆与倒角》。

当采用一般公差时，在零件图上只注基本尺寸，不注极限偏差，但应在零件图的技术要求或有关技术文件中，用标准号和公差等级号作出总的表示。例如，选用中等级时，表示为 GB/T 1804—m。

一般公差的线性尺寸是在车间加工精度保证的情况下加工出来的，一般可以不必检验。若有争议时，应以表中查得的极限偏差作为依据来评判。

2.3 公差与配合的选择

公差与配合的选择是机械产品设计中的重要环节，直接影响机械产品的使用性能和制造成本。公差配合的选择包括配合制、公差等级和配合种类等三个方面的选择。选择的原则是在满足使用要求的前提下，获得最佳的技术经济效益。

公差与配合的选择方法有类比法、计算法和试验法三种。

类比法就是参照现有的同类型机器或机构中经生产实践验证过的配合，再结合所设计产品的使用要求和应用条件来确定配合的一种方法。这是确定公差与配合的主要方法，应用最广。

计算法是按一定的理论和公式，通过计算来确定公差与配合。按计算法选取公差与配合，理论根据比较充分，但由于影响因素复杂，计算比较困难或麻烦，特别是计算法把条件都理想化和简单化了，因此计算结果不一定完全符合实际。但这种方法具有指导意义，随着科学技术的发展和计算机的广泛应用，计算法会日趋完善，其应用会逐渐增多。

试验法就是通过多次试验并对试验结果进行统计分析，找到最合理的间隙或过盈，从而确定公差与配合的一种方法。试验法最为可靠，但代价高、周期长，故只用于特别重要的场合。

2.3.1 配合制的选择

配合制包括基孔制和基轴制，由于同名配合的配合性质相同，即同名的基孔制和基轴制能够实现同样的配合要求，所以配合制的选择与使用要求无关。在进行配合制选择时，主要从零件的结构、工艺性和经济性等几方面综合考虑。

1. 优先选用基孔制

一般情况下应优先选用基孔制。因为孔通常使用定值刀具（如钻头、铰刀、拉刀等）加工，使用塞规检验，每一种定值刀具和塞规只能加工和检验特定尺寸的孔；轴通常使用通用刀具（如车刀、砂轮等）加工，使用通用计量器具（如千分尺、比较仪等）检验，一种刀具和计量器具可以加工和检测不同尺寸的轴。所以，采用基孔制，可以减少定值刀具和塞规的数量，即经济又合理。

2．选用基轴制的场合

（1）冷拉钢直接做轴　直接使用一定精度而不需要进行切削加工的冷拉钢材做轴，与其他零件的孔配合，此时应采用基轴制。这种情况主要用于农业机械和纺织机械中。

（2）结构要求　同一基本尺寸的轴上装有不同配合要求的孔件时应采用基轴制。如图2-19a所示，活塞连杆机构中的活塞销同时与连杆孔和活塞孔配合，根据工作要求，活塞销与活塞孔配合紧些，采用过渡配合；活塞销与连杆孔配合松些（连杆需转动），采用间隙配合。若采用基孔制配合，如图2-19b所示，销轴需做成阶梯状，这样既不便于加工，又不利于装配（装配时会将连杆孔刮伤）。若采用基轴制，如图2-19c所示，销轴做成光轴，则便于加工和装配。

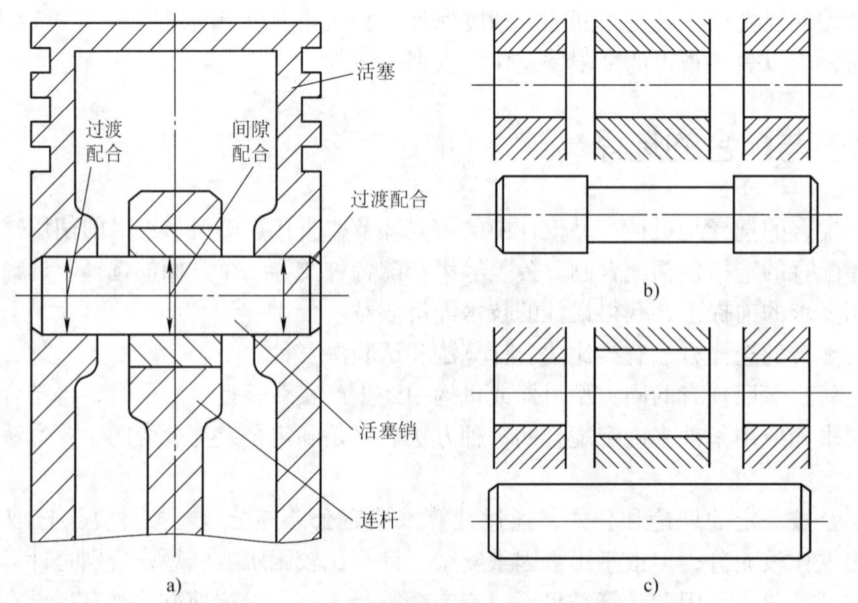

图2-19　基轴制选用示例
a）活塞连杆机构　b）基孔制配合　c）基轴制配合

3．根据标准件选择配合制

若与标准件配合，必须以标准件为基准来选择配合制。例如，滚动轴承外圈与外壳孔配合应采用基轴制，滚动轴承内圈与轴颈配合应采用基孔制。

4．特殊情况选用非配合制

非配合制配合是指由不包含基本偏差H和h的任一孔、轴公差带组成的配合。当一个孔（轴）与几个轴（孔）配合，而配合要求各不相同时，则有的配合需采取非配合制。如图2-20所示，在箱体孔中装有滚动轴承和端盖，由于滚动轴承是标准件，它与箱体孔的配合为基轴制，选箱体孔的公差带为J7。而端盖需要经常装拆，应选用间隙配合，若采用基轴制配合J/h，属过渡配合，配合过紧。所以，端盖的公差带不能用h，只能采用非配合制公差带，考虑端盖的性能要求和加工的经济性，采用公差等级9级，最后选择端盖和箱体孔之间的配合为J7/f9。

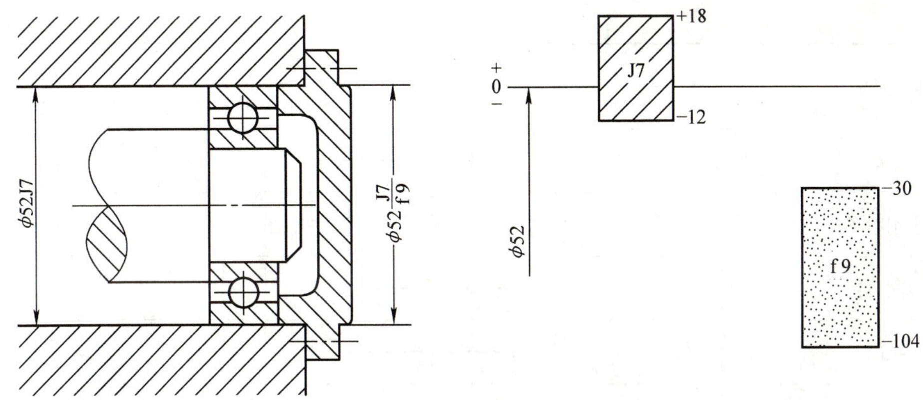

图 2-20　非配合制选用示例

2.3.2　公差等级的选择

选择公差等级时，需要处理好零件使用要求、制造工艺和加工成本之间的关系。因此，选择公差等级的基本原则是：在满足使用要求的前提下，尽量选取低的公差等级。

公差等级的选择常采用类比法。应熟悉各公差等级的应用范围和各种加工方法所能达到的公差等级，具体见表 2-10、表 2-11。

表 2-10　公差等级的应用

应　用	公差等级（IT）																			
	01	0	1	2	3	4	5	6	7	8	9	10	11	12	13	14	15	16	17	18
量块	—	—	—																	
量规			—	—	—	—	—	—	—											
配合尺寸							—	—	—	—	—	—	—	—	—					
特别精密零件				—	—	—	—													
非配合尺寸														—	—	—	—	—	—	—
原材料										—	—	—	—	—	—	—				

表 2-11　各种加工方法的加工精度

加工方法	公差等级（IT）																			
	01	0	1	2	3	4	5	6	7	8	9	10	11	12	13	14	15	16	17	18
研磨	—	—	—	—	—	—	—													
珩磨						—	—	—	—											
圆磨							—	—	—	—										

（续）

加工方法	公差等级（IT）																			
	01	0	1	2	3	4	5	6	7	8	9	10	11	12	13	14	15	16	17	18
平磨							—	—	—	—										
金刚石车							—	—	—											
金刚石镗							—	—	—											
拉削							—	—	—	—										
铰孔								—	—	—	—	—								
车									—	—	—	—	—							
镗									—	—	—	—	—							
铣										—	—	—	—							
刨、插												—	—							
钻孔												—	—	—	—					
滚压、挤压												—	—							
冲压												—	—	—	—	—				
压铸													—	—	—	—				
粉末冶金成形								—	—	—										
粉末冶金烧结									—	—	—	—								
砂型铸造、气割																		—	—	—
锻造																	—	—		

在用类比法选择公差等级时，还应考虑以下几个问题。

1. 工艺等价性

工艺等价性是指相互配合的孔、轴加工难易程度大致相同。实际生产中，公差等级较高时，同等级的孔比轴加工困难，要满足工艺等价性，相互配合的孔、轴公差等级的选取一般遵循以下规则：

① 公差等级 <8 级的孔与比它高一级的轴相配。例如，H6/f5、K7/h6。

② 公差等级 =8 级的孔与同级、或比它高一级的轴相配，视具体情况而定。例如，H8/t8、F8/h7。

③ 公差等级 >8 级的孔与同级的轴相配。例如，H9/c9、D10/h10。

2．配合性质及加工成本

对于过渡配合或过盈配合，一般不允许其间隙或过盈的变动量太大，即公差等级不能太低，孔的公差等级应不低于8级，轴的公差等级应不低于7级。例如，H7/k6、T6/h5。

对于间隙配合，间隙小的配合公差等级较高，间隙大的配合公差等级较低。例如，H6/g5、A11/h11。

对于间隙较大的间隙配合，孔和轴之一若由于某种原因，必须选用较高公差等级时，则与它相配的轴或孔的公差等级可以低二、三级，以便在满足使用要求的前提下降低加工成本。例如图2-20中箱体孔与端盖的配合J7/f9。

3．相配或相关零件的精度

某些孔、轴的公差等级取决于和它相配或相关零件的精度。例如，与滚动轴承内、外圈配合的轴颈、外壳孔的公差等级决定于滚动轴承的类型和精度；与齿轮孔配合的轴的公差等级取决于齿轮的精度等级。

2.3.3　配合种类的选择

配合种类的选择是为了确定相互配合的孔与轴在工作时的关系，保证机器各零件协调工作，完成预定任务。在确定了配合制和公差等级之后，选择配合种类实质上就是确定非基准件的基本偏差代号。

1．根据使用要求确定配合类别

（1）间隙配合　对工作中有相对运动（转动或移动）或虽无相对运动但要求装拆方便的场合，应选用间隙配合。对有相对运动的间隙配合，相对运动速度越高，润滑油粘度越大，配合应越松。一般对于精密滑动或回转，要求间隙小且间隙的变动量也小；而对于松动配合，间隙要求较大且间隙的变动量也较大。因此，对有相对运动的间隙配合，其间隙大小与公差等级有关，间隙小，公差等级高；反之，公差等级低。这反映了间隙配合的一般规律。

（2）过渡配合　过渡配合主要用于既要求对中性，又要求装拆方便的场合。这时，传递载荷（转矩或轴向力）必须加键或销等联接件。为了保证对中性，过渡配合最大间隙X_{max}应小，而为了保证装拆方便，其最大过盈Y_{max}也应小，这样，配合公差($T_f = |X_{max} - Y_{max}|$)就小。所以，组成过渡配合的孔、轴应有较高的公差等级，一般为IT5～IT8级。当对中性要求高、不常装拆、传递的载荷大、冲击和振动大时，应选用较紧的配合，例如，H7/m6、H7/n6；反之，选用较松的配合，例如，H7/k6、H7/js6。

（3）过盈配合　对于不附加紧固件，完全靠过盈来保证固定或传递载荷的场合，应选用过盈配合。其选择原则是最小过盈应保证能传递或承受工作载荷，最大过盈又不至于使相配件的材料因应力过大而产生塑性变形甚至发生破裂。对不传递载荷，只作定位用的过盈配合，宜采用基本偏差r、s（R、S）组成的配合。冲击、振动较大的，则应选用过盈量较大的过盈配合。主要靠联接件（键、销等）传递载荷的配合，选用小过盈配合增加联接可靠性即可。

配合类别选择的大体方向见表2-12；各种基本偏差的应用见表2-13；在满足配合要求的前提下，应尽量选择各种优先配合，优先配合的特征及应用见表2-14。这些在设计时可供参考。

表 2-12　配合类别选择表

无相对运动	需传递转矩	要精确同轴	永久结合	过盈配合
			可拆结合	过渡配合或基本偏差为 H（h）的间隙配合加紧固件
		不要精确同轴		间隙配合加紧固件
	不需传递转矩			过渡配合或小过盈配合
有相对运动	只有移动			基本偏差为 H（h）、G（g）等间隙配合
	转动或转动和移动复合运动			基本偏差为 A ~ F（a ~ f）等间隙配合

表 2-13　各种基本偏差的应用

配合	基本偏差	各种基本偏差的特点及应用实例
间隙配合	a（A） b（B）	可得到特别大的间隙，很少采用。主要用于工作时温度高、热变形大的零件的配合，如内燃机中铝活塞与气缸钢套孔的配合为 H9/a9
	c（C）	可得到很大的间隙。一般用于工作条件较差（如农业机械）、工作时受力变形大及装配工艺性不好的零件的配合，也适用于高温工作的间隙配合，如内燃机排气阀杆与导管的配合为 H8/c7
	d（D）	与 IT7 ~ IT11 对应，适用于较松的间隙配合（如滑轮、活套的带轮与轴的配合），以及大尺寸滑动轴承与轴颈的配合（如涡轮机、球磨机等的滑动轴承）。活塞环与活塞环槽的配合可用 H9/d9
	e（E）	与 IT6 ~ IT9 对应，具有明显的间隙，用于大跨距及多支点的转轴轴颈与轴承的配合，以及高速、重载的大尺寸轴颈与轴承的配合，如大型电动机、内燃机的主要轴承处的配合为 H8/e7
	f（F）	多与 IT6 ~ IT8 对应，用于一般的转动配合，受温度影响不大，采用普通润滑油的轴颈与滑动轴承的配合，如齿轮箱、小电动机、泵等的转轴轴颈与滑动轴承的配合为 H7/f6
	g（G）	多与 IT5 ~ IT7 对应，形成配合的间隙较小，用于轻载精密装置中的转动配合，用于插销的定位配合，滑阀、连杆销等处的配合，钻套导向孔多用 G6
	h（H）	多与 IT4 ~ IT11 对应，广泛用于无相对转动的配合、一般的定位配合。若没有温度、变形的影响，也可用于精密轴向移动部位，如车床尾座导向孔与滑动套筒的配合为 H6/h5
过渡配合	js（JS）	多与 IT4 ~ IT7 具有平均间隙的过盈配合，用于略有过盈的定位配合，如联轴器，齿圈与轮毂的配合，滚动轴承外圈与外壳孔的配合多用 JS7。一般用手或木锤装配
	k（K）	多与 IT4 ~ IT7 平均间隙接近于零的配合，用于定位配合，如滚动轴承的内、外圈分别与轴颈、外壳孔的配合。用木锤装配
	m（M）	多与 IT4 ~ IT7 平均过盈较小的配合，用于精密的定位配合，如蜗轮的青铜轮缘与轮毂的配合为 H7/m6
	n（N）	多与 IT4 ~ IT7 平均过盈较大的配合，很少形成间隙。用于加键传递较大转矩的配合，如冲床上齿轮的孔与轴的配合。用锤子或压力机装配
过盈配合	p（P）	用于过盈小的配合。与 H6 或 H7 孔形成过盈配合，而与 h8 孔形成过渡配合。碳钢和铸铁零件形成的配合为标准压入配合，如卷扬机绳轮的轮毂与齿圈的配合为 H7/p6。合金钢零件的配合需要过盈小时可用 p（或 P）
	r（R）	用于传递大转矩或受冲击负荷而需要加键的配合，如蜗轮机与轴的配合为 H7/r6。必须注意，H8/r8 配合在基本尺寸 < 100mm 时，为过渡配合
	s（S）	用于钢和铸铁零件的永久性和半永久性结合，可产生相当大的结合力，如套环压在轴、阀座上用 H7/s6 配合
	t（T）	用于钢和铸铁零件的永久性结合，不用键就可以传递转矩，需用热套法或冷轴法装配，如联轴器与轴的配合为 H7/t6
	u（U）	用于过盈大的配合，最大过盈需验算，用热套法进行装配，如火车车轮轮毂孔与轴的配合为 H6/u5
	v（V）、x（X） y（Y）、z（Z）	用于过盈特大的配合，目前使用的经验和资料很少，须经试验后才能应用。一般不推荐

表 2-14 优先配合的选用说明

优先配合		说明
基孔制	基轴制	
H11/c11	C11/h11	间隙非常大。用于很松、转动很慢的动配合；要求大公差与大间隙的外露组件；要求装配方便的很松的配合
H9/d9	D9/h9	间隙很大的自由转动配合。用于精度非主要要求时，或有大的温度变动、高转速或大的轴颈压力时
H8/f7	F8/h7	间隙不大的转动配合。用于中等转速与中等轴颈压力的精确转动，也用于装配较易的中等定位配合
H7/g6	G7/h6	间隙量很小的滑动配合。用于不希望自由转动，但可自由移动和滑动并精密定位时，也可用于要求明确的定位配合
H7/h6 H8/h7 H9/h9 H11/h11		均为间隙定位配合，零件可自由装拆，而工作时一般相对静止不动。在孔为最小极限尺寸（或轴为最大极限尺寸）时，间隙为零；在孔为最大极限尺寸（或轴为最小极限尺寸）时，间隙由公差等级决定
H7/k6	K7/h6	过渡配合。用于精密定位
H7/n6	N7/h6	过渡配合。允许有较大过盈的更精密定位
H7/p6	P7/h6	小过盈配合。用于定位精度特别重要时，能以最好的定位精度达到部件的刚性及对中的性能要求，而对内孔承受压力无特殊要求，不依靠配合的紧固性传递摩擦负荷
H7/s6	S7/h6	中等压入配合。适用于一般钢件，或用于薄壁件的冷缩配合，用于铸铁件可得到最紧的配合
H7/u6	U7/h6	压入配合。适用于可以承受高压力的零件或不宜承受大压力的冷缩配合

2. 工作条件对配合的要求

（1）热变形　国家标准规定的公差、图样上标注的配合以及测量条件等均以标准温度20℃为前提。当工作温度不是20℃，特别是孔、轴温度或线膨胀系数相差较大时，应考虑热变形的影响。这对于高温或低温下工作的机械尤为重要。

（2）装配变形　在机械结构中，经常遇到薄壁套筒装配后变形的问题。如图2-21所示，套筒外表面与机座孔的配合为过盈配合 ϕ80H7/u6，套筒内孔与轴的配合为间隙配合 ϕ60H7/f6。由于套筒外表面与机座孔的装配会产生过盈，当套筒压入机座孔后，套筒内孔会收缩，使孔径变小，从而不能满足 ϕ60H7/f6 预定的间隙要求。因此，在选择套筒内孔与轴的配合时，应考虑装配变形的影响，具体办法有两个：其一是将套筒内孔加工的比 ϕ60H7 稍大，以补偿装配变形；其二是用工艺措施来保证，先将套筒压入机座孔内，再按 ϕ60H7 加工套筒内孔。

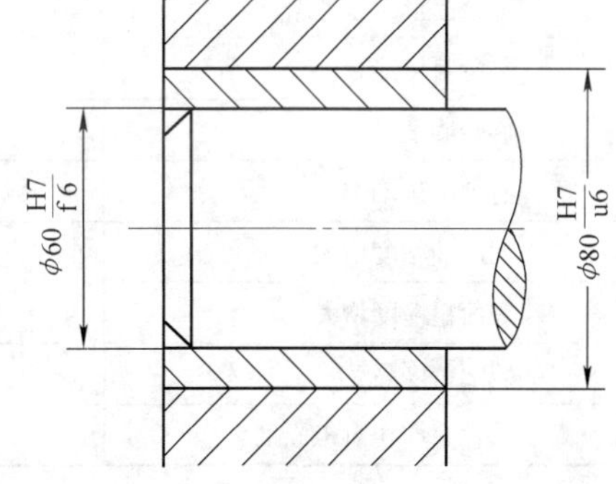

图 2-21 装配变形对配合的影响

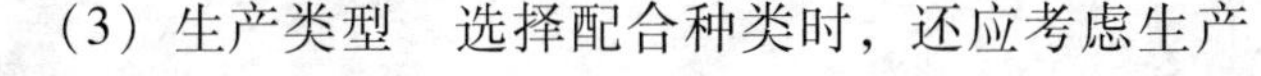

（3）生产类型　选择配合种类时，还应考虑生产类型（批量）的影响。在大批量生产时，多用“调整法”加工，加工后的尺寸通常遵循正态分布；单件小批生产时，多用“试切法”加工，加工后孔的尺寸多偏向最小极限尺寸，轴的尺寸多偏向最大极限尺寸，即孔和轴加工后的尺寸呈偏态分布。这样，对同一种配合，

单件小批生产比大批量生产总体上就紧一些。因此，在选择配合时，对同一使用要求，单件小批生产采用的配合应比大批量生产要松一些。

如图 2-22a 所示，以 ϕ50H7/js6 为例，大批量生产时，尺寸按正态分布，获得过盈的概率只有千分之几，平均间隙为 $X_{av} = +12.5\mu m$。单件小批生产时，孔和轴的尺寸分别偏向孔的最小极限尺寸和轴的最大极限尺寸，$X'_{av} < X_{av}$，出现过盈的概率显著增加。为了满足使用要求，单件小批生产应选择松些的配合 ϕ50H7/h6，如图 2-22b 所示。

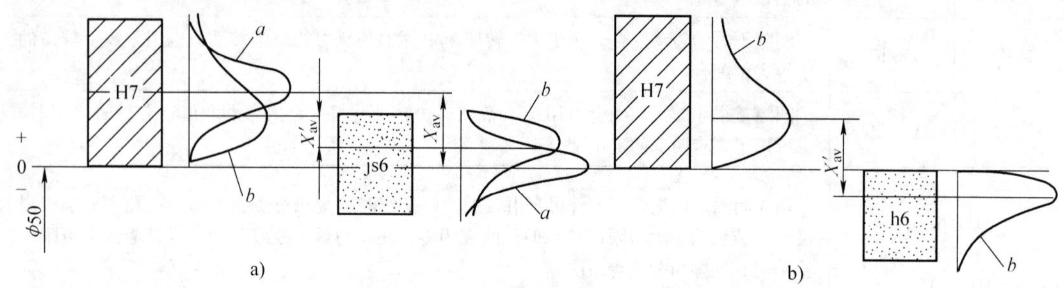

图 2-22　生产类型对配合选择的影响

a）正态分布　b）偏态分布

其次，配合件的材料、结合长度和形位误差等也会影响到配合的选择。不同工作条件下对过盈或间隙的影响见表 2-15。

表 2-15　工作条件对间隙或过盈的影响

具体情况	过盈	间隙
材料强度低	减	—
经常拆卸	减	—
有冲击载荷	增	减
工作时孔温高于轴温	增	减
工作时轴温高于孔温	减	增
配合长度增大	减	增
配合面形位误差增大	减	增
装配时可能歪斜	减	增
旋转速度增高	增	增
有轴向运动	—	增
润滑油粘度增大	—	增
表面粗糙度增大	增	减
装配精度高	减	减
单件生产相对于成批生产	减	增

3. 配合选用实例

例 2-5　有一孔、轴配合，其基本尺寸为 ϕ50mm，要求配合间隙在 +0.025 ~ +0.089mm 之间。试用计算法确定此配合的配合代号。

解：

（1）选择配合制

没有特殊要求，应选用基孔制，即孔的基本偏差代号为 H，EI = 0。

（2）确定公差等级

由给定的条件可知，该配合为间隙配合，其配合公差为

$$T_f = |X_{max} - X_{min}| = |(+0.089) - (+0.025)|\text{mm} = 0.064\text{mm}$$

因为 $T_f = T_h + T_s = 0.064\text{mm}$，根据工艺等价性，查表 2-1 可得

孔为 IT8 = 39μm　轴为 IT7 = 25μm

$$\text{IT7} + \text{IT8} = 0.025\text{mm} + 0.039\text{mm} = 0.064\text{mm}$$

满足要求。

（3）确定轴的基本偏差代号

已选定基孔制配合，且孔公差等级为 IT8，则由 EI = 0、IT8 = 39μm 可得 ES = +39μm，那么，孔公差带为 $\phi 50\text{H8}(^{+0.039}_{0})$。

基孔制间隙配合，其轴的基本偏差为上偏差。根据 $X_{min} = \text{EI} - \text{es} = +0.025\text{mm}$，可得 $\text{es} = \text{EI} - X_{min} = 0 - (+0.025) = -0.025\text{mm}$。查表 2-4，当 es = −0.025mm 时，对应的轴的基本偏差代号为 f，则轴的另一极限偏差 $\text{ei} = \text{es} - T_s = (-0.025\text{mm}) - 0.025\text{mm} = -0.050\text{mm}$，即轴的公差带为 $\phi 50\text{f7}(^{-0.025}_{-0.050})$。

（4）选择的配合为

$$\phi 50\frac{\text{H8}(^{+0.039}_{0})}{\text{f7}(^{-0.025}_{-0.050})}$$

公差带图如图 2-23 所示。

（5）验算

所取最大间隙　$X'_{max} = \text{ES} - \text{ei} = (+0.039\text{mm}) - (-0.050\text{mm}) = +0.089\text{mm}$

所取最小间隙　$X'_{min} = \text{EI} - \text{es} = 0\text{mm} - (-0.025\text{mm}) = +0.025\text{mm}$

经验算满足使用要求。

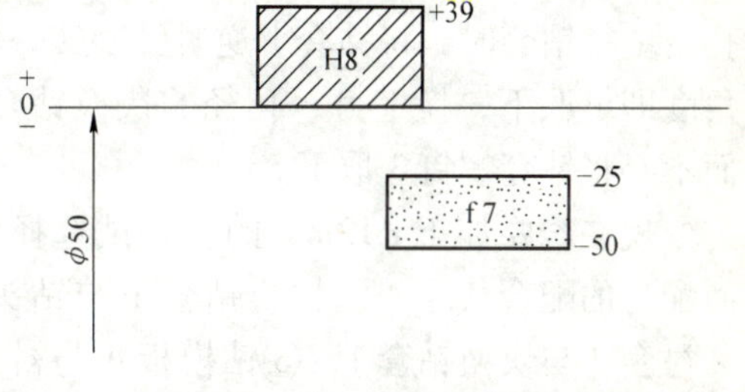

图 2-23　例 2-5 公差带图

例 2-6　铝制活塞与钢制缸体配合。基本尺寸 D 为 φ110mm，活塞工作温度 $t_1 = 180℃$，线膨胀系数 $\alpha_1 = 24 \times 10^{-6}/℃$；缸体工作温度 $t_2 = 110℃$，线膨胀系数 $\alpha_2 = 12 \times 10^{-6}/℃$。要求工作间隙在 0.1 ~ 0.28mm 内。装配时的温度为标准温度 20℃，试选择配合。

解：

（1）热变形引起的间隙变化量

$$\begin{aligned}\Delta X &= D[\alpha_2(t_2 - t) - \alpha_1(t_1 - t)] \\ &= 110 \times [12 \times 10^{-6} \times (110 - 20) - 24 \times 10^{-6} \times (180 - 20)]\text{mm} \\ &= -0.304\text{mm}\end{aligned}$$

即工作时间隙将减小 0.304mm，因此，装配时必须满足的极限间隙为

$$X_{min} = 0.1\text{mm} + 0.304\text{mm} = +0.404\text{mm}$$

$$X_{max} = 0.28\text{mm} + 0.304\text{mm} = +0.584\text{mm}$$

（2）选择配合

1）选用基孔制。

2）$T_f = |X_{max} - X_{min}| = |(+0.584) - (+0.404)|\text{mm} = 0.18\text{mm}$

因为 $T_f = T_h + T_s$，取孔、轴公差等级相同，即 $T_h = T_s = 90\mu\text{m}$。

查表 2-1 可取 IT9。

3）根据 $X_{min} = EI - es$ 得轴的基本偏差 $es = EI - X_{min} = 0\text{mm} - (+0.404\text{mm}) = -0.404\text{mm}$。

查表 2-4 选取轴的基本偏差代号为 a（其数值为 $-410\mu\text{m}$）。

4）最终确定的配合为 $\phi110\ \dfrac{H9(^{+0.087}_{\ \ 0})}{a9(^{-0.410}_{-0.497})}$，公差带图如图 2-24所示。

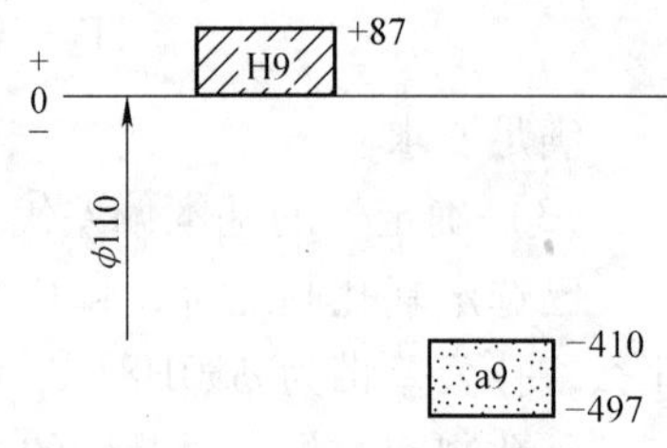

图 2-24　例 2-6 公差带图

（3）验算

所取最大间隙　$X'_{max} = ES - ei = (+0.087\text{mm}) - (-0.497\text{mm}) = +0.584\text{mm}$

所取最小间隙　$X'_{min} = EI - es = 0\text{mm} - (-0.410\text{mm}) = +0.410\text{mm}$

经验算满足使用要求。

例 2-7　图 2-25 所示为钻模的一部分，主要由钻模板 4、衬套 2、快换钻套 1 和钻套螺钉 3 组成。快换钻套 1 在工作中要求能迅速更换，当快换钻套 1 以缺边对正钻套螺钉 3 时，可直接装入衬套 2 中，再顺时针旋转一个角度，就卡在钻套螺钉 3 下面。当钻孔后更换钻套时，将钻套 1 逆时针旋转一个角度即可取下，换上另一孔径的快换钻套，而不必将钻套螺钉 3 取下。

现在若要加工 $\phi12\text{mm}$ 的孔，试选择下面配合的配合代号：①快换钻套 1 与钻头，②衬套 2 与快换钻套 1，③钻模板 4 与衬套 2。

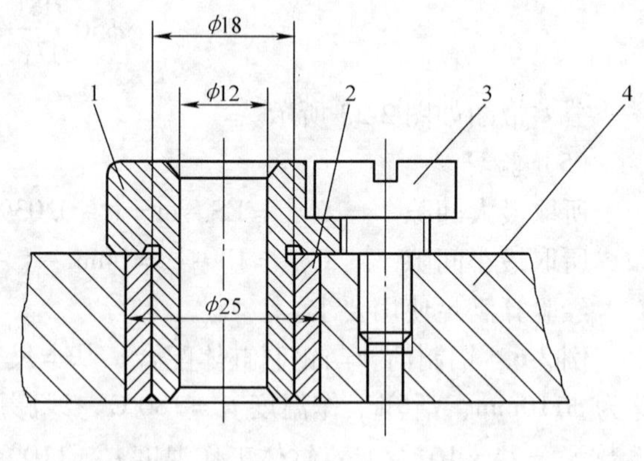

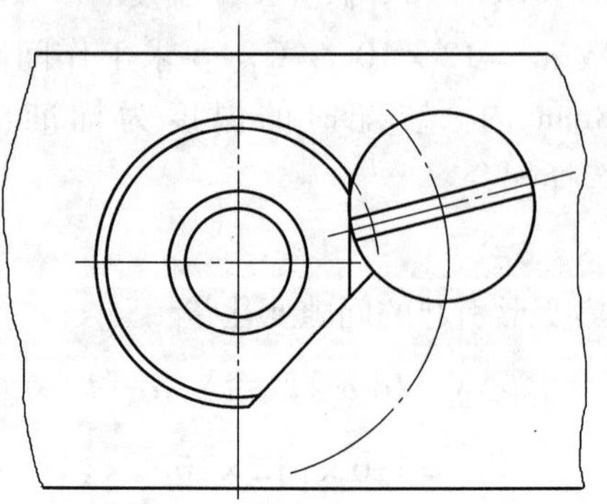

图 2-25　例 2-7 图

1—快换钻套　2—衬套　3—钻套螺钉　4—钻模板

解：

（1）选择配合制

钻套 1 与钻头配合，因钻头为标准件，应选用基轴制；

衬套 2 与钻套 1、钻模板 4 与衬套 2 的配合，因结构无特殊要求，应选用基孔制。

（2）选择公差等级

钻模夹具各元件的联接，可按 IT5 ~ IT8 级选用。对于重要的配合，轴可选 IT6，孔可选 IT7。本例中钻套 1 的孔、衬套 2 的孔、钻模板 4 的孔均按 IT7 选用。钻套 1 和衬套 2 的外圆按 IT6 选用。

（3）确定配合代号

钻套 1 内孔，因为要引导旋转着的刀具进给，既要保证一定的导向精度，又要防止间隙过小而被卡住。根据表 2-13，应选用 F，即钻套内孔公差带为 ϕ12F7。

衬套 2 与钻套 1 的配合，因钻套需经常更换，需有一定间隙，但因有准确定心的要求，间隙又不能太大，配合代号初步确定为 ϕ18H7/g6。又考虑到国家标准为了统一钻套内孔与衬套内孔的公差带，规定统一选用 F7，以便于制造。那么，可以选用与 H7/g6 配合性质相当的 F7/k6 配合。即最终确定的配合代号为 ϕ18F7/k6。两者对比如图 2-26 所示。由图可见，两者的极限间隙基本相同。

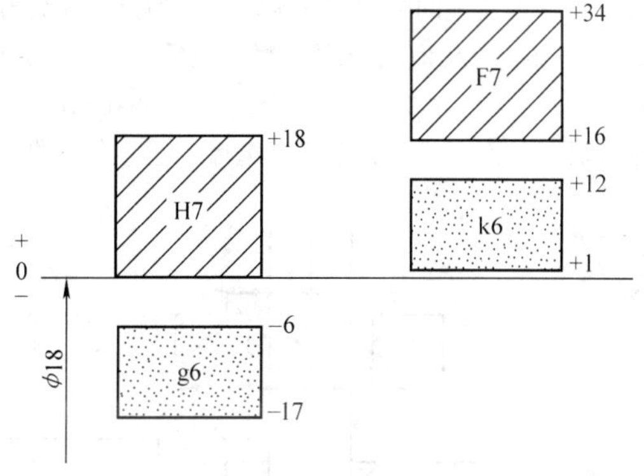

图 2-26 例 2-7 公差带图

钻模板 4 与衬套 2 的配合，要求联接可靠，在轻微冲击和负荷下不会松动，即使衬套内孔磨损了，需更换次数也不多。可选平均过盈率较大的过渡配合，配合代号确定为 ϕ25H7/n6。

习 题 2

2-1 已知轴的基本尺寸为 60mm，最大极限尺寸 d_{max} = 60.02mm，最小极限尺寸 d_{min} = 59.99mm，试计算轴的极限偏差及公差，并画公差带图。

2-2 计算并填写下表空格中的数值（单位：mm）。

基本尺寸	最大极限尺寸	最小极限尺寸	上偏差	下偏差	公差
孔 ϕ8	8.040	8.025			
轴 ϕ80			−0.010	−0.056	
孔 ϕ30		30.020			0.130
轴 ϕ50			−0.050	−0.112	

2-3 计算下列孔与轴配合的极限间隙或极限过盈、平均间隙或平均过盈以及配合公差，说明配合种类并画公差带图。

（1）孔 $\phi40^{+0.034}_{+0.009}$mm　　轴 $\phi40^{0}_{-0.016}$mm。

（2）孔 $\phi30^{+0.021}_{0}$mm　　轴 $\phi30^{+0.041}_{+0.028}$mm。

（3）孔 $\phi25^{+0.021}_{0}$mm　　轴 $\phi25^{+0.015}_{+0.002}$mm。

2-4 利用标准公差和基本偏差数值表，确定下列公差带的极限偏差，并画公差带图。

（1）ϕ70h11；（2）ϕ32d9；（3）ϕ25Z6；（4）ϕ28K7；（5）ϕ40M8；（6）ϕ30js6。

2-5 查表确定下列配合的极限偏差，说明配合制并画公差带图。

（1）ϕ40H8/f7；（2）ϕ75JS7/h6；（3）ϕ60H7/k6；（4）ϕ50H7/u6；（5）ϕ20R7/h6；（6）ϕ45F9/h9。

2-6 设孔、轴配合的基本尺寸和使用要求如下：

（1）$D(d) = \phi40$mm，$X_{max} = +70\mu m$，$X_{min} = +20\mu m$。

（2）$D(d)=\phi100\text{mm}$，$Y_{min}=-36\mu\text{m}$，$Y_{max}=-93\mu\text{m}$。

（3）$D(d)=\phi60\text{mm}$，$X_{max}=+50\mu\text{m}$，$Y_{max}=-32\mu\text{m}$。

试确定配合制、孔和轴的公差等级、配合代号，并画公差带图。

2-7 某发动机工作时活塞与气缸壁之间的间隙应在 0.04～0.097mm 范围内，活塞的工作温度为 $t_1=150℃$，气缸的工作温度 $t_2=100℃$，而它们的装配温度 $t=20℃$；活塞的线膨胀系数 $\alpha_1=22\times10^{-6}/℃$，气缸的线膨胀系数 $\alpha_2=12\times10^{-6}/℃$。活塞与气缸的基本尺寸为 $\phi95\text{mm}$，试求活塞与气缸装配间隙的允许变动范围，并根据装配间隙的要求确定它们的公差等级与配合代号。

2-8 图 2-27 所示为钻床的钻模夹具简图。已知：1）配合面①和②都有定心要求，需用过盈量不大的固定连接；2）配合面③有定心要求，在安装和取出定位套时需要轴向移动；3）配合面④有导向要求，且钻头能在转动状态下进入钻套。试选择上述配合面的配合种类，并简述其理由。

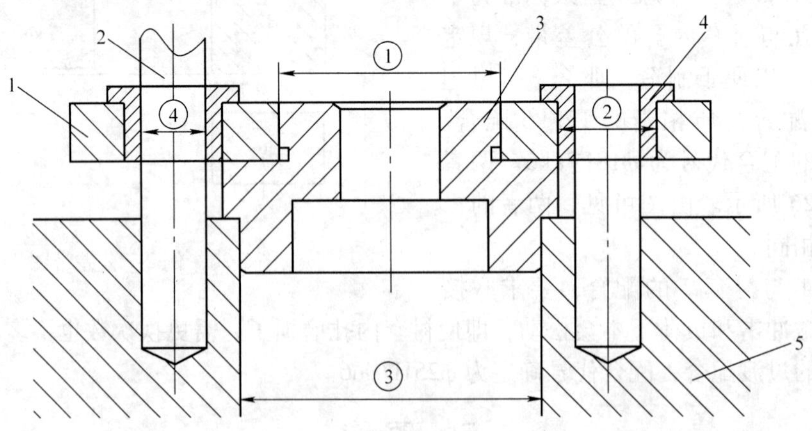

图 2-27 习题 2-8 图

1—钻模板 2—钻头 3—定位套 4—钻套 5—工件

第3章　测量技术基础

机械工业的发展离不开检测技术及其发展。机械产品和零件的设计、制造及检测都是互换性生产中的重要环节。在生产和科学实验中，为了保证机械零件的互换性和几何精度，需要经常对完工零件的几何量加以检验或测量，以判断它们是否符合设计要求。本章主要介绍有关测量技术方面的基本知识。

3.1　概述

测量是指为确定被测量的量值而进行的实验过程。其实质就是将被测量与作为计量单位的标准量进行比较，从而确定两者比值的过程。设被测量为 x，所采用的计量单位为 E，则它们的比值为：$q=x/E$。因此，被测量的量值为

$$x=qE \tag{3-1}$$

例如，某一被测长度为 L，与标准量 E（mm）进行比较，得到比值为60，则被测长度 $L=qE=60\text{mm}$。

显然，进行任何测量，首先要明确被测对象和确定计量单位，其次要有与被测对象相适应的测量方法，并且测量结果还要达到所要求的测量精度。因此，一个完整的测量过程应包括被测对象、计量单位、测量方法和测量精度等四个要素。

3.1.1　被测对象

本课程研究的被测对象是几何量，包括长度、角度、表面粗糙度、形状和位置误差以及螺纹、齿轮的各个几何参数等。

3.1.2　计量单位

我国法定计量单位中，几何量中长度的基本单位为米(m)，长度的常用单位有毫米(mm)和微米(μm)。$1\text{mm}=10^{-3}\text{m}$，$1\mu\text{m}=10^{-3}\text{mm}$。在机械制造中，常用的单位为毫米(mm)；在几何量精密测量中，常用的单位为微米(μm)；在超高精度测量中，采用纳米(nm)为单位，$1\text{nm}=10^{-3}\mu\text{m}$。几何量中平面角的角度单位为弧度(rad)、微弧度(μrad)及度(°)、分(′)、秒(″)。$1\mu\text{rad}=10^{-6}\text{rad}$，$1°=0.0174533\text{rad}$。度、分、秒的关系采用60等分制，即 $1°=60'$，$1'=60''$。

3.1.3　测量方法

测量方法是指测量时所采用的测量原理、计量器具和测量条件的综合。在测量过程中，应根据被测零件的特点（如材料硬度、外形尺寸、批量大小、精度要求等）和被测对象的定义来拟定测量方案、选择计量器具和规定测量条件。

3.1.4　测量精度

测量精度是指测量结果与真值相一致的程度。由于在测量过程中总是不可避免地出现测

量误差，因此，测量结果只是在一定范围内近似于真值。测量误差的大小反映测量精度的高低，测量误差大则测量精度低，测量误差小则测量精度高，不知测量精度的测量是毫无意义的测量。

3.2 长度、角度量值的传递

3.2.1 长度量值传递系统

为了进行长度测量，需要确定一个标准的长度单位，而标准量所体现的量值需要由基准提供，建立一个准确统一的长度单位基准是几何量测量的基础。在我国法定计量单位中，规定长度的单位是米（m）。在1983年第十七届国际计量大会上通过的米的定义是："1米是光在真空中于1/299792458s的时间间隔内所经过的距离。"

米的定义主要采用稳频激光来复现。以稳频激光的波长作为长度基准具有极好的稳定性和复现性，不仅可以保证计量单位稳定、可靠和统一，而且使用方便，提高了测量精度。

使用波长作为长度基准，虽然可以达到足够的精度，但却不便在生产中直接用于尺寸的测量。因此，需要将基准的量值传递到实体计量器具上。为了保证量值的统一，必须建立从国家长度计量基准到生产中使用的工作计量器具的量值传递系统，如图3-1所示。

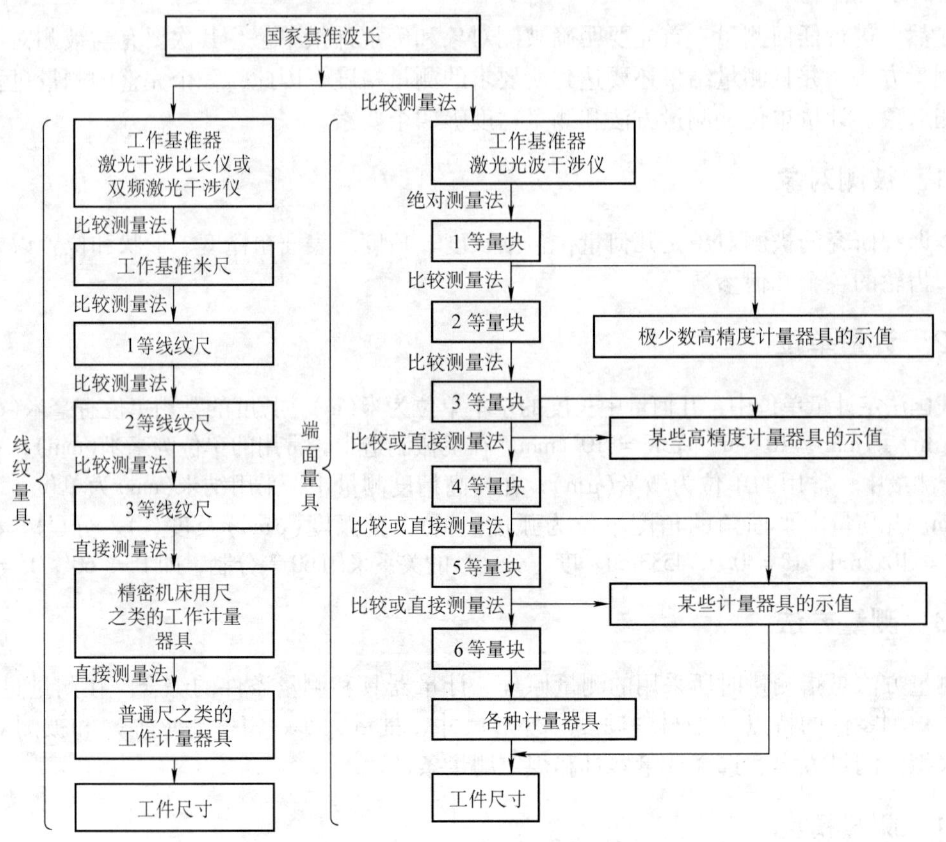

图3-1 长度量值传递系统

长度量值从国家基准波长开始，分两个平行的系统向下传递，一个是端面量具（量块）系统，另一个是线纹量具（线纹尺）系统。因此，量块和线纹尺都是量值传递媒介，其中尤以量块的应用更为广泛。

3.2.2 量块

在长度量值传递系统中，量块是经常使用的量值传递媒介。量块是用特殊合金钢制成，具有线膨胀系数小、不易变形、耐磨性好等特点。量块的应用颇为广泛，除作为长度量值传递的基准之外，还用于鉴定和调整计量器具，调整机床、工具和其他设备，也直接用于测量零件。

量块通常制成长方六面体，六个平面中有两个相互平行的测量面，测量面极为光滑平整，两测量面之间具有精确的尺寸。

1. 有关量块的术语

如图3-2所示，件1为量块，件2为与量块相研合的辅助体（平晶，平台等），所标各种符号为与量块有关的长度和偏差。

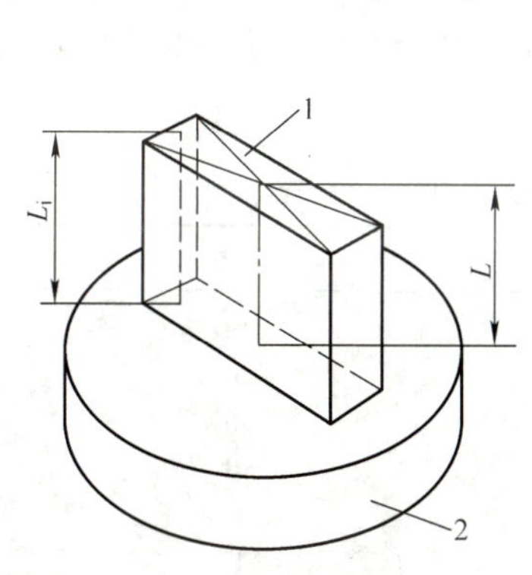

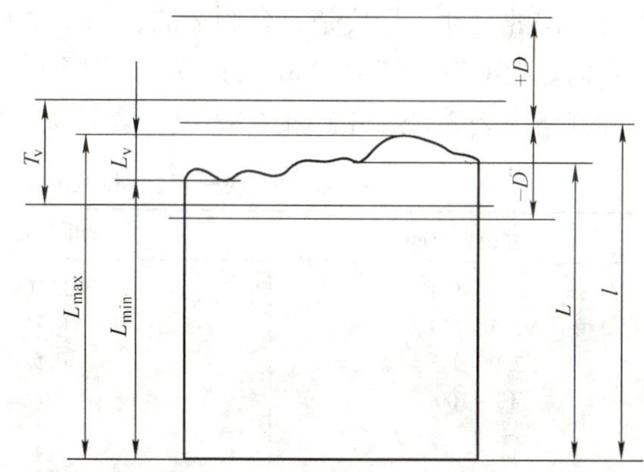

图3-2 量块及其术语

（1）量块的中心长度 指量块一个测量面的中心点到与其相对的另一个测量面之间的垂直距离，用符号 L 表示。

（2）量块（测量面上任意点）的长度 指自测量面上任意点到与其相对的另一个测量面之间的垂直距离，用符号 L_i 表示。

（3）量块长度的标称值 指刻印在量块上的量值，也称为量块长度的示值或量块的标称尺寸，用符号 l 表示。

（4）量块长度的实测值 指用一定的方法，对量块长度进行测量所得到的量值。

（5）量块的长度变动量 指量块任意点长度中的最大长度 L_{max} 与最小长度 L_{min} 之差的绝对值，用符号 L_v 表示。量块长度变动量的允许值用符号 T_v 表示。

（6）量块的长度偏差 指量块的实测值与其标称值之差，简称为偏差。图3-2中的 $-D$ 和 $+D$ 为这一偏差的允许值（极限偏差）。

2. 量块的精度等级

为了满足不同应用场合的需要，我国的标准对量块规定了若干精度等级。

（1）量块的分级　依据 GB/T6093—2001《几何量技术规范（GPS）　长度标准　量块》的规定，量块按制造精度分为六级：00、0、K、1、2、3 级，其中 00 级精度最高，精度依次降低，3 级精度最低，K 级为校准级。量块分“级”的主要依据是量块长度极限偏差和量块长度变动量的允许值。

（2）量块的分等　依据 JJG 146—2003《量块鉴定规程》的规定，量块按检定精度分为六等：1、2、3、4、5、6 等，其中 1 等精度最高，精度依次降低，6 等精度最低。量块分“等”的主要依据是量块测量的不确定度和量块长度变动量的允许值。

量块按“级”使用时，应以量块长度的标称值作为工作尺寸，该尺寸包含了量块的制造误差。量块按“等”使用时，应以检定后所给出的量块中心长度的实测值作为工作尺寸，该尺寸排除了量块制造误差的影响，仅包含检定时较小的测量误差。因此，量块按“等”使用的测量精度比量块按“级”使用的高。

3. 量块的组合

两个量块的测量面或一个量块的测量面与一个玻璃（或石英）的测量面之间具有相互研合的能力，称为量块测量面的研合性。利用量块的研合性，可以组成所需的各种尺寸。为了组成所需的尺寸，量块是成套制造的，每一套具有一定数量的不同尺寸的量块，装在特制的木盒内。按 GB/T6093—2001 的规定，我国生产的成套量块有 91 块、83 块、46 块、38 块等几种规格。表 3-1 列出了国产 83 块一套量块的尺寸构成系列。

表 3-1　83 块一套的量块组成（摘自 GB/T6093—2001）

尺寸范围/mm	间隔/mm	块数
1.01 ~ 1.49	0.01	49
1.5 ~ 1.9	0.1	5
2.0 ~ 9.5	0.5	16
10 ~ 100	10	10
1	—	1
0.5	—	1
1.005	—	1

为了获得较高的组合尺寸精度，应力求用最少的块数组成一个所需尺寸，一般不超过 4 到 5 块。为了迅速选择量块，应从所需组合尺寸的最后一位数开始考虑，每选一块应使尺寸的位数减少一位。例如要组成 51.995mm 的尺寸，其选择方法为

```
  51.995      需要的量块尺寸
-  1.005      第一块量块尺寸
----------
  50.99
-  1.49       第二块量块尺寸
----------
  49.5
-  9.5        第三块量块尺寸
----------
  40          第四块量块尺寸
```

3.2.3　角度量值传递系统

角度量值尽管可以通过等分圆周获得任意大小的角度而无需再建立一个角度自然基准，但在实际应用中为了测量方便和便于对测角仪器进行检定，仍需建立角度量值标准。现在最常用的实物基准是多面棱体，多面棱体采用特殊合金钢或石英玻璃精细加工而成，常见的有4、6、8、12、24、36、72等正多面棱体，如图3-3所示为正八面棱体，并由此建立起了角度量值传递系统，如图3-4所示。

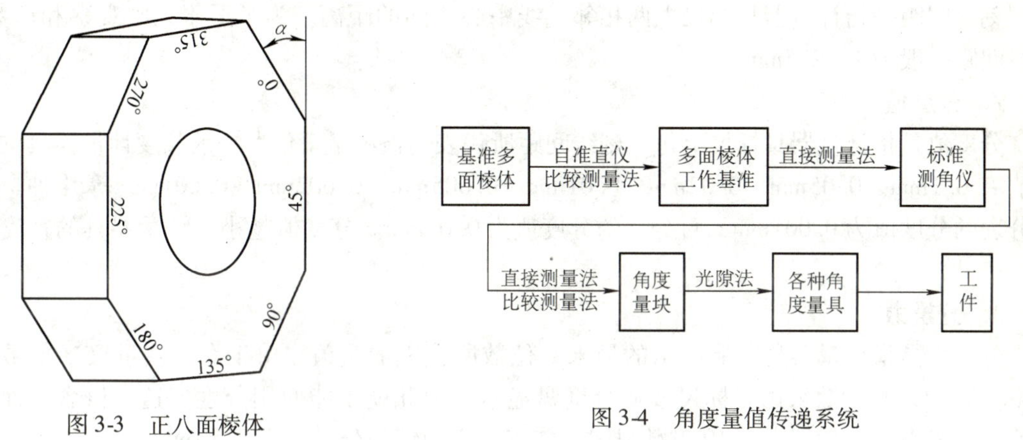

图3-3　正八面棱体

图3-4　角度量值传递系统

3.3　计量器具与测量方法

3.3.1　计量器具的分类

计量器具是指能直接或间接测出被测对象量值的技术装置。计量器具是量具、量规、计量仪器和计量装置的统称。

1．量具

量具是指以固定形式复现被测量量值的计量器具。它分为单值量具和多值量具。单值量具是指复现几何量单个量值的量具，如量块、90°角尺等。多值量具是指复现一定范围内的一系列不同量值的量具，如线纹尺等。

2．量规

量规是指没有刻度的专用计量器具，用以检验零件要素实际尺寸和形位误差的综合结果。使用量规检验不能得到被检工件的具体误差值，但能确定被检工件是否合格，如使用光滑极限量规、螺纹量规、位置量规等检验。

3．计量仪器

计量仪器（简称量仪）是指能将被测量的量值转换成可直接观测的指示值或等效信息的计量器具，如百分表、万能工具显微镜、电动轮廓仪等。计量仪器按其原理可分为机械式量仪、光学式量仪、电动式量仪、气动式量仪等。

4．计量装置

计量装置是指为确定被测量量值所必需的计量器具和辅助设备的总体。它能够测量同一工件上较多的几何量和形状比较复杂的工件，有助于实现检测自动化或半自动化。如连杆、滚动轴承等零件可用计量装置来测量。

3.3.2 计量器具的技术指标

计量器具的技术指标用来表征计量器具技术特性和功能，它是合理选择和使用计量器具的重要依据。主要指标如下：

1．刻线间距

刻线间距是指计量器具标尺上两相邻刻线中心线间的距离。为了适于人眼观察和读数，刻线间距一般为 1～2.5mm。

2．分度值

分度值是指计量器具标尺上每一刻线间距所代表的被测量量值。一般长度计量器具的分度值有 0.1mm、0.05mm、0.02mm、0.01mm、0.005mm、0.002mm、0.001mm 等几种。如千分表的分度值为 0.001mm，百分表的分度值为 0.01mm。分度值越小，计量器具的精度越高。

3．分辨力

分辨力是指计量器具所能显示的最末一位数所代表的量值。由于在一些量仪（如数字式量仪）中，其读数采用非标尺或非分度盘显示，因此就不能使用分度值这一概念，而将其称为分辨力。例如国产 JC19 型数显式万能工具显微镜的分辨力为 0.5μm。

4．示值范围

示值范围是指计量器具所能显示或指示的起始值到终止值的范围。

5．测量范围

测量范围是指计量器具所能测量被测量的最小值到最大值的范围。

6．灵敏度

灵敏度是指计量器具对被测量变化的反应能力。若被测量的变化为 Δx，该量值引起计量器具的相应变化为 ΔL，则灵敏度 S 为

$$S = \frac{\Delta L}{\Delta x}$$

当上式中分子和分母为同种量时，灵敏度也称为放大比或放大倍数。对于具有等分刻度的标尺或分度盘的量仪，放大倍数 K 等于刻度间距 a 与分度值 i 之比，即

$$K = \frac{a}{i}$$

分度值越小，计量器具的灵敏度越高。

7．示值误差

示值误差是指计量器具上的示值与被测量真值的代数差。示值误差越小，计量器具精度越高。

8．修正值

修正值是指为了消除或减少系统误差，用代数法加到未修正测量结果上的数值，其大小与示值误差的绝对值相等，而符号相反。例如，示值误差为 －0.006mm，则修正值为 +0.006mm。

9. 测量重复性

测量重复性是指在相同的测量条件下，对同一被测量进行多次测量，各测量结果之间的一致性。通常，以测量重复性误差的极限值（正、负偏差）来表示。

10. 不确定度

不确定度是指由于测量误差的存在而对被测量量值不能肯定的程度。

3.3.3 测量方法的分类

广义的测量方法，是指测量时所采用的测量原理、计量器具和测量条件的综合。但是在实际工作中，测量方法一般是指获得测量结果的具体方式，它可从不同的角度进行分类。

1. 按实测量值是否为被测量值分类

（1）直接测量　从计量器具的读数装置上直接得到被测量量值的测量方法。例如，用游标卡尺、千分尺测量轴径。

（2）间接测量　通过测量与被测量有函数关系的其他量，然后通过函数关系算出被测量的测量方法。例如：测量轴径时由于条件所限，只有一把直尺，那我们可找一段绳子，先测出周长，然后通过关系式 $d=l/\pi$ 计算得出轴径的尺寸。

直接测量过程简单，其测量精度只与这一测量过程有关，而间接测量的精度不仅取决于有关量的测量精度，还与计算精度有关。因此，间接测量常用于受条件所限无法进行直接测量的场合。

2. 按示值是否为被测量的全值分类

（1）绝对测量　计量器具显示或指示的示值是被测量的全值。例如，用游标卡尺、千分尺测量轴径。

（2）相对测量（比较测量）　计量器具显示或指示出的是被测量相对于已知标准量的偏差，而被测量的量值为已知标准量与该偏差值的代数和。例如，用机械比较仪测量轴径，测量时先用量块调整示值零位，该比较仪指示出的示值为被测轴径相对于量块尺寸的偏差。

一般来说，相对测量的测量精度比绝对测量的测量精度高。

3. 按测量时被测表面与计量器具的测头是否接触分类

（1）接触测量　测量时计量器具的测头与被测表面接触，并有机械作用的测量力。例如，用机械比较仪测量轴径。

（2）非接触测量　测量时计量器具的测头不与被测表面接触。例如，用光切显微镜测量表面粗糙度，用气动量仪测量孔径。

在接触测量中，测头与被测表面的接触会引起弹性变形，产生测量误差，而非接触测量则无此影响，故适宜于软质表面或薄壁易变形工件的测量。

4. 按工件上是否有多个被测量一起加以测量分类

（1）单项测量　分别对工件上的各被测量进行独立测量。例如，用工具显微镜测量螺纹的螺距、牙侧角、中径等。

（2）综合测量　同时测量工件上几个相关量的综合效应或综合指标，以判断综合结果是否合格。例如，用螺纹量规检验螺纹单一中径、螺距和牙侧角实际值的综合结果是否合格。

就工件整体来说，单项测量的效率比综合测量的低，但单项测量便于进行工艺分析。综合测量适用于只要求判断合格与否，而不需要得到具体误差值的场合。

5. 按测量在加工过程中所起的作用分类

（1）主动测量　在加工工件的同时，对被测量进行测量。其测量结果可直接用以控制加工过程，及时防止废品的产生。

（2）被动测量　在工件加工完毕后对被测量进行测量。其测量结果仅限于通过合格品和发现并剔除不合格品。

主动测量常应用在生产线上，使检验与加工过程紧密结合，充分发挥检测的作用。因此，它是检测技术发展的方向。

6. 按测量时被测表面与计量器具的测头是否相对运动分类

（1）静态测量　在测量过程中，计量器具的测头与被测零件处于静止状态，被测量的量值是固定的。例如，用机械比较仪测量轴径。

（2）动态测量　在测量过程中，计量器具的测头与被测零件处于相对运动状态，被测量的量值是变化的。例如，用圆度仪测量圆度误差，用电动轮廓仪测量表面粗糙度等。

3.4 测量误差

3.4.1 测量误差的基本概念

由于测量过程中计量器具本身和测量方法等误差的影响，以及测量条件的限制，任何一次测量的测得值都不可能是被测量的真值，两者存在着差异。这种差异在数值上则表现为测量误差。测量误差指被测量的测得值与其真值之差，用公式表示如下：

$$\delta = x - x_0 \tag{3-2}$$

式中，δ 为绝对误差；x 为被测量的测得值；x_0 为被测量的真值。

测量误差有下列两种表示形式：

1. 绝对误差

由式（3-2）所定义的测量误差也称绝对误差。在式（3-2）中，由于 x 可能大于或小于 x_0，因而绝对误差可能是正值，也可能是负值。这样，被测量的真值可以用下式来表示：

$$x_0 = x \pm |\delta| \tag{3-3}$$

利用上式，可以由被测量的量值和测量误差来估算真值所在的范围。测量误差的绝对值越小，则被测量的量值越接近于真值，测量精度就越高；反之，测量精度越低。

用绝对误差表示测量精度，适用于评定或比较大小相同被测量的测量精度。对于大小不同的被测量，则需要用相对误差来评定或比较它们的测量精度。

2. 相对误差

相对误差是指绝对误差的绝对值与被测量真值之比。由于被测量的真值无法得到，因此在实际应用中常以被测量的测得值代替真值进行估算，即

$$f = \frac{|\delta|}{x_0} \approx \frac{|\delta|}{x} \tag{3-4}$$

式中，f 为相对误差。

相对误差通常用百分比来表示。例如，某两轴径的测得值分别为 199.865mm 和

80.002mm，它们的绝对误差分别为 +0.004mm 和 -0.003mm，则由式（3-4）计算得到它们的相对误差分别为 $f_1 = 0.004/199.865 = 0.002\%$，$f_2 = 0.003/80.002 = 0.0037\%$，因此前者的测量精度比后者高。

3.4.2 测量误差的来源

为了减小测量误差，必须仔细分析测量误差产生的原因，提高测量精度。在实际测量中，产生测量误差的因素很多，归结起来主要有以下几个方面。

1. 计量器具误差

计量器具误差是指计量器具本身在设计、制造和使用过程中的各项误差。

设计计量器具时，为了简化结构而采用近似设计会产生测量误差。例如，机械杠杆比较仪的结构中，测杆的直线位移与指针杠杆的角位移不成正比，而其标尺却采用等分刻度，这就是一种近似设计，测量时会产生测量误差。

当设计的计量器具不符合阿贝原则时也会产生测量误差。阿贝原则是指测量长度时，为了保证测量的准确，应使被测零件的尺寸线（简称被测线）和量仪中作为标准的刻度尺（简称标准线）重合或顺次排成一条直线。

用千分尺测量轴的直径，如图 3-5 所示，千分尺的标准线（测微螺杆轴线）与工件被测线（被测直径）在同一条直线上。如果测微螺杆轴线的移动方向与被测直径方向间有一夹角 φ，则由此产生的测量误差 δ 为

$$\delta = x' - x = x'(1 - \cos\varphi)$$

式中，x 为应测长度；x'为实测长度。

由于角 φ 很小，将 $\cos\varphi$ 展开成级数后取前两项可得 $\cos\varphi = 1 - \varphi^2/2$，则

$$\delta = x'\varphi^2/2$$

设 $x' = 30\text{mm}$，$\varphi = 1' \approx 0.0003\text{rad}$，则

$$\delta = 30\text{mm} \times 0.0003^2/2 = 1.35 \times 10^{-6}\text{mm} = 1.35 \times 10^{-3}\mu\text{m}$$

由此可见，符合阿贝原则的测量引起的测量误差很小，可以略去不计。

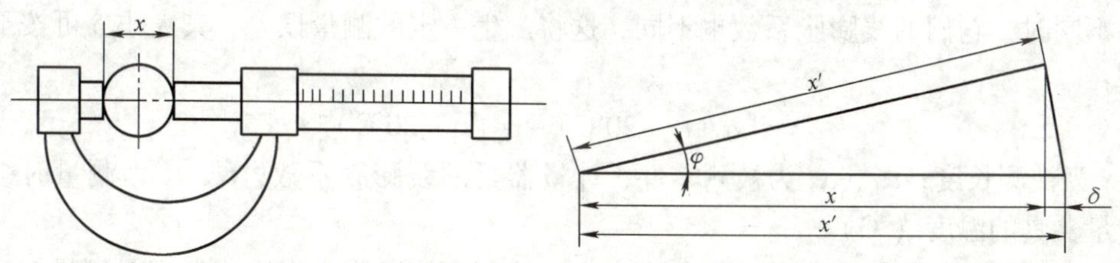

图 3-5 用千分尺测量轴径

用游标卡尺测量轴的直径，如图 3-6 所示，作为标准长度的刻度尺与被测直径不在同一条直线上，两者相距 s 平行放置，其结构不符合阿贝原则。在测量过程中，卡尺活动量爪倾斜一个角度 φ，此时产生的测量误差 δ 按下式计算：

$$\delta = x - x' = s\tan\varphi \approx s\varphi$$

设 $s = 30\text{mm}$，$\varphi = 1' \approx 0.0003\text{rad}$，则由于游标卡尺结构不符合阿贝原则而产生的测量误差为

$$\delta = 30\text{mm} \times 0.0003 = 0.009\text{mm} = 9\mu\text{m}$$

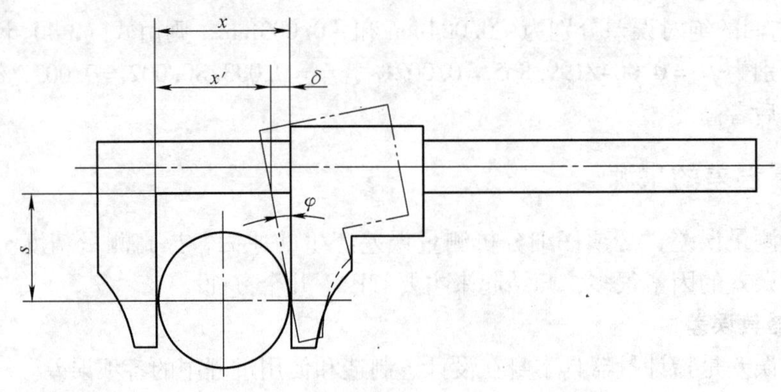

图 3-6 用游标卡尺测量轴径

由此可见，不符合阿贝原则的测量引起的测量误差颇大。

计量器具零件的制造和装配误差会产生测量误差。例如，游标卡尺标尺的刻线距离不准确、指示表的分度盘与指针回转轴的安装偏心等皆会产生测量误差。

计量器具在使用过程中零件的变形、滑动表面的磨损等会产生测量误差。

此外，相对测量时使用的标准量（如量块）的制造误差也会产生测量误差。

2. 方法误差

方法误差是指测量方法不完善（包括计算公式不准确、测量方法选择不当、工件安装、定位不准确等）所引起的误差。例如，在接触测量中，由于测头测量力的影响，使被测零件和测量装置产生变形而产生测量误差。

3. 环境误差

环境误差是指测量时环境条件不符合标准的测量条件所引起的误差。例如，环境温度、湿度、气压、照明（引起视差）等不符合标准以及振动、电磁场等的影响都会产生测量误差，其中尤以温度的影响最为突出。例如，在测量长度时，规定的标准温度为20℃，但是在实际测量时被测零件和计量器具的温度均会产生或大或小的偏差，而被测零件和计量器具的材料不同时，它们的线膨胀系数也不同，这将产生一定的测量误差，其大小δ可按下式进行计算：

$$\delta = x[\alpha_1(t_1 - 20℃) - \alpha_2(t_2 - 20℃)]$$

式中，x为被测长度；α_1、α_2为被测零件、计量器具的线膨胀系数；t_1、t_2为测量时被测零件、计量器具的温度（℃）。

因此，测量时应根据测量精度的要求，合理控制环境温度，以减小温度对测量精度的影响。

4. 人员误差

人员误差是指因测量人员主观因素（分辨能力、思想情绪等）和操作技术所引起的误差。例如，测量人员使用计量器具不正确、测量瞄准不准确、读数或估读错误等，都会产生测量误差。

3.4.3 测量误差的分类

测量误差按其性质可分为系统误差、随机误差和粗大误差等三大类。

1. 系统误差

系统误差是指在一定测量条件下，对同一被测量进行多次测量时，大小和符号均不变，或按一定规律变化的测量误差。

系统误差分为定值系统误差和变值系统误差。定值系统误差在整个测量过程中，误差的符号和大小均不变，例如用量块调整比较仪时，量块按标称尺寸使用时其制造误差引起的测量误差；千分尺零位调整不正确引起的测量误差，它们对各次测量引起的测量误差相同。变值系统误差在整个测量过程中，误差按一定规律变化，例如刻度盘与指针回转轴偏心所引起的按正弦规律周期变化的测量误差。

根据系统误差的变化规律，系统误差可以用计算或实验对比的方法确定，用修正值从测量结果中予以消除。但在某些情况下，系统误差由于变化规律比较复杂，不易确定，因而难以消除。

2. 随机误差

随机误差是指在一定测量条件下，多次测量同一被测量时，大小和符号以不可预定的方式变化的测量误差。

随机误差主要是由于测量过程中许多难以控制的偶然因素或不稳定因素引起的，是不可避免的。例如，计量器具中机构的间隙、运动件间摩擦力的变化、测量力的不恒定和测量温度的波动等引起的误差都是随机误差。

（1）随机误差的分布规律及特性　就某一次具体测量来说，随机误差的大小和符号无法预先知道。但是，对同一被测量进行多次重复测量时，发现它们的随机误差分布服从统计规律，通过大量的测试实验表明，随机误差通常服从正态分布。现举例分析如下：

例如，用同样的方法在相同的条件下对一轴同一部位尺寸测量200次，得到200个测得值，其中最大值为20.012mm，最小值为19.990mm，，然后按测得值大小分为11组，分组间隔为0.002 mm，有关数据见表3-2。

表3-2　测量数据统计表

组别	测得值分组区间/mm	区间中心值/mm	出现次数 n_i	出现频率 n_i/n
1	19.990 ~ 19.992	19.991	2	0.01
2	19.992 ~ 19.994	19.993	4	0.02
3	19.994 ~ 19.996	19.995	10	0.05
4	19.996 ~ 19.998	19.997	24	0.12
5	19.998 ~ 20.000	19.999	37	0.185
6	20.000 ~ 20.002	20.001	45	0.225
7	20.002 ~ 20.004	20.003	39	0.195
8	20.004 ~ 20.006	20.005	23	0.115
9	20.006 ~ 20.008	20.007	12	0.06
10	20.008 ~ 20.010	20.009	3	0.015
11	20.010 ~ 20.012	20.011	1	0.005

根据表3-2中的数据画出频率直方图，横坐标表示测得值 x，纵坐标表示出现次数或频率，连接直方图各顶线中点，得到一条折线，称为实际分布曲线，如图3-7a所示。

如果将上述实验的测量次数无限增大，分组间隔无限缩小，则实际分布曲线就会变成一条光滑的正态分布曲线，也叫高斯曲线，如图 3-7b 所示。横坐标表示随机误差 δ，纵坐标表示概率密度函数 y。

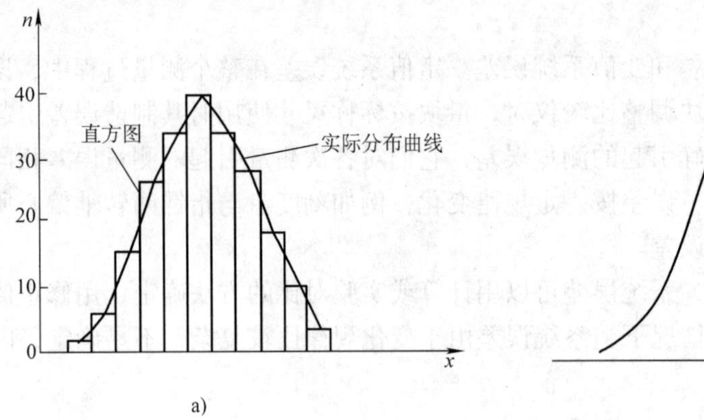

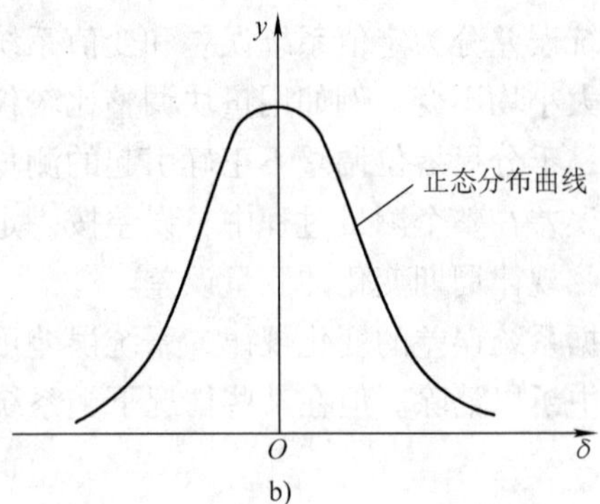

图 3-7　随机误差的分布
a）频率直方图　b）正态分布曲线

从随机误差正态分布曲线图可分析得出，随机误差具有下列四个基本特性：

1）单峰性。绝对值越小的随机误差出现的概率越大，反之则越小。

2）对称性。绝对值相等的正、负随机误差出现的概率相等。

3）有界性。在一定测量条件下，随机误差的绝对值不会超出一定的界限。

4）抵偿性。随着测量次数的增加，各次随机误差的算术平均值趋于零，即各次随机误差的代数和趋于零。

（2）随机误差的评定指标　根据概率论，正态分布曲线的数学表达式为

$$y=\frac{1}{\sigma\sqrt{2\pi}}\exp\left(-\frac{\delta^2}{2\sigma^2}\right) \tag{3-5}$$

式中，y 为概率密度；σ 为标准偏差；δ 为随机误差。

从上式可以看出，概率密度 y 与随机误差 δ 及标准偏差 σ 有关。当 $\delta=0$ 时，概率密度最大，$y_{\max}=\dfrac{1}{\sigma\sqrt{2\pi}}$，概率密度的最大值随标准偏差大小的不同而异。图 3-8 所示的三条正态分布曲线 1、2 和 3 中，$\sigma_1<\sigma_2<\sigma_3$，则 $y_{1\max}>y_{2\max}>y_{3\max}$。由此可见，$\sigma$ 越小，则曲线就越陡，随机误差的分布就越集中，测量精度就越高。反之，σ 越大，则曲线就越平坦，随机误差的分布就越分散，测量精度就越低。标准偏差是反映随机误差分散程度的参数，是正态分布时随机误差的评定指标。

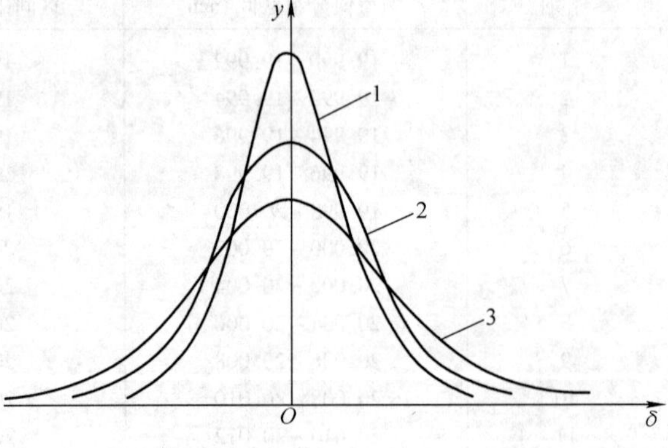

图 3-8　标准偏差对随机误差分布的影响

按照误差理论，标准偏差 σ 可用下式计算

$$\sigma=\sqrt{\frac{\delta_1^2+\delta_2^2+\cdots+\delta_n^2}{n}} \tag{3-6}$$

式中，δ_1、$\delta_2 \cdots \delta_n$ 为测量列中各测得值相应的随机误差；n 为测量次数。

（3）随机误差的极限值　从随机误差的有界性可知，随机误差不会超过某一范围。随机误差的极限值就是测量极限误差。

由概率论可知，正态分布曲线和横坐标轴间所包含的面积等于所有随机误差出现的概率总和。倘若随机误差区间落在（$-\infty \sim +\infty$）之间时，则其概率为

$$P = \int_{-\infty}^{+\infty} y \mathrm{d}\delta = \int_{-\infty}^{+\infty} \frac{1}{\sigma\sqrt{2\pi}} \mathrm{e}^{-\frac{\delta^2}{2\sigma^2}} \mathrm{d}\delta = 1$$

如果随机误差区间落在（$-\delta \sim +\delta$）之间时，则其概率为

$$P = \int_{-\delta}^{+\delta} y \mathrm{d}\delta = \int_{-\delta}^{+\delta} \frac{1}{\sigma\sqrt{2\pi}} \mathrm{e}^{-\frac{\delta^2}{2\sigma^2}} \mathrm{d}\delta$$

为了化成标准正态分布，将上式进行变量置换，设

$$t = \frac{\delta}{\sigma}, \quad \mathrm{d}t = \frac{\mathrm{d}\delta}{\sigma}$$

则上式化为

$$P = \frac{1}{\sqrt{2\pi}} \int_{-t}^{+t} \mathrm{e}^{-\frac{t^2}{2}} \mathrm{d}t = \frac{2}{\sqrt{2\pi}} \int_{0}^{t} \mathrm{e}^{-\frac{t^2}{2}} \mathrm{d}t$$

令 $P = 2\phi(t)$，则

$$\phi(t) = \frac{1}{\sqrt{2\pi}} \mathrm{e}^{-\frac{t^2}{2}} \mathrm{d}t$$

函数 $\phi(t)$ 称为概率积分函数，也称拉普拉斯函数。

表3-3给出了 $t = 1$、2、3、4 四个特殊值所对应的 $2\phi(t)$ 值和 $[1-2\phi(t)]$ 值。由此表可见，当 $t = 3$ 时，在 $\delta = \pm 3\sigma$ 范围内的概率为99.73%，δ 超出该范围的概率仅为0.27%。这样，绝对值大于 3σ 的随机误差出现的可能性几乎等于零。因此，可取 $\delta = \pm 3\sigma$ 作为随机误差的极限值，记作

$$\delta_{\lim} = \pm 3\sigma \tag{3-7}$$

显然，$\delta_{\lim}$ 可称测量列中单次测量值的极限误差。

表3-3　四个特殊 t 值对应的概率

t	$\delta = \pm t\sigma$	不超出 $\lvert\delta\rvert$ 的概率 $P = 2\phi(t)$	超出 $\lvert\delta\rvert$ 的概率 $\alpha = 1 - 2\phi(t)$
1	1σ	0.6826	0.3174
2	2σ	0.9544	0.0456
3	3σ	0.9973	0.0027
4	4σ	0.99936	0.00064

选择不同的 t 值，就对应有不同的概率，测量极限误差的可信程度也就不一样。随机误差在 $\pm 3\sigma$ 范围内出现的概率，称为置信概率，t 称为置信因子或置信系数。在几何量测量中，通常取置信因子 $t = 3$，则置信概率为99.73%。例如，某次测量的测得值为40.002mm，若已知标准偏差 $\sigma = 0.0003\text{mm}$，置信概率取99.73%，则测量结果应为

$$40.002\text{mm} \pm 3 \times 0.0003\text{mm} = (40.002 \pm 0.0009)\ \text{mm}$$

即被测量的真值有99.73%的可能性在40.0011～40.0029mm之间。

3. 粗大误差

粗大误差是指超出一定测量条件下预计的测量误差，即对测量结果产生明显歪曲的测量误差。含有粗大误差的测得值称为异常值，它的数值比较大。粗大误差的产生有主观和客观两方面的原因，主观原因如测量人员疏忽造成的读数误差，客观原因如外界突然振动引起的测量误差。由于粗大误差明显歪曲测量结果，因此在处理测量数据时，应根据判别粗大误差的准则设法将其剔除。

应当指出，系统误差和随机误差的划分并不是绝对的，它们在一定的条件下是可以相互转化的。例如，按一定基本尺寸制造的量块总是存在着制造误差，对某一具体量块来讲，可认为该制造误差是系统误差，但对一批量块而言，制造误差是变化的，可以认为它是随机误差。在使用某一量块时，若没有检定该量块的尺寸偏差，而按量块标称尺寸使用，则制造误差属随机误差；若检定出该量块的尺寸偏差，按量块实际尺寸使用，则制造误差属系统误差。掌握误差转化的特点，可根据需要将系统误差转化为随机误差，用概率论和数理统计的方法来减小该误差的影响；或将随机误差转化为系统误差，用修正的方法减小该误差的影响。

3.4.4 测量精度的分类

测量精度是指被测量的测得值与其真值的接近程度。它和测量误差是从两个不同角度说明同一概念的术语。测量误差越大，则测量精度就越低；测量误差越小，则测量精度就越高。为了反映系统误差和随机误差对测量结果的不同影响，测量精度可分为以下几种。

1. 正确度

正确度反映测量结果中系统误差的影响程度。若系统误差小，则正确度高。

2. 精密度

精密度反映测量结果中随机误差的影响程度。若随机误差小，则精密度高。

3. 准确度

准确度反映测量结果中系统误差和随机误差的综合影响程度。若系统误差和随机误差都小，则准确度高。

对于具体的测量，精密度高，正确度不一定高；正确度高，精密度不一定高；若精密度和正确度都高，则准确度一定高。现以打靶为例加以说明，如图3-9所示，小圆圈表示靶心，黑点表示弹孔。在图3-9a中，随机误差小而系统误差大，表示打靶精密度高而正确度低；

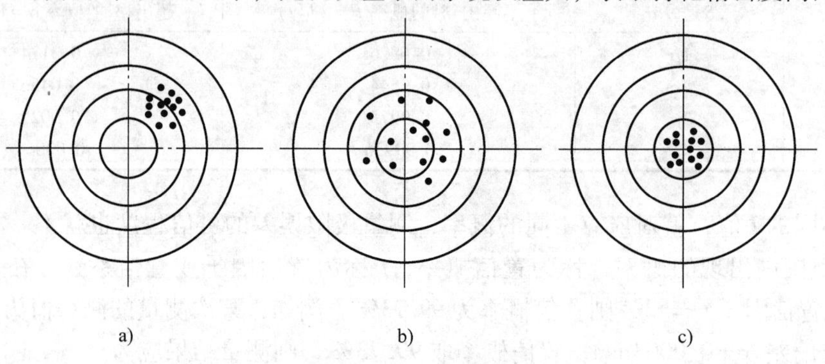

图3-9 测量精度

图3-9b中，系统误差小而随机误差大，表示打靶正确度高而精密度低；图3-9c中，系统误差和随机误差都小，表示打靶准确度高。

3.5 测量误差的处理

通过对某一被测量进行连续多次的重复测量，得到一系列的测量数据（测得值）称为测量列，可以对该测量列进行数据处理，以消除或减小测量误差的影响，提高测量精度。

3.5.1 测量列中随机误差的处理

在一定测量条件下，对同一被测量连续多次测量，得到一测量列，假设其中不存在系统误差和粗大误差，可以用数理统计的方法估算随机误差的范围和分布规律，进而确定测量结果。具体处理过程如下：

1. 测量列的算术平均值

设测量列的测得值为 x_1，x_2，…，x_n，则算术平均值为

$$\bar{x} = \frac{\sum_{i=1}^{N} x_i}{n} \tag{3-8}$$

式中，n 为测量次数。

2. 残差

残差（残余误差的简称）是指测量列中的各个测得值 x_i 与该测量列算术平均值 $\bar{x}$ 之差，记为 ν_i，即

$$\nu_i = x_i - \bar{x} \tag{3-9}$$

残差具有如下两个特性：

1）残差的代数和等于零，即 $\sum_{i=1}^{n} \nu_i = 0$。这一特性可以用来校核算术平均值及残差计算的准确性。

2）残差的平方和为最小，即 $\sum_{i=1}^{n} \nu_i^2 = \min$。由此可以说明，用算术平均值作为测量结果是最可靠且最合理的。

3. 测量列中单次测得值的标准偏差

标准偏差 σ 是表征随机误差集中与分散程度的指标。由于被测几何量的真值未知，所以不能按式（3-6）计算标准偏差 σ 的数值。在实际测量时，当测量次数 n 充分大时，随机误差的算术平均值趋于零，因此可以用测量列的算术平均值代替真值，即可用 ν_i 代替 δ_i，按贝塞尔（Bessel）公式计算出单次测得值标准偏差的估计值。贝塞尔公式为

$$\sigma = \sqrt{\frac{\sum_{i=1}^{N} \nu_i^2}{n-1}} \tag{3-10}$$

此时，单次测得值的测量结果 x_e 可表示为

$$x_e = x_i \pm 3\sigma \tag{3-11}$$

4．测量列算术平均值的标准偏差

若在一定测量条件下，对同一被测量进行多组测量（每组皆测量 n 次），则对应每组 n 次测量都有一个算术平均值，各组的算术平均值不相同。不过，它们的分散程度要比单次测量数值的分散程度小得多。描述它们的分散程度同样可以用标准偏差作为评定指标，如图 3-10 所示。

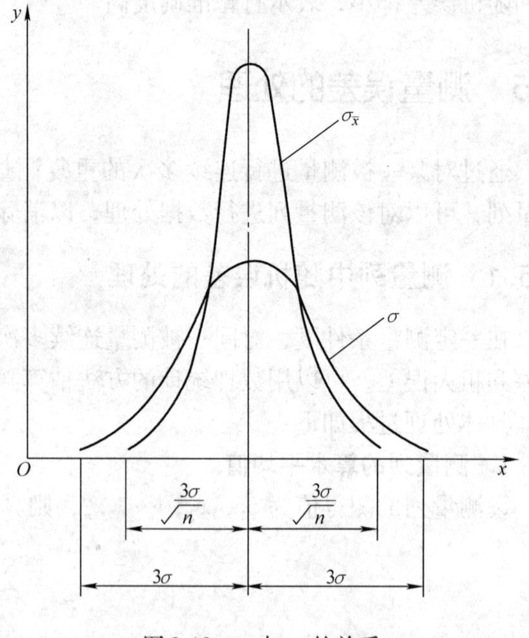

图 3-10 $\sigma_{\bar{x}}$与 σ 的关系

根据误差理论，测量列算术平均值的标准偏差 $\sigma_{\bar{x}}$ 与测量列单次测得值的标准偏差 σ 存在如下关系：

$$\sigma_{\bar{x}} = \frac{\sigma}{\sqrt{n}} \tag{3-12}$$

式中，n 为每组的测量次数。

由式（3-12）可知，多组测量的算术平均值的标准偏差 $\sigma_{\bar{x}}$ 为单次测量值的标准偏差的 $\sqrt{n}$ 分之一。这说明测量次数越多，$\sigma_{\bar{x}}$ 就越小，测量精密度就越高，但由图 3-11 可知，当 σ 一定时，$n>10$ 以后，$\sigma_{\bar{x}}$ 减小已很缓慢，故测量次数不必过多，一般情况下，取 $n=10\sim15$ 次。

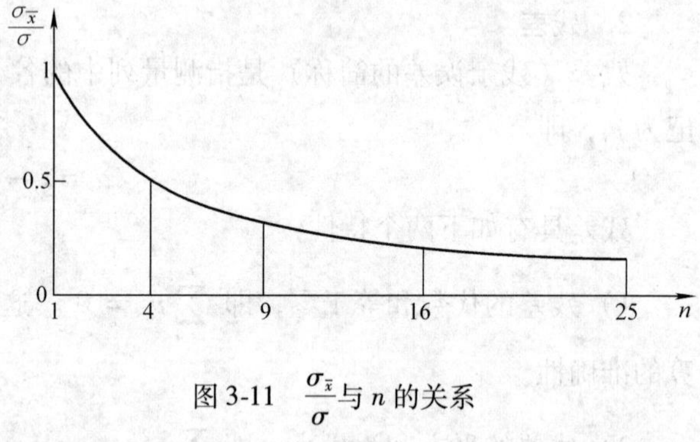

图 3-11 $\frac{\sigma_{\bar{x}}}{\sigma}$ 与 n 的关系

测量列算术平均值的测量极限误差为

$$\delta_{\lim(\bar{x})} = \pm 3\sigma_{\bar{x}} \tag{3-13}$$

多次（组）测量所得算术平均值的测量结果 x_e 可表示为

$$x_e = \bar{x} \pm 3\sigma_{\bar{x}} \tag{3-14}$$

3.5.2 测量列中系统误差的处理

对系统误差，应寻找和分析其产生的原因及变化规律，以便从测量数据中发现并予以消除，从而提高测量精度。

1．定值系统误差的处理

定值系统误差的大小和符号均不变，因此它不改变测量误差分布曲线的形状，而只改变测量误差分布中心的位置。从测量列的原始数据本身，看不出定值系统误差存在与否。揭露定值系统误差，可以采用实验对比法：改变测量条件，对已测量的同一被测几何量进行一轮次数相同的连续测量，比较前后两列测得值，若两者没有差异，则不存在定值系统误差；若两者有差异，则表示存在定值系统误差。

例如，用比较仪测量线性尺寸时，按“级”使用量块测量结果会产生定值系统误差，只有用级别更高的量块进行测量对比，才能发现前者的定值系统误差。这时，取该系统误差的反向值作为修正值，加到测量列的算术平均值之上，该系统误差即可消除。

2. 变值系统误差的处理

变值系统误差的大小和符号按一定规律变化，因此它对测量列的各个测得值的影响不同，它不仅改变测量误差分布曲线的形状，而且改变测量误差分布中心的位置。为此，变值系统误差可以用残差观察法发现：将残差按测量顺序排列，然后观察它们的分布规律。若残差大体上正、负号相间出现，又没有显著变化，如图 3-12a 所示，则不存在变值系统误差。若各残差按近似的线性规律递增或递减，如图 3-12b 所示，则可判定存在线性系统误差。线性系统误差可以用对称测量法来消除：取对称两个测得值的平均值作为测量结果。若各残差的大小和符号有规律地周期变化，如图 3-12c 所示，则存在周期性系统误差。周期性系统误差可以用半周期法来消除：取相隔半个周期的两个测量数据的平均值作为测量结果。

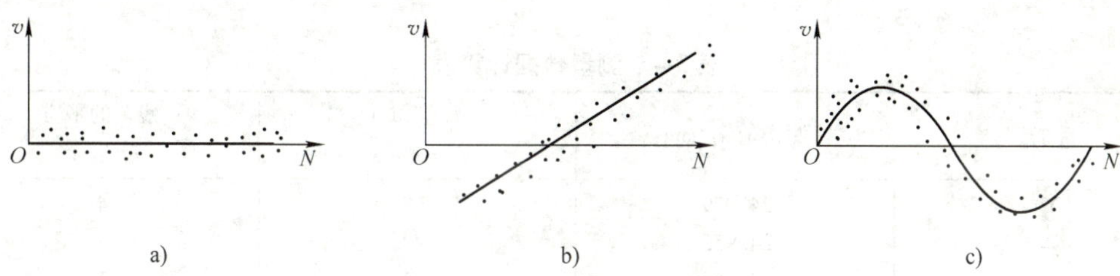

图 3-12 变值系统误差的发现

从理论上讲，系统误差是可以消除的，但是，实际上系统误差由于其存在的复杂性，只能消除到一定限度。一般来说，系统误差若能消除到使其影响相当于随机误差的程度，则认为已被消除。

根据已掌握的程度，可把系统误差分为已定系统误差和未定系统误差。前者的大小和符号或者变化规律已被掌握，而后者则尚未掌握。对于尚未掌握的未定系统误差，可以按处理随机误差的方法进行处理。

3.5.3 测量列中粗大误差的处理

粗大误差的数值相当大，在测量中应尽可能避免。如果粗大误差已经产生，则应根据判断粗大误差的准则予以剔除。判别粗大误差的简便方法是拉依达准则。

拉依达准则又称 3σ 准则。该准则认为，当测量列服从正态分布时，残差落在 $\pm 3\sigma$ 外的概率仅有 0.27%，即在连续 370 次测量中只有一次测量的残差超出 $\pm 3\sigma$，而实际上连续测量的次数决不会超过 370 次，测量列中就不应该有超出 $\pm 3\sigma$ 的残差。因此，当测量列中出现绝对值大于 3σ 的残差，即

$$|\nu_i| > 3\sigma \tag{3-15}$$

则认为该残差对应的测得值含有粗大误差，应予以剔除。

测量次数小于或等于 10 时，不能使用拉依达准则。

3.5.4 等精度测量列的数据处理

等精度测量是指在相同的测量条件下，由同一测量者，以同样的测量方法，使用同一计量器具，在同一地点对同一被测量进行连续多次测量。相反，在对同一被测量的连续多次测

量过程中，若测量因素或测量条件有所改变，则这样的测量称为不等精度测量。在一般情况下，为简化对测量数据的处理，广泛采用等精度的直接测量。

为了得到正确的测量结果，在处理等精度直接测量列数据的过程中，首先应查找并判断测量列中是否存在系统误差。如果存在系统误差，则应采取措施（如在测量列中加入修正值）加以消除，然后计算测量列的算术平均值、残差和单次测得值的标准偏差。其次，应查找并判断测量列中是否存在粗大误差，若存在粗大误差，则应把含有粗大误差的测得值剔除，然后重新组成测量列，重复上述计算，直至将所有含有粗大误差的测得值剔清为止。在此之后，应重新计算消除系统误差且剔除粗大误差后的测量列的算术平均值、残差、单次测得值的标准偏差、算术平均值的标准偏差和测量极限误差。最后，在此基础上确定测量结果。

例 3-1 对某一轴径 d 进行等精度测量 15 次，各测得值依次列于表 3-4 中，求测量结果。

表 3-4 测量数据计算表

测量序号	测得值 x_i/mm	残差/μm $\nu_i = x_i - \bar{x}$	残差的平方 ν_i^2/μm^2
1	24.959	+2	4
2	24.955	−2	4
3	24.958	+1	1
4	24.957	0	0
5	24.958	+1	1
6	24.956	−1	1
7	24.957	0	0
8	24.958	+1	1
9	24.955	−2	4
10	24.957	0	0
11	24.959	+2	4
12	24.955	−2	4
13	24.956	−1	1
14	24.957	0	0
15	24.958	+1	1
算术平均值 $\bar{x}=24.957$mm		$\sum_{i=1}^{n}\nu_i = 0$	$\sum_{i=1}^{n}\nu_i^2 = 26\mu m^2$

解：

根据题意可按下列步骤计算：

（1）判断定值系统误差

假设经过判断，测量列中不存在定值系统误差。

（2）求测量列算术平均值

$$\bar{x} = \frac{\sum_{i=1}^{N} x_i}{n} = 24.957\text{mm}$$

（3）计算残差并判断变值系统误差

各残差的数值列于表 3-4 中。按残差观察法，这些残差的符号大体上正、负相间，但不是周期变化，因此可以判断该测量列中不存在变值系统误差。

（4）计算测量列单次测得值的标准偏差

$$\sigma = \sqrt{\frac{\sum_{i=1}^{N} \nu_i^2}{n-1}} = \sqrt{\frac{26}{15-1}}\mu m \approx 1.3\mu m$$

（5）判断粗大误差

按照拉依达准则，测量列中没有出现绝对值大于3σ（$3\times1.3\mu m=3.9\mu m$）的残差，因此判定测量列中不存在粗大误差。

（6）计算测量列算术平均值的标准偏差

$$\sigma_{\bar{x}} = \frac{\sigma}{\sqrt{n}} = \frac{1.3\mu m}{\sqrt{15}} \approx 0.35\mu m$$

（7）计算测量列算术平均值的测量极限误差

$$\delta_{\lim(\bar{x})} = \pm 3\sigma_{\bar{x}} = \pm 3 \times 0.35\mu m = \pm 1.05\mu m$$

（8）确定测量结果

$$d_e = \bar{x} + \delta_{\lim(\bar{x})} = (24.957 \pm 0.001)\ mm$$

3.6 光滑工件尺寸的检测

3.6.1 误收和误废

由于任何测量都存在测量误差，所以在验收产品时，测量误差的主要影响是产生两种错误判断：一是把位于公差带上下两端外侧附近的废品误判为合格品而接收，称为误收；另一是将位于公差带上下两端内侧附近的合格品误判为废品而给予报废，称为误废。

例如：用示值误差为±4μm的千分尺验收$\phi20h6(^{0}_{-0.013})$的轴径时，其公差带如图3-13所示。根据规定，其上、下偏差分别为0与-13μm。若轴径的实际偏差是大于0～+4μm的不合格品，由于千分尺的测量误差为-4μm的影响，其测得值可能小于其上偏差，从而误判成合格品而接收，即导致误收；反之，若轴径的实际偏差是在-4μm至0之间的合格品，而千分尺的测量误差为+4μm时，测得值就可能大于其上偏差，于是误判为废品，即导致误废。同理，当轴径的实际偏差为在（-17～-13）μm之间的废品或在（-13～-9）μm之间的合格品，而千分尺的测量误差又分别为+4μm或-4μm时，则将导致误收和误废。

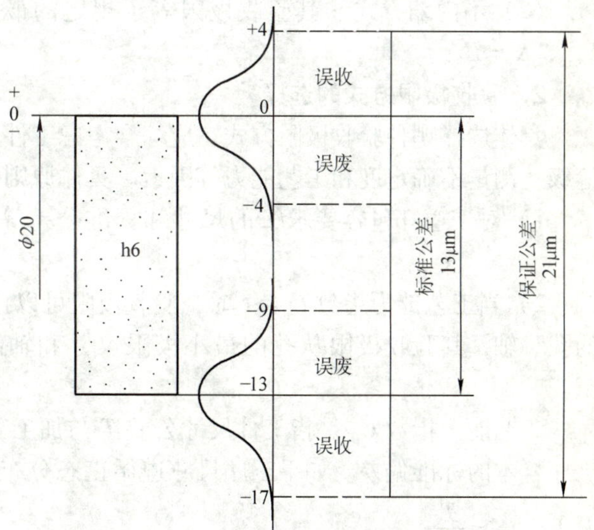

图3-13 测量误差对测量结果的影响

误收会影响产品质量，误废会造成经济损失。

3.6.2 验收极限

验收极限是指检验工件尺寸时判断合格与否的尺寸界限。为了保证产品质量，可以把孔、轴实际尺寸的验收极限从它们的最大和最小极限尺寸分别向公差带内移动一段距离，这就能减小误收率或达到误收率为零，但会增大误废率。因此，正确地确定验收极限，具有重大的意义。

GB/T 3177—1997《光滑工件尺寸的检验》对如何确定验收极限规定了两种方式，并对如何选用这两种验收极限方式，亦做了具体规定。

1. 验收极限方式的确定

验收极限可以按照下列两种方式之一确定。

（1）内缩方式　从规定的最大和最小极限尺寸分别向工件公差带内移动一个安全裕度 A 来确定验收极限。

由于测量误差的存在，使得测量结果相对真值有一分散范围，其分散程度用测量不确定表示。测量孔或轴的实际尺寸时，应根据孔、轴公差的大小规定测量不确定度允许值，以作为保证产品质量的措施，此允许值称为安全裕度 A。GB/T 3177—1997 规定，A 值按工件尺寸公差 T 的 1/10 确定，其数值列于表 3-5。令 K_s 和 K_i 分别表示上、下验收极限，L_{max} 和 L_{min} 分别表示最大和最小极限尺寸，如图 3-14 所示，则

$$\left.\begin{aligned} K_s &= L_{max} - A \\ K_i &= L_{min} + A \end{aligned}\right\} \qquad (3\text{-}16)$$

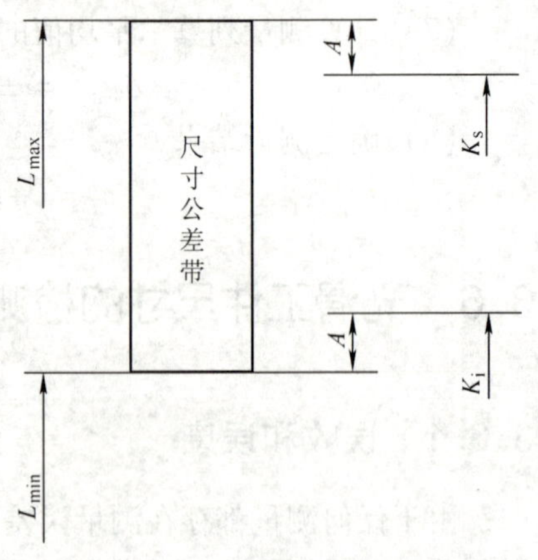

图 3-14　内缩方式的验收极限

（2）不内缩方式　其验收极限等于规定的最大和最小极限尺寸，即 A 值为零，$K_s = L_{max}$，$K_i = L_{min}$。

2. 验收极限方式的选择

具体选择哪种验收极限方式，应综合考虑工件尺寸的功能要求及其重要程度、标准公差等级、测量不确定度和工艺能力等因素。具体原则如下：

1）对于遵守包容要求Ⓔ的尺寸和标准公差等级高的尺寸，其验收极限按内缩方式确定。

2）当工艺能力指数 $C_p \geqslant 1$ 时，验收极限可以按不内缩方式确定；但对于采用包容要求的孔、轴，其验收极限从孔的最小极限尺寸和轴的最大极限尺寸一边按单向内缩方式确定。

工艺能力指数 C_p 是指工件尺寸公差 T 与加工工序工艺能力 $c\sigma$ 的比值，c 为常数，σ 为工序样本的标准偏差。如果工序尺寸遵循正态分布，则该工序的工艺能力为 6σ。在这种情况下，$C_p = \dfrac{T}{6\sigma}$。

3）对于偏态分布的尺寸，其验收极限只对尺寸偏向的一边按单向内缩方式确定。

4）对于非配合尺寸和一般公差的尺寸，其验收极限按不内缩方式确定。

确定工件尺寸验收极限后，还需正确选择计量器具以进行测量。

表 3-5 安全裕度 A 与计量器具的测量不确定度允许值 u_1（摘自 GB/T 3177—1997）（单位：μm）

公差等级		IT6					IT7					IT8					IT9				
基本尺寸/mm		T	A	u_1			T	A	u_1			T	A	u_1			T	A	u_1		
大于	至			Ⅰ	Ⅱ	Ⅲ			Ⅰ	Ⅱ	Ⅲ			Ⅰ	Ⅱ	Ⅲ			Ⅰ	Ⅱ	Ⅲ
—	3	6	0.6	0.54	0.9	1.4	10	1.0	0.9	1.5	2.3	14	1.4	1.3	2.1	3.2	25	2.5	2.3	3.8	5.6
3	6	8	0.8	0.72	1.2	1.8	12	1.2	1.1	1.8	2.7	18	1.8	1.6	2.7	4.1	30	3.0	2.7	4.5	6.8
6	10	9	0.9	0.81	1.4	2.0	15	1.5	1.4	2.3	3.4	22	2.2	2.0	3.3	5.0	36	3.6	3.3	5.4	8.1
10	18	11	1.1	1.0	1.7	2.5	18	1.8	1.7	2.7	4.1	27	2.7	2.4	4.1	6.1	43	4.3	3.9	6.5	9.7
18	30	13	1.3	1.2	2.0	2.9	21	2.1	1.9	3.2	4.7	33	3.3	3.0	5.0	7.4	52	5.2	4.7	7.8	12
30	50	16	1.6	1.4	2.4	3.6	25	2.5	2.3	3.8	5.6	39	3.9	3.5	5.9	8.8	62	6.2	5.6	9.3	14
50	80	19	1.9	1.7	2.9	4.3	30	3.0	2.7	4.5	6.8	46	4.6	4.1	6.9	10	74	7.4	6.7	11	17
80	120	22	2.2	2.0	3.3	5.0	35	3.5	3.2	5.3	7.9	54	5.4	4.9	8.1	12	87	8.7	7.8	13	20
120	180	25	2.5	2.3	3.8	5.6	40	4.0	3.6	6.0	9.0	63	6.3	5.7	9.5	14	100	10	9.0	15	23
180	250	29	2.9	2.6	4.4	6.5	46	4.6	4.1	6.9	10	72	7.2	6.5	11	16	115	12	10	17	26
250	315	32	3.2	2.9	4.8	7.2	52	5.2	4.7	7.8	12	81	8.1	7.3	12	18	130	13	12	19	29
315	400	36	3.6	3.2	5.4	8.1	57	5.7	5.1	8.4	13	89	8.9	8.0	13	20	140	14	13	21	32
400	500	40	4.0	3.6	6.0	9.0	63	6.3	5.7	9.5	14	97	9.7	8.7	15	22	155	16	14	23	35

公差等级		IT10					IT11					IT12				IT13			
基本尺寸/mm		T	A	u_1			T	A	u_1			T	A	u_1		T	A	u_1	
大于	至			Ⅰ	Ⅱ	Ⅲ			Ⅰ	Ⅱ	Ⅲ			Ⅰ	Ⅱ			Ⅰ	Ⅱ
—	3	40	4.0	3.6	6.0	9.0	60	6.0	5.4	9.0	14	100	10	9.0	15	140	14	13	21
3	6	48	4.8	4.3	7.2	11	75	7.5	6.8	11	17	120	12	11	18	180	18	16	27
6	10	58	5.8	5.2	8.7	13	90	9.0	8.1	14	20	150	15	14	23	220	22	20	33
10	18	70	7.0	6.3	11	16	110	11	10	17	25	180	18	16	27	270	27	24	41
18	30	84	8.4	7.6	13	19	130	13	12	20	29	210	21	19	32	330	33	30	50
30	50	100	10	9.0	15	23	160	16	14	24	36	250	25	23	38	390	39	35	59
50	80	120	12	11	18	27	190	19	17	29	43	300	30	27	45	460	46	41	69
80	120	140	14	13	21	32	220	22	20	33	50	350	35	32	53	540	54	49	81
120	180	160	16	15	24	36	250	25	23	38	56	400	40	36	60	630	63	57	95
180	250	185	18	17	28	42	290	29	26	44	65	460	46	41	69	720	72	65	110
250	315	210	21	19	32	47	320	32	29	48	72	520	52	47	78	810	81	73	120
315	400	230	23	21	35	52	360	36	32	54	81	570	57	51	86	890	89	80	130
400	500	250	25	23	38	56	400	40	36	60	90	630	63	57	95	970	97	87	150

注：T—孔、轴的尺寸公差。

3.6.3 计量器具的选择

根据测量误差的来源，测量不确定度 u 是由计量器具的测量不确定度 u_1 和测量条件引起的测量不确定度 u_2 组成的。u_1 是表征由计量器具内在误差所引起的实际尺寸对真实尺寸可能分散的范围，其中还包括使用的标准器（如调整比较仪示值零位用的量块、调整千分尺示值零位用的校正棒）的测量不确定度。u_2 是表征测量过程中由温度、压陷效应及工件形状误差等因素所引起的实际尺寸对真实尺寸可能分散的范围。

u_1 和 u_2 均为随机变量，因此，它们之和（测量不确定度）也是随机变量。但 u_1 与 u_2

对 u 的影响程度不同，u_1 的影响较大，u_2 的影响较小，u_1 与 u_2 一般按 2∶1 的关系处理。由独立随机变量合成规则，得 $u=\sqrt{u_1^2+u_2^2}$，因此，$u_1=0.9u$，$u_2=0.45u$。

当验收极限采用内缩方式，且把安全裕度 A 取为工件尺寸公差 T 的 1/10 时，为了满足生产上对不同的误收、误废允许率的要求，GB/T 3177—1997 将测量不确定度允许值 u 与 T 的比值 τ 分成三档。它们分别是：Ⅰ档，$\tau=1/10$；Ⅱ档，$\tau=1/6$；Ⅲ档，$\tau=1/4$。相应地，计量器具的测量不确定度允许值 u_1 也按 τ 分档，$u_1=0.9u$。对于 IT6～IT11 的工件，u_1 分为Ⅰ、Ⅱ、Ⅲ三档；对于 IT12～IT18 的工件，u_1 分为Ⅰ、Ⅱ两档。三个档次 u_1 的数值列于表 3-5。

从表 3-5 选用 u_1 时，一般情况下优先选用Ⅰ档，其次选用Ⅱ档、Ⅲ档。然后，按表 3-6 至表 3-8 所列普通计量器具的测量不确定度 u'_1 的数值，选择具体的计量器具。选择计量器具的原则是：①$u'_1 \leqslant u_1$；②在满足 $u'_1 \leqslant u_1$ 的前提下，尽可能选 u'_1 值大的计量器具。

表 3-6　千分尺和游标卡尺的测量不确定度

<table>
<tr><th rowspan="2">尺寸范围/mm</th><th>分度值 0.01mm
外径千分尺</th><th>分度值 0.01mm
内径千分尺</th><th>分度值 0.02mm
游标卡尺</th><th>分度值 0.05mm
游标卡尺</th></tr>
<tr><th colspan="4">测量不确定度 u'_1（mm）</th></tr>
<tr><td>≤50</td><td>0.004</td><td rowspan="3">0.008</td><td rowspan="6">0.020</td><td rowspan="4">0.050</td></tr>
<tr><td>>50～100</td><td>0.005</td></tr>
<tr><td>>100～150</td><td>0.006</td></tr>
<tr><td>>150～200</td><td>0.007</td><td rowspan="3">0.013</td></tr>
<tr><td>>200～250</td><td>0.008</td><td rowspan="2">0.100</td></tr>
<tr><td>>250～300</td><td>0.009</td></tr>
</table>

注：当采用比较测量时，千分尺的测量不确定度可小于本表规定的数值。

表 3-7　比较仪的测量不确定度

<table>
<tr><th rowspan="2">尺寸范围/mm</th><th>分度值为 0.0005mm</th><th>分度值为 0.001mm</th><th>分度值为 0.002mm</th><th>分度值为 0.005mm</th></tr>
<tr><th colspan="4">测量不确定度 u'_1/mm</th></tr>
<tr><td>≤25</td><td>0.0006</td><td rowspan="2">0.0010</td><td>0.0017</td><td rowspan="6">0.0030</td></tr>
<tr><td>>25～40</td><td>0.0007</td><td rowspan="3">0.0018</td></tr>
<tr><td>>40～65</td><td>0.0008</td><td rowspan="2">0.0011</td></tr>
<tr><td>>65～90</td><td>0.0008</td></tr>
<tr><td>>90～115</td><td>0.0009</td><td>0.0012</td><td rowspan="2">0.0019</td></tr>
<tr><td>>115～165</td><td>0.0010</td><td>0.0013</td></tr>
<tr><td>>165～215</td><td>0.0012</td><td>0.0014</td><td>0.0020</td><td rowspan="3">0.0035</td></tr>
<tr><td>>215～265</td><td>0.0014</td><td>0.0016</td><td>0.0021</td></tr>
<tr><td>>265～315</td><td>0.0016</td><td>0.0017</td><td>0.0022</td></tr>
</table>

注：本表规定的数值是指测量时，使用的标准器由四块 1 级（或 4 等）量块组成。

当选用Ⅰ档的 u_1 时，$u=A=0.1T$，根据理论分析，误收率为零，产品质量得到保证，而误废率约为 7%（工件实际尺寸遵循正态分布）～14%（工件实际尺寸遵循偏态分布）。

表 3-8 指示表的测量不确定度

<table>
<tr><td rowspan="2">尺寸范围（mm）</td><td>分度值为 0.001mm 的千分表（0 级在全程范围内，1 级在 0.2mm 内），分度值为 0.002mm 的千分表（在一转范围内）</td><td>分度值为 0.001mm、0.002mm、0.005mm 的千分表（1 级在全程范围内），分度值为 0.01mm 的百分表（0 级在任意 1mm 内）</td><td>分度值为 0.01mm 的百分表（0 级在全程范围内，1 级在任意 1mm 内）</td><td>分度值为 0.01mm 的百分表（1 级在全程范围内）</td></tr>
<tr><td colspan="4">测量不确定度 u'_1（mm）</td></tr>
<tr><td>≤25</td><td rowspan="5">0.005</td><td rowspan="9">0.010</td><td rowspan="9">0.018</td><td rowspan="9">0.030</td></tr>
<tr><td>>25～40</td></tr>
<tr><td>>40～65</td></tr>
<tr><td>>65～90</td></tr>
<tr><td>>90～115</td></tr>
<tr><td>>115～165</td><td rowspan="4">0.006</td></tr>
<tr><td>>165～215</td></tr>
<tr><td>>215～265</td></tr>
<tr><td>>265～315</td></tr>
</table>

注：本表规定的数值是指测量时，使用的标准器由四块 1 级（或 4 等）量块组成。

当选用Ⅱ档、Ⅲ档的 u_1 时，$u>A$（$A=0.1T$），误收率和误废率皆有所增大，u 对 A 的比值（大于 1）越大，则误收率和误废率的增大就越多。

当验收极限采用不内缩方式即安全裕度等于零时，计量器具的不确定度允许值 u_1 也分成Ⅰ、Ⅱ、Ⅲ三档，从表 3-5 中选用。在这种情况下，根据理论分析，工艺能力指数 C_p 越大，在同一工件尺寸公差的条件下不同档次的 u_1 越小，则误收率和误废率皆就越小。

例 3-2 试确定测量 $\phi85f7\left(^{-0.036}_{-0.071}\right)$Ⓔ轴时的验收极限，并选择计量器具。该轴可否使用分度值为 0.01mm 的外径千分尺进行比较测量？并加以分析。

解：

（1）确定验收极限

$\phi85f7$Ⓔ轴采用包容要求，因此验收极限应按内缩方式确定。根据该轴的尺寸公差 IT7 = 0.035mm，从表 3-5 查得安全裕度 $A=0.0035$mm。按式（3-16）确定上、下验收极限得

$$K_s=L_{max}-A=(84.964-0.0035)\text{ mm}=84.9605\text{mm}$$

$$K_i=L_{min}+A=(84.929+0.0035)\text{ mm}=84.9325\text{mm}$$

$\phi85f7$Ⓔ轴的尺寸公差带及验收极限，如图 3-15 所示。

（2）选择计量器具

由表 3-5 按优先选用Ⅰ档的计量器具测量不确定度允许值 u_1 的原则，确定 u_1 = 0.0032mm。

由表 3-7 选用分度值为 0.005mm 的比较仪，其测量不确定度 $u'_1=0.003\text{mm}<u_1$，能满足使用要求。

（3）用外径千分尺进行比较测量

如果车间没有分度值为 0.005mm 的比较仪或精度更高的仪器，可以使用车间最常用的分度值为 0.01mm 的外径千分尺进行比较测量。

从表 3-6 可知，用外径千分尺对 85mm 的工件进行绝对测量时，千分尺的测量不确定度 $u'_1=0.005$mm，大于上述 μ_1 值。为了提高千分尺的使用精度，可以采用比较测量法。实践证明，当使用形状与工件形状相同的标准器进行比较测量时，千分尺的测量不确定度降为原来的 40%；当使用形状与工件形状不同的标准器进行比较测量时，千分尺的测量不确定度降为原来的 60%。

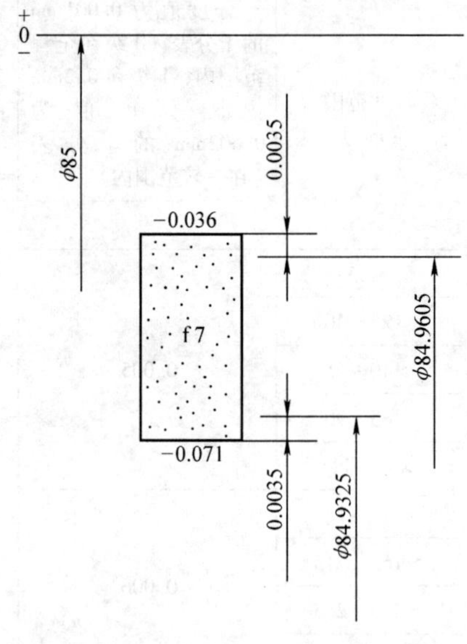

图 3-15　φ85f7Ⓔ轴的验收极限

本例使用形状与轴的形状不同的标准器（85mm 量块组）进行比较测量，因此千分尺的测量不确定度可以减小到 $u'_1 = 0.005\text{mm} \times 60\% = 0.003\text{mm}$，它小于 0.0032mm 允许值，这就能够满足使用要求（验收极限仍按图 3-15 的规定）。

例 3-3　试确定测量 $\phi60\text{H13}\left(^{+0.46}_{\ \ 0}\right)$ 非配合尺寸时的验收极限，并选择相应的计量器具。

解：

（1）确定验收极限

对于非配合尺寸，其验收极限按不内缩方式确定，取安全裕度 $A=0$mm。因此，被测孔的上、下验收极限分别等于其最大极限尺寸 60.46mm 和最小极限尺寸 60mm。

（2）选择计量器具

按被测孔的标准公差等级 IT13 和基本尺寸 60mm，由表 3-5 选用Ⅰ档的计量器具测量不确定允许值 $u_1=0.041$mm。

由表 3-6 选用分度值为 0.02mm 的游标卡尺，其测量不确定度 $u'_1=0.020\text{mm}<u_1$，能满足使用要求。

习　题　3

3-1　什么是测量？一个完整测量过程包含哪几要素？

3-2　量块按制造精度分为几级，按鉴定精度分为几等？量块按“级”和按“等”使用何者测量精度高？

3-3　什么是测量误差？测量误差有几种表示形式？为什么规定相对误差？

3-4　说明下列术语的区别：

（1）绝对测量与相对测量。

（2）直接测量与间接测量。

（3）示值范围与测量范围。

（4）正确度与准确度。

3-5　验收工件时为什么会发生误判？何谓误收？何谓误废？

3-6　按表 3-1，从 83 块一套的量块中选取合适尺寸的量块，组合出尺寸为 19.985mm 的量块组。

3-7　某计量器具在示值为 40mm 处的示值误差为 +0.004mm。若用该计量器具测量工件时，读数正好为 40mm，试确定该工件的实际尺寸是多少？

3-8　用两种测量方法分别测量 100mm 和 200mm 两段长度，前者和后者的绝对误差分别是 +6μm 和 −8μm，试确定两者的测量精度中何者较高？

3-9　对同一几何量进行等精度测量15次，按测量顺序将测得值记录如下（单位为mm）：

40.039　40.043　40.040　40.042　40.041

40.043　40.039　40.040　40.041　40.042

40.041　40.039　40.041　40.043　40.041

设测量列中不存在定值系统误差，试确定：

（1）算术平均值 $\bar{x}$。

（2）残差 ν_i（并判断该测量列是否存在变值系统误差）。

（3）测量列单次测得值的标准偏差 σ。

（4）是否存在粗大误差。

（5）测量列算术平均值的标准偏差 $\sigma_{\bar{x}}$。

（6）测量列算术平均值的测量极限误差。

（7）测量结果。

3-10　在某仪器上对某尺寸进行等精度测量，测量列单次测得值的标准偏差为0.002mm。

（1）如果仅测量一次，测量值为18.732mm，试写出测量结果。

（2）如果重复测量4次，4次测量值分别为：18.732mm，18.735mm，18.736mm，18.733mm，试写出测量结果。

（3）如果要使测量极限误差不大于±0.002mm，应重复测量几次？

3-11　试确定测量 ϕ20g8Ⓔ轴时的验收极限，并选择相应的计量器具。该轴可否使用分度值为0.01mm的外径千分尺进行比较测量，并加以分析。

3-12　ϕ80h9Ⓔ轴的终加工工序的工艺能力指数 $C_p=1.2$，试确定测量该轴时的验收极限，并选择相应的计量器具。

3-13　ϕ50H8孔加工后尺寸遵循偏态分布（偏向最小极限尺寸），试确定其验收极限，并选择相应的计量器具。

3-14　试确定测量 $\phi48h13\left(\begin{smallmatrix}0\\-0.39\end{smallmatrix}\right)$ 非配合尺寸时的验收极限，并选择相应的计量器具。

第 4 章　形位公差与检测

零件在加工过程中，在尺寸上存在误差的同时，零件表面、轴线、中心对称平面等的实际形状和位置相对于所要求的理想形状和位置，也存在着误差。相对于尺寸误差，这一类误差叫做形状和位置误差，简称形位误差。

形位误差对零件的工作精度，运动件的运动平稳性、耐磨性、润滑性，联接件的联接强度、密封性能等都有影响。因此，在零件加工中，不仅要给出尺寸公差来限制尺寸误差，还必须规定合理的形状和位置公差来限制形状和位置误差，以保证零件的使用性能和互换性要求。为此，我国发布了一系列相关的国家标准：GB/T 1182—1996《形状和位置公差　通则、定义、符号和图样表示法》、GB/T 17851—1999《形状和位置公差　基准和基准体系》、GB/T 13319—2003《产品几何量技术规范（GPS）几何公差　位置度公差注法》、GB/T 1184—1996《形状和位置公差　未注公差值》、GB/T 4249—1996《公差原则》、GB/T 16671—1996《形状和位置公差　最大实体要求、最小实体要求和可逆要求》、GB/T 1958—2004《产品几何量技术规范（GPS）形状和位置公差　检测规定》。本章将就这些标准的有关内容加以介绍。

4.1　概述

4.1.1　形位公差的研究对象——几何要素

形位公差研究的对象是几何要素（简称要素），几何要素是指构成零件几何特征的点、线、面。如图 4-1 中零件的球心、球面、轴线、圆锥面、端平面、素线、锥顶等均为该零件的几何要素。

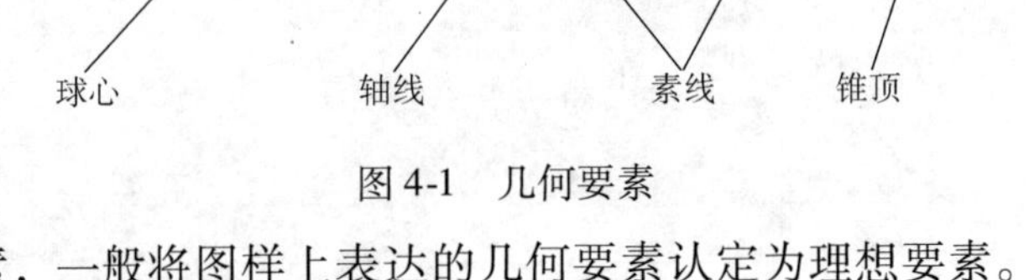

图 4-1　几何要素

零件的几何要素可按以下几种方式来分类。

1．按存在的状态分

（1）理想要素　指具有几何学意义的要素。理想要素是没有任何误差的要素，一般将图样上表达的几何要素认定为理想要素。在检测中，理想要素是评定实际要素形位误差的依据。

（2）实际要素　指零件上实际存在的要素。通常以测量得到的要素代替。

2．按检测关系分

（1）被测要素　指图样上给出了形状或（和）位置公差要求的要素。

被测要素按功能关系又可分为单一要素和关联要素两种。

1）单一要素。仅对要素本身提出形状公差要求的被测要素，该要素与零件上的其他要素无任何功能关系。

2）关联要素。与零件上其他要素有功能关系而给出位置公差要求的被测要素。

（2）基准要素　指用来确定被测要素方向或（和）位置的要素。

3．按结构特征分

（1）轮廓要素　指构成零件外形的点、线、面各要素，如图4-1中球面、锥面、圆柱面、素线、端平面及锥顶点都属于轮廓要素。

（2）中心要素　指轮廓要素的对称中心所表示的点、线、面各要素，如图4-1中的轴线、球心等。

4.1.2　形位公差的特征项目及符号

标准规定形状和位置公差共有14个项目，其中形状公差4个项目，形状或位置公差2个项目，位置公差8个项目。形状公差没有基准要求，是对单一要素提出的要求；位置公差有基准要求，是对关联要素提出的要求。各个公差项目的名称和符号见表4-1。

表4-1　形位公差的项目、符号

<table>
<tr><th colspan="2">分　类</th><th>项　目</th><th>符　号</th><th>有无基准要求</th></tr>
<tr><td rowspan="4">形状</td><td rowspan="4">形状</td><td>直线度</td><td>—</td><td>无</td></tr>
<tr><td>平面度</td><td>⏥</td><td>无</td></tr>
<tr><td>圆度</td><td>○</td><td>无</td></tr>
<tr><td>圆柱度</td><td>⌭</td><td>无</td></tr>
<tr><td rowspan="2">形状或位置</td><td rowspan="2">轮廓</td><td>线轮廓度</td><td>⌒</td><td>有或无</td></tr>
<tr><td>面轮廓度</td><td>⌓</td><td>有或无</td></tr>
<tr><td rowspan="8">位置</td><td rowspan="3">定向</td><td>平行度</td><td>//</td><td>有</td></tr>
<tr><td>垂直度</td><td>⊥</td><td>有</td></tr>
<tr><td>倾斜度</td><td>∠</td><td>有</td></tr>
<tr><td rowspan="3">定位</td><td>位置度</td><td>⌖</td><td>有或无</td></tr>
<tr><td>同轴度</td><td>◎</td><td>有</td></tr>
<tr><td>对称度</td><td>⌯</td><td>有</td></tr>
<tr><td rowspan="2">跳动</td><td>圆跳动</td><td>↗</td><td>有</td></tr>
<tr><td>全跳动</td><td>⌰</td><td>有</td></tr>
</table>

4.2　形位公差的标注

4.2.1　公差框格及基准符号

标准规定，在图样中形位公差采用代号标注。形位公差的代号包括：框格、指引线、公差项目符号、形位公差值、表示基准的字母和相关要求符号等。最基本的代号如图 4-2 所示。

1. 公差框格及填写规则

形位公差框格分为两格或多格，框格自左至右填写以下内容：第一格，形位公差特征项目符号；第二格，以毫米为单位的形位公差值和有关符号；第三格和以后各格，表示基准的字母和有关符号。形位公差框格应水平或垂直绘制，带箭头的指引线从框格一端垂直引出，它引向被测要素时，允许弯折，通常只弯折一次。

2. 基准符号

基准符号由粗短线、圆圈、连线和基准字母组成，如图 4-3 所示。无论基准符号在图样中的方向如何，圆圈内的字母均应水平书写。代表基准的字母用大写拉丁字母，为了避免误解，国家标准规定基准字母不准使用“*E*、*I*、*J*、*M*、*O*、*P*、*L*、*R*、*F*”。

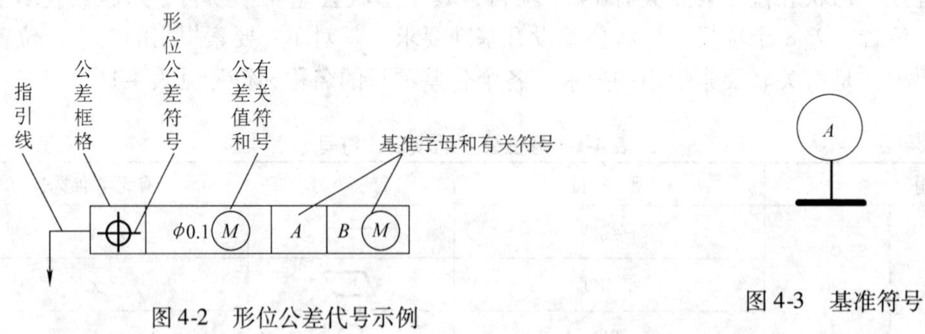

图 4-2　形位公差代号示例

图 4-3　基准符号

4.2.2　被测要素和基准要素的标注方法

1）当被测要素为轮廓要素时，指引线的箭头应指在该要素的轮廓线或其延长线上，并应与尺寸线明显地错开，如图 4-4a 所示；当基准要素为轮廓要素时，基准符号的粗短横线应靠近置于该要素的轮廓线或其延长线上，并应与尺寸线明显地错开，如图 4-4b 所示。

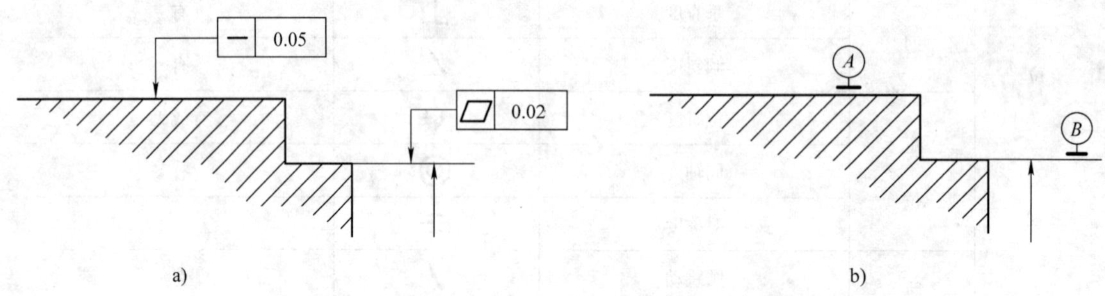

图 4-4　被测要素或基准要素为轮廓要素时的标注

2）当被测要素或基准要素为实际表面时，指引线的箭头或基准符号可置于带点的参考线上，该点指在表示实际表面的投影上，如图 4-5 所示。

3）当对被测要素的局部范围有形位公差要求时，将局部范围用粗点画线表示出并加注尺寸；当以要素的某一局部范围作基准时，将局部范围用粗点画线表示出并加注尺寸，如图 4-6 所示。

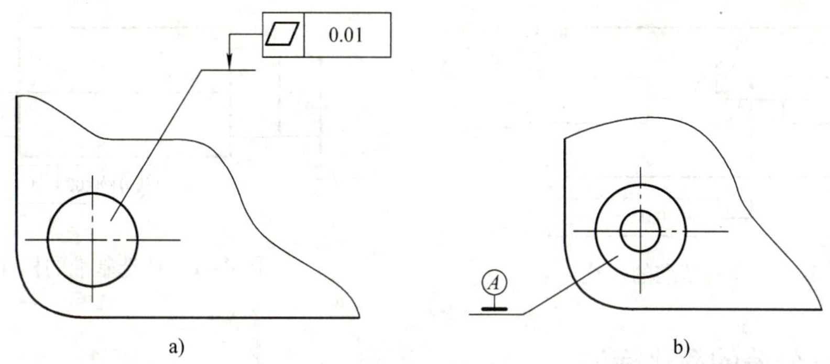

图 4-5 被测要素或基准要素投影为面时的标注
a）被测要素投影为面 b）基准要素投影为面

4）当被测要素为中心要素时，指引线的箭头应与确定中心要素的轮廓的尺寸线对齐，如图 4-7 所示；当基准要素为中心要素时（轴线、中心平面或公共轴线、公共中心平面），基准符号中的连线应与确定中心要素的轮廓的尺寸线对齐，如图 4-8 所示。

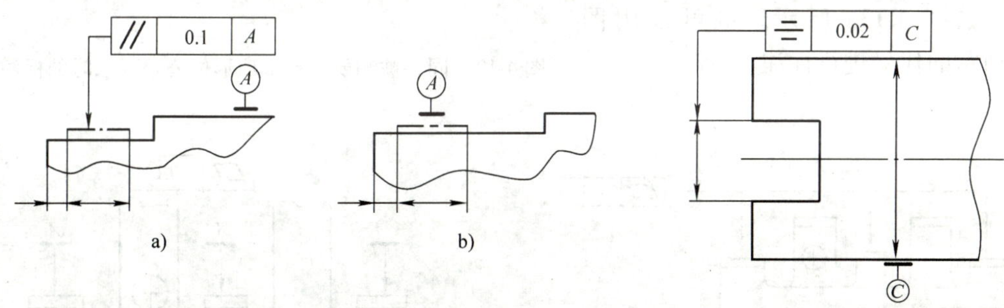

图 4-6 限定被测要素或基准要素范围的标注
a）限定被测要素范围 b）限定基准要素范围

图 4-7 被测要素为中心要素时的标注

5）被测要素为公共要素的标注如图 4-9 所示，这时应在公差框格上方书写“共线”或“共面”字样；当基准要素为公共基准时，其标注方法如图 4-10 所示。

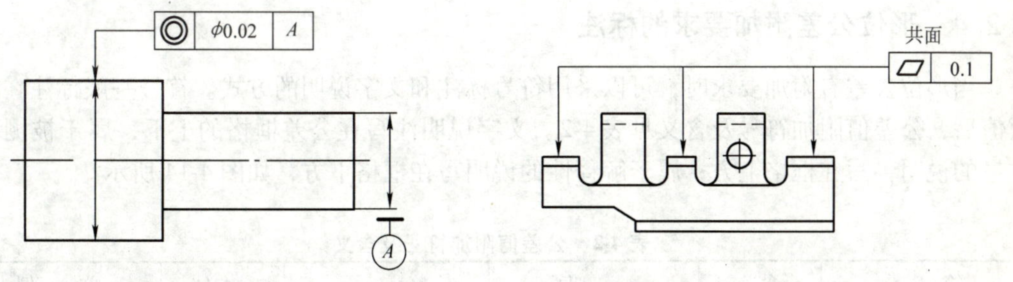

图 4-8 基准要素为中心要素时的标注

图 4-9 公共被测平面的标注

6）当被测要素与基准要素允许对调而标注任选基准时，将原来基准符号的粗短划线改为箭头即可，如图 4-11 所示。

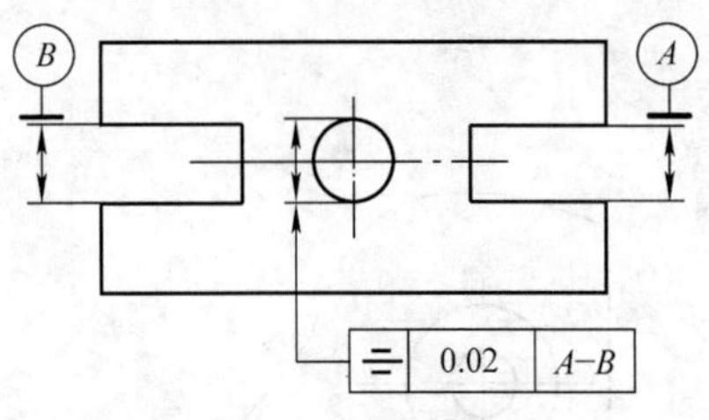

图 4-10 公共基准的标注

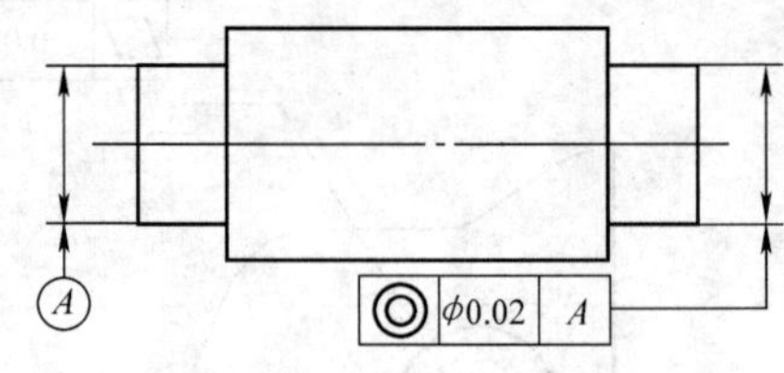

图 4-11 任选基准的标注

4.2.3 形位公差的简化标注

1）当同一个被测要素有多项形位公差要求时，可以将这些框格绘制在一起，并共用一根指引线，如图 4-12 所示。

2）当多个被测要素有相同的形位公差要求时，可以在从框格引出的指引线上绘制多个指示箭头，分别指向各被测要素，如图 4-13a 所示。也可采用图 4-13b所示的代号进行标注。

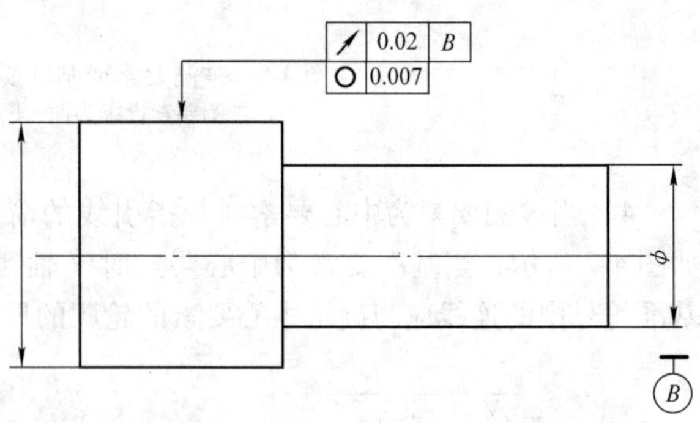

图 4-12 同一被测要素有多项形位公差要求时的标注

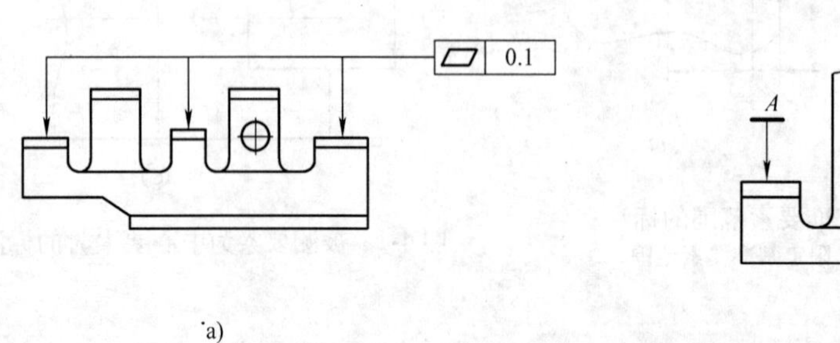

图 4-13 不同被测要素有相同形位公差要求时的标注

4.2.4 形位公差附加要求的标注

当形位公差有附加要求时，可以采用符号标注和文字说明的方式。符号一般标注在公差数值后，公差值附加符号及含义见表 4-2。文字说明注写在公差框格的上下，属于被测要素数量的说明，写在框格上方；属于解释性的说明写在框格下方，如图 4-14 所示。

表 4-2 公差值附加符号及含义

符 号	含义	举 例	符 号	含义	举 例
只许中间向材料内凹下	（-）	— | t（-）	只许从左至右减少	（▷）	⌭ | t（▷）
只许中间向材料外凸起	（+）	▱ | t（+）	只许从右至左减少	（◁）	⌭ | t（◁）

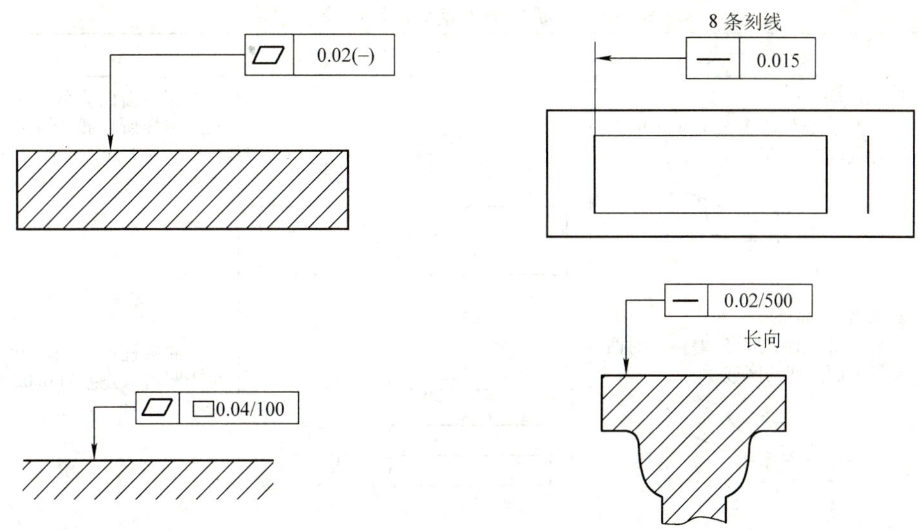

图 4-14　形位公差附加要求的标注

4.3　形位公差带

形位公差带是用来限制实际被测要素变动的区域。形位公差带由形状、大小、方向和位置四个特性确定。形位公差带的形状如图 4-15 所示。

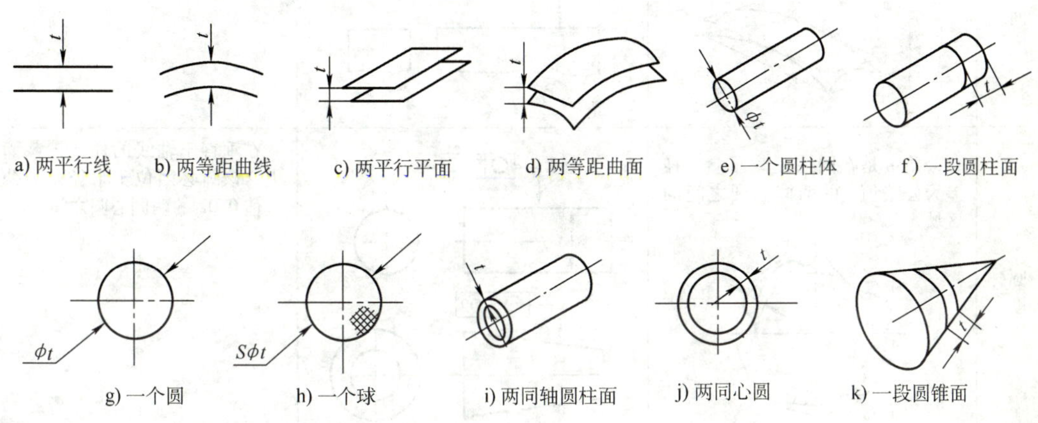

图 4-15　形位公差带的形状

4.3.1　形状公差带

形状公差是单一实际要素的形状所允许的变动全量，形状公差带是限制实际要素变动的区域。形状公差有直线度、平面度、圆度、圆柱度四个特征项目。形状公差带不涉及基准，只有形状和大小的要求，没有方向和位置的要求，即形位公差带的方位是浮动的。有关形状公差带标注示例及定义、说明等见表 4-3。

表 4-3　形状公差带定义、示例及说明

项目	公差带定义	示　　例	说　　明
直线度	1. 给定平面 公差带是距离为公差值 t 的两平行直线之间的区域 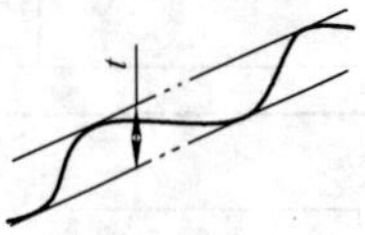	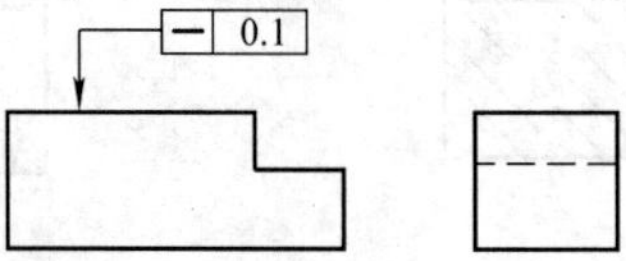	被测表面的素线必须位于平行于图样所示投影面且距离为公差值 0.1 的两平行线内
	2. 给定方向 公差带是距离为公差值 t 的两平行平面之间的区域 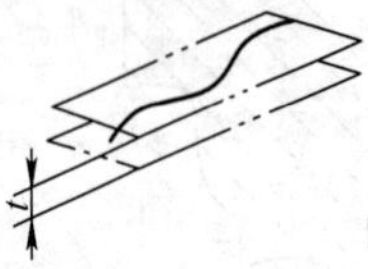	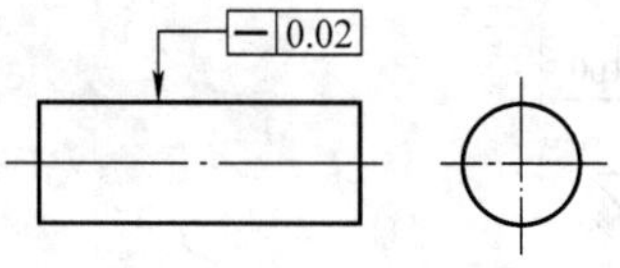	被测圆柱面的任一素线必须位于距离为公差值 0.02 的两平行平面之内
	3. 任意方向 公差带是直径为 t 的圆柱面内的区域。在公差值前加注 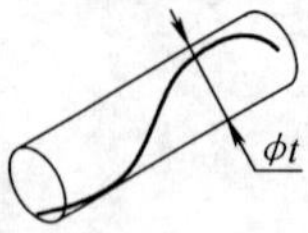 ϕ	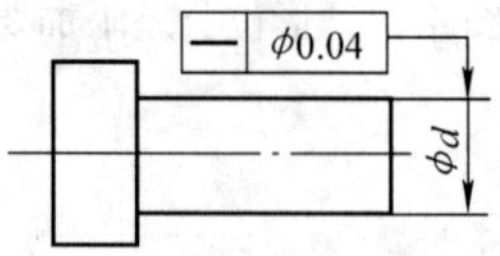	ϕd 圆柱体的轴线必须位于直径为公差值 0.04 的圆柱面内
平面度	公差带是距离为公差值 t 的两平行平面之间的区域 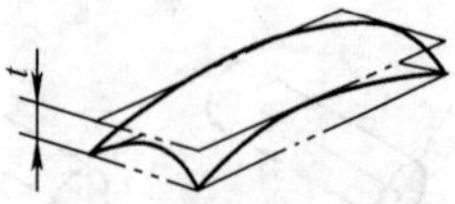	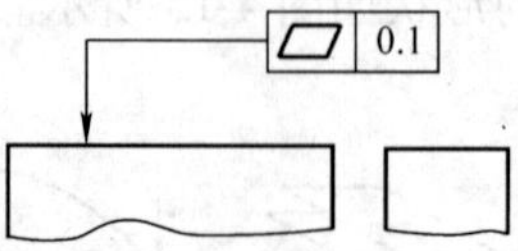	上表面必须位于距离为公差值 0.1 的两平行平面内
圆度	公差带是在同一正截面上半径差为公差值 t 的两同心圆之间的区域 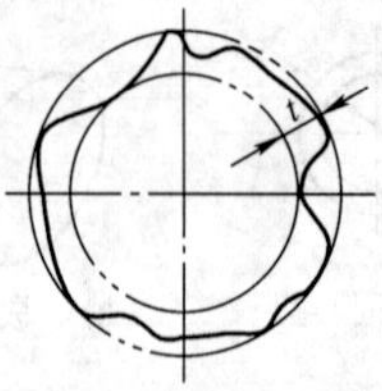	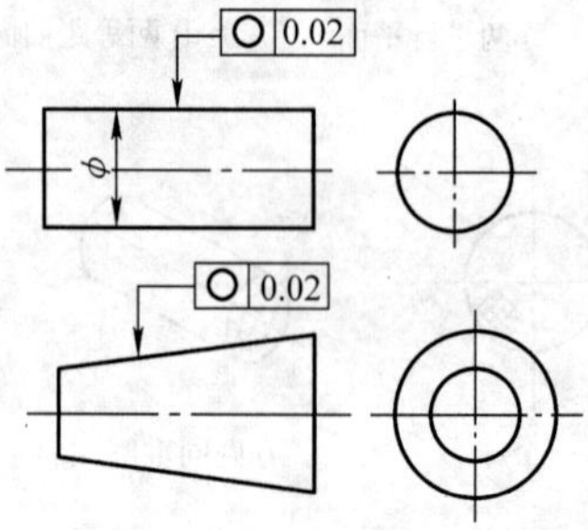	在垂直于轴线的任一正截面上，该圆必须位于半径差为公差值 0.02 的两同心圆之间
圆柱度	公差带是半径差为公差值 t 的两同轴圆柱面之间的区域 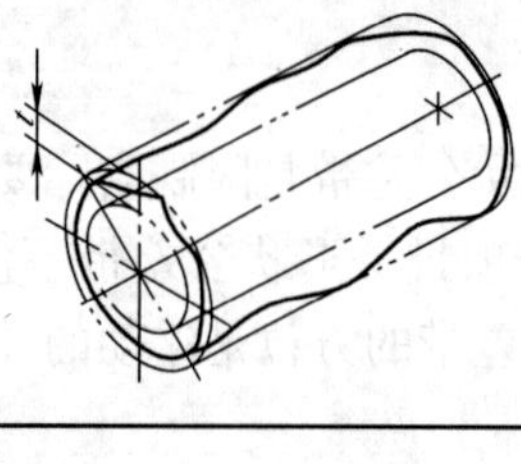	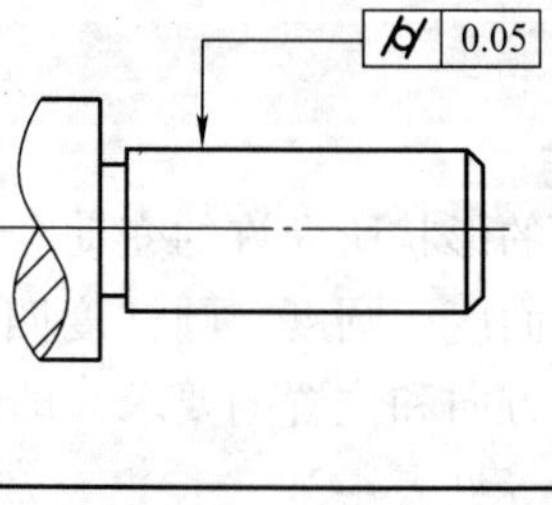	圆柱面必须位于半径差为公差值 0.05 的两同轴圆柱面之间

4.3.2　基准

在确定关联实际要素对其理想要素的变动量时，理想要素的方向或位置由基准确定。基准通常分为三类：

（1）单一基准　由一个要素建立的基准为单一基准，如图4-7所示。

（2）公共基准　由两个或两个以上要素建立的一个独立的基准称为公共基准，在公差框格填写时，表示基准的字母间要用短横线隔开，如图4-10所示。

（3）三基面体系　由三个相互垂直的平面构成的一个基准体系称为三基面体系，如图4-16所示。

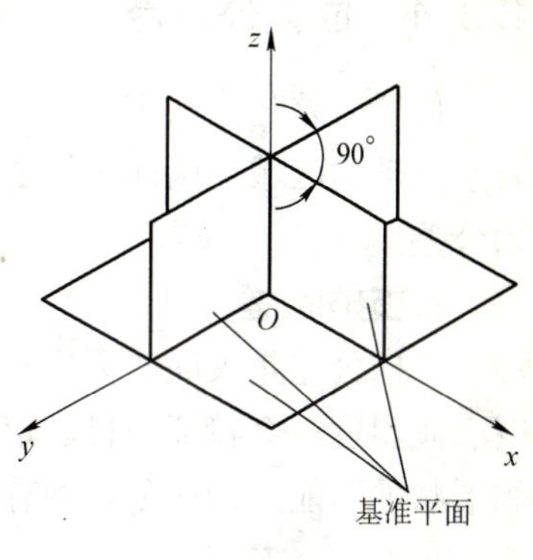

图4-16　三基面体系

应用三基面体系，在图样上标注基准时，应选最重要的或最大的平面作为第一基准，选次要的或较长的平面作为第二基准，选不重要的平面作为第三基准。

4.3.3　轮廓度公差带

轮廓度公差有线轮廓度和面轮廓度两个特征项目。轮廓度公差带分为无基准要求和有基准要求两种，前者方位浮动，后者方位固定。线、面轮廓度标注示例及公差带定义、说明等见表4-4。

表4-4　线、面轮廓度公差带定义、示例及说明

项目	公差带定义	示　例	说　明
线轮廓度	公差带是包络一系列直径为公差值 t 的圆的两包络线之间的区域，诸圆的圆心应位于具有理论正确几何形状的曲线上	a) 无基准要求 b) 有基准要求	在平行与正投影面的任一截面上，实际轮廓线必须位于包络一系列直径为公差值0.04，且圆心在理论正确几何形状的线上的圆的两包络线之间
面轮廓度	公差带是包络一系列直径为公差值 t 的球的两包络面之间的区域，诸球的球心应位于具有理论正确几何形状的曲面上	a) 无基准要求 b) 有基准要求	实际轮廓面必须位于包络一系列球的两包络面之间，诸球的直径为公差值0.02，且球心在理论正确几何形状的曲面上

4.3.4 位置公差带

位置公差是关联实际要素的位置对基准所允许的变动全量，位置公差带是限制关联实际要素变动的区域。国标规定了8种位置公差项目，按功能特征分为定向公差、定位公差和跳动公差。

1. 定向公差

定向公差是关联实际要素相对基准在方向上允许的变动全量。定向公差有平行度、垂直度、倾斜度三个特征项目。定向公差带相对基准有确定的方向，具有综合控制被测要素方向和形状的职能。定向公差的有关标注示例及公差带定义、说明等见表4-5。

表4-5 定向公差带定义、示例及说明

项目	公差带定义	示例	说明
平行度	1. 线对线平行度公差 (1) 一个方向 公差带是给定方向上距离为公差值 t 且平行于基准直线的两平行平面之间的区域 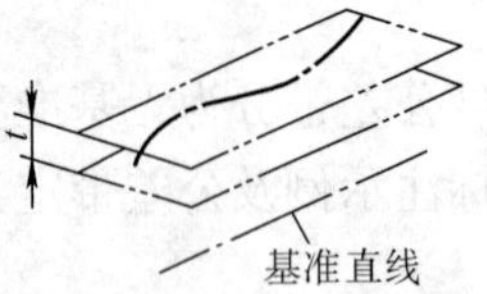 基准直线	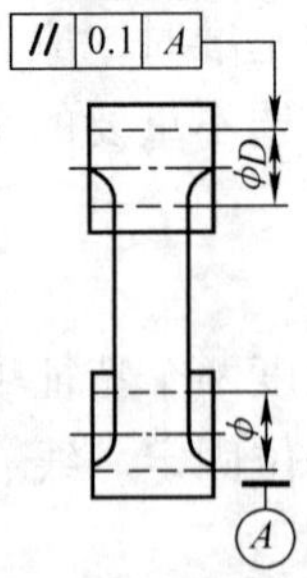 // 0.1 A ϕD ϕ A	(1) ϕD 的轴线必须位于距离为公差值0.1，且在给定方向平行于基准轴线的两平行平面之间
	(2) 任意方向 公差带是直径为公差值 t 且平行于基准直线的圆柱面内的区域。在公差值前加注 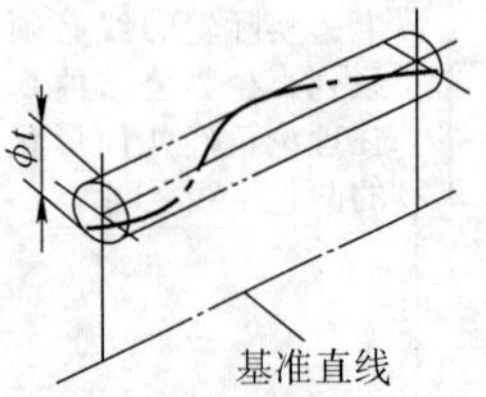 ϕ ϕt 基准直线	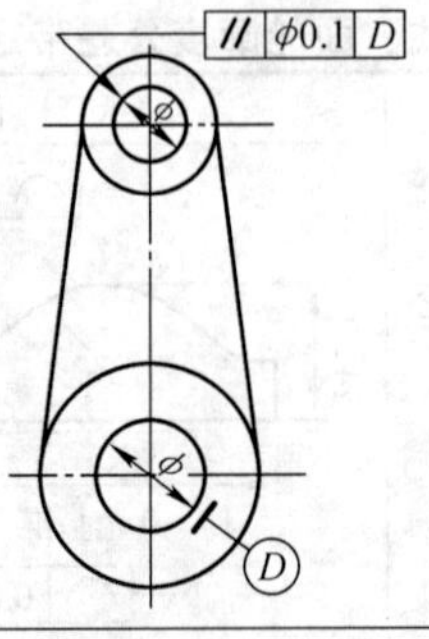 // ϕ0.1 D D	(2) 被测轴线必须位于直径为公差值0.1，且平行于基准轴线的圆柱面内
	2. 线对面平行度公差 公差带是距离为公差值 t，且平行于基准平面的两平行平面之间的区域 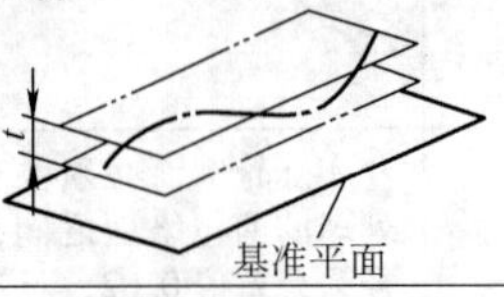 t 基准平面	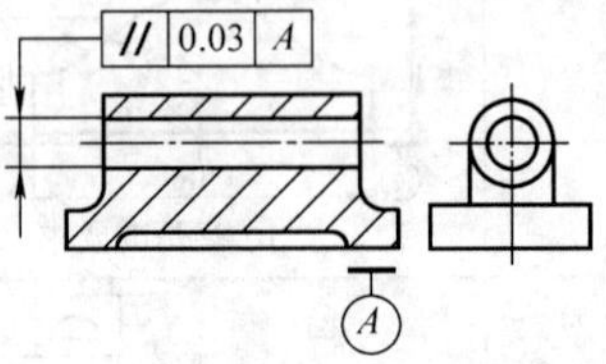 // 0.03 A A	孔的轴线必须位于距离为公差值0.03，且平行于基准平面的两平行平面之间
	3. 面对线平行度公差 公差带是距离为公差值 t，且平行于基准直线的两平行平面之间的区域 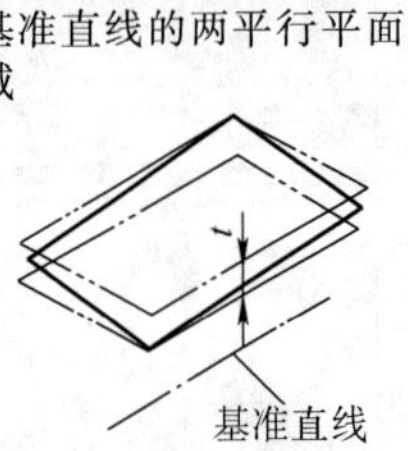 t 基准直线	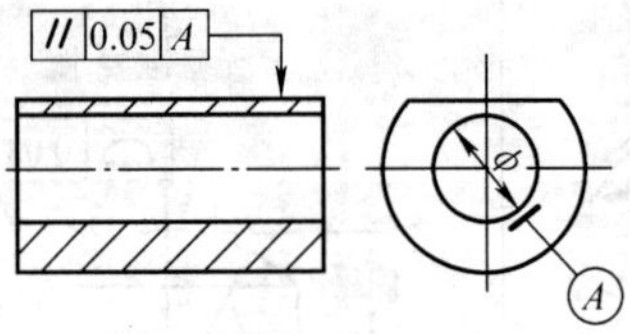 // 0.05 A A	被测表面必须位于距离为公差值0.05，且平行于基准轴线的两平行平面之间

（续）

项目	公差带定义	示　　例	说　　明
平行度	4. 面对面平行度公差 公差带是距离为公差值 t，且平行于基准面的两平行平面之间的区域 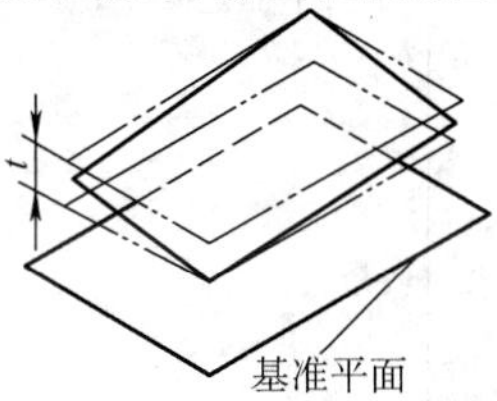 t 基准平面	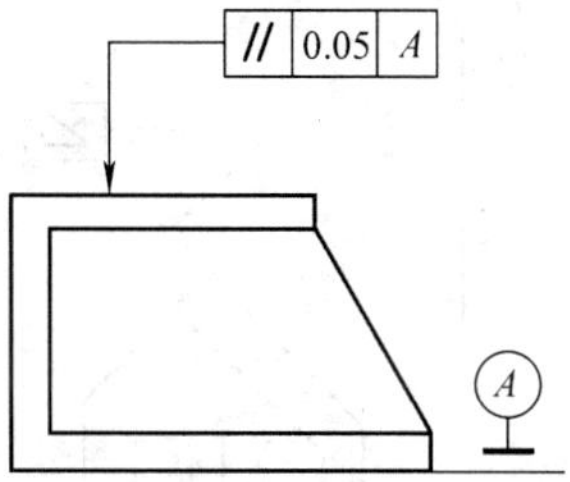 // 0.05 A A	被测表面必须位于距离为公差值0.05，且平行于基准平面的两平行平面之间
垂直度	1. 线对线的垂直度公差 公差带是距离为公差值 t，且垂直于基准线的两平行平面之间的区域 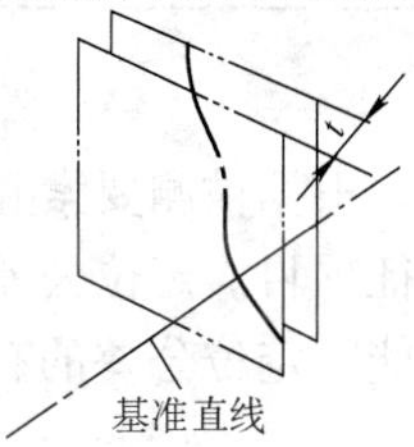 t 基准直线	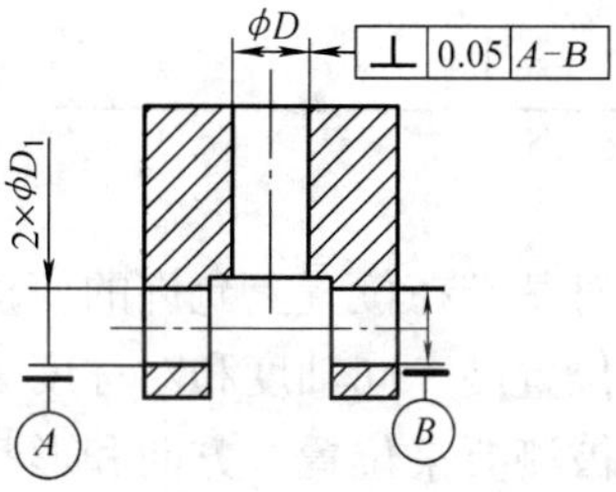 ϕD ⊥ 0.05 A-B $2\times\phi D_1$ A　B	ϕD 的轴线必须位于距离为公差值0.05，且垂直于两个 ϕD_1 孔公共轴线的两平行平面之间
	2. 线对面的垂直度 公差带是直径为公差值 t，且垂直于基准面的圆柱面内的区域 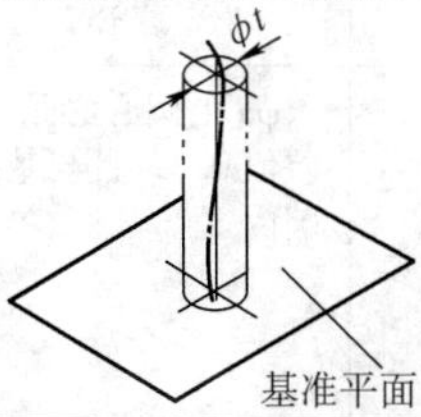 ϕt 基准平面	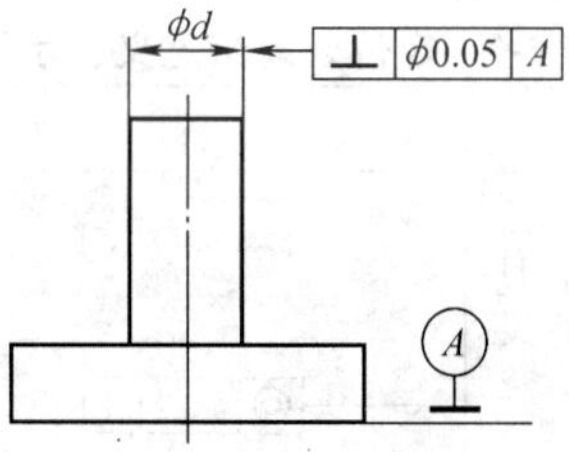 ϕd ⊥ ϕ0.05 A A	ϕd 的轴线必须位于直径为公差值0.05，且垂直于基准平面的圆柱面内
	3. 面对线的垂直度公差 公差带是距离为公差值 t，且垂直于基准线的两平行平面之间的区域 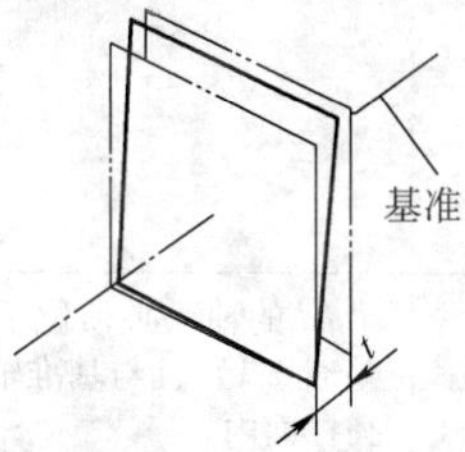 基准直线 t	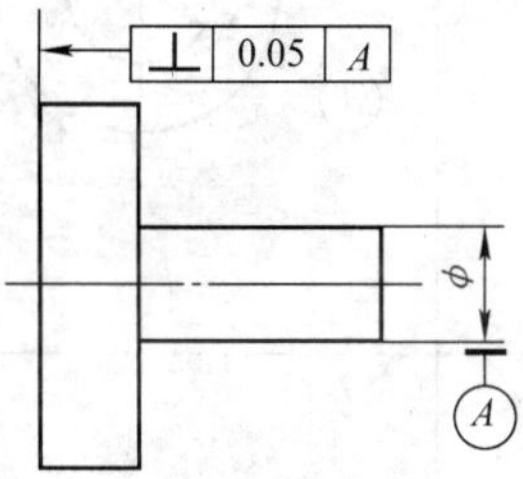 ⊥ 0.05 A ϕ A	被测表面必须位于距离为公差值0.05，且垂直于基准轴线的两平行平面之间
	4. 面对面的垂直度公差 公差带是距离为公差值 t，且垂直于基准面的两平行平面之间的区域 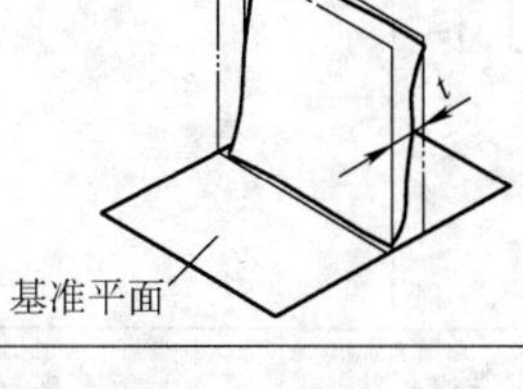 t 基准平面	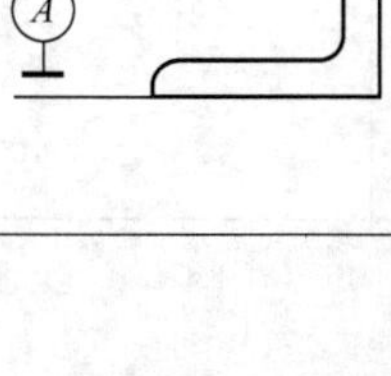 ⊥ 0.05 A A	右侧表面必须位于距离为公差值0.05，且垂直于基准平面的两平行平面之间

（续）

项目	公差带定义	示例	说明
倾斜度	公差带是距离为公差值 t，且与基准面成一给定角度的两平行平面之间的区域 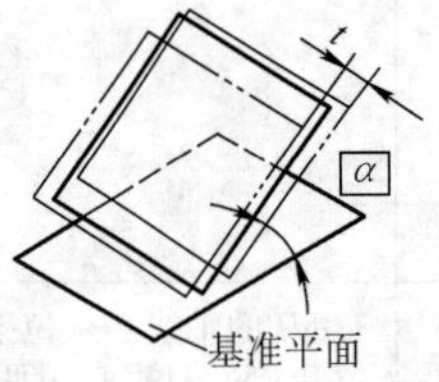 t α 基准平面	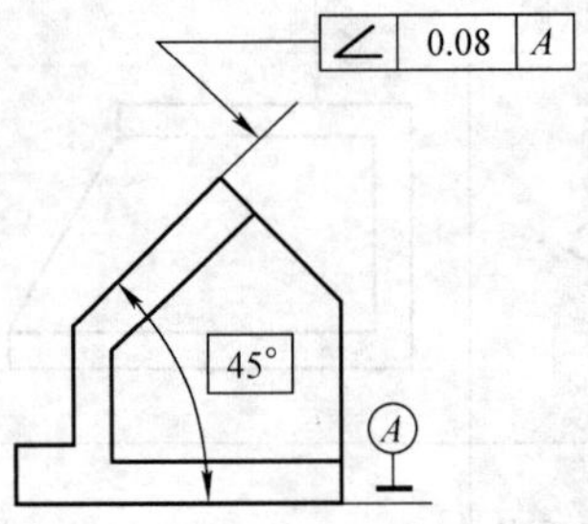 0.08 A 45° A	斜面必须位于距离为公差值0.08，且与基准平面成45°角的两平行平面之间

2．定位公差

定位公差是关联实际要素对基准在位置上允许的变动全量。根据被测要素和基准要素之间的功能关系，定位公差分为位置度、同轴度和对称度三个特征项目。定位公差带相对基准有确定的位置，具有综合控制被测要素位置、方向和形状的职能。定位公差的有关标注示例及公差带定义、说明等见表4-6。

表4-6　定位公差带定义、示例及说明

项目	公差带定义	示例	说明
同轴度	1．点的同心度 公差带是直径为公差值 ϕt，且与基准圆心同心的圆内的区域 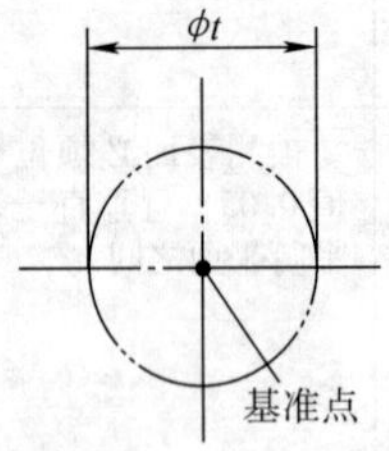 ϕt 基准点	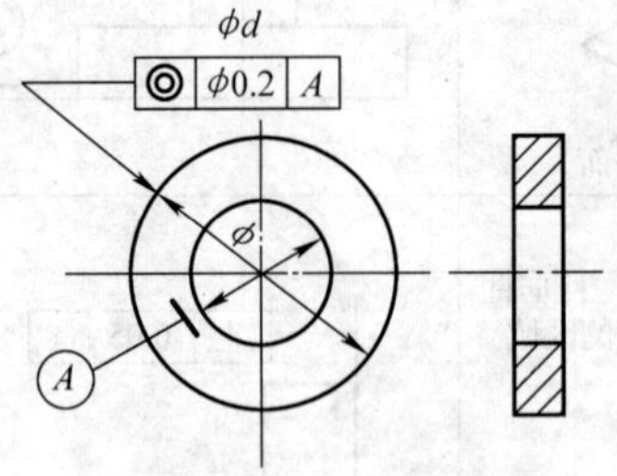 ϕd ◎ ϕ0.2 A A	ϕd 的圆心必须位于直径为公差值0.2，且与基准圆心同心的圆内
	2．轴线的同轴度 公差带是公差值 ϕt 的圆柱面内的区域，该圆柱面的轴线与基准轴线同轴  t 基准轴线	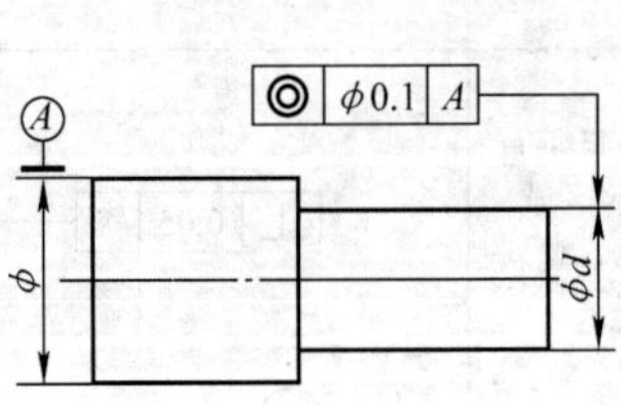 ◎ ϕ0.1 A A ϕ ϕd	ϕd 的轴线必须位于直径为公差值0.1，且与基准轴线同轴的圆柱面内

（续）

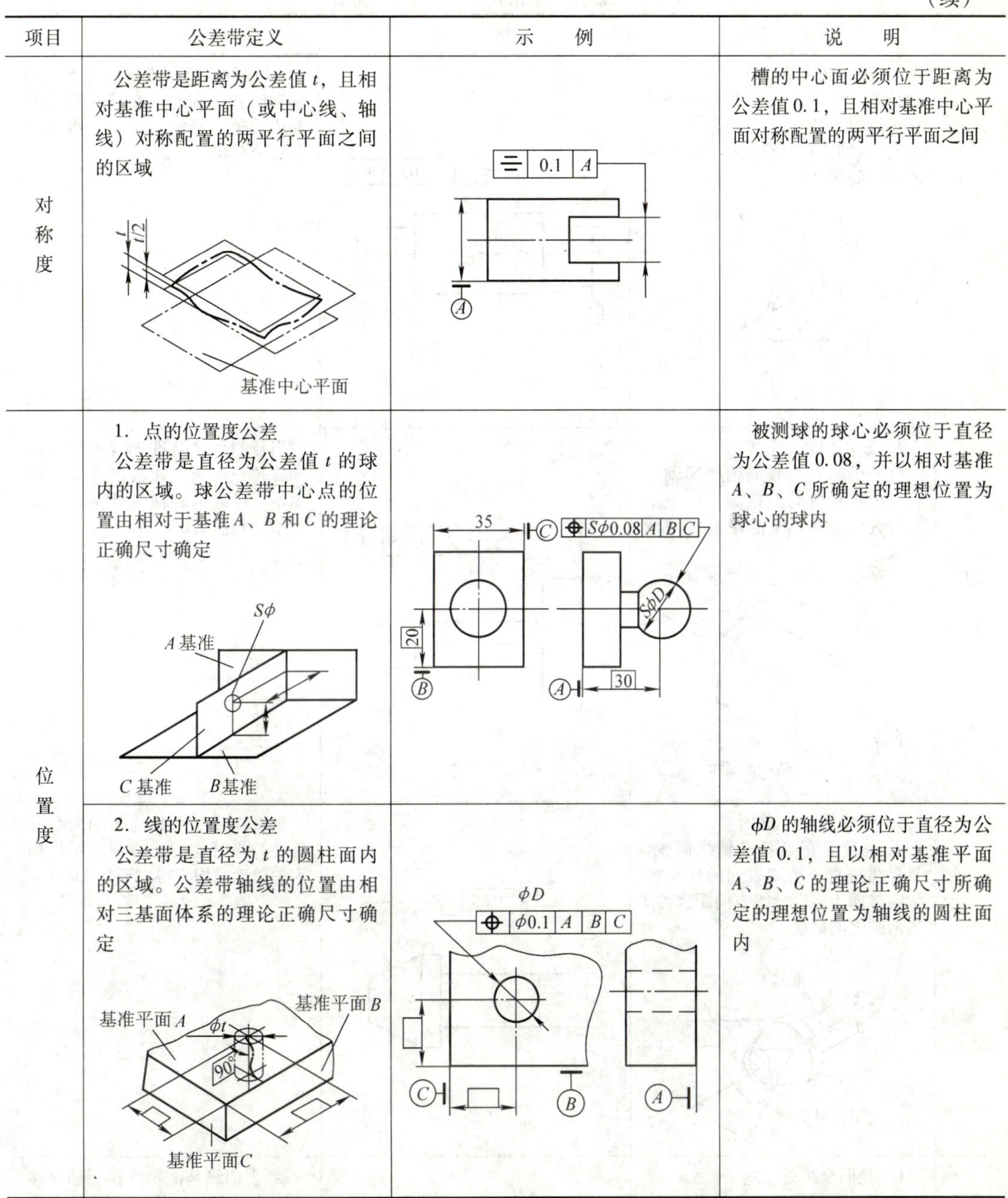

项目	公差带定义	示　　例	说　　明
对称度	公差带是距离为公差值 t，且相对基准中心平面（或中心线、轴线）对称配置的两平行平面之间的区域		槽的中心面必须位于距离为公差值0.1，且相对基准中心平面对称配置的两平行平面之间
位置度	1．点的位置度公差 公差带是直径为公差值 t 的球内的区域。球公差带中心点的位置由相对于基准 A、B 和 C 的理论正确尺寸确定		被测球的球心必须位于直径为公差值0.08，并以相对基准 A、B、C 所确定的理想位置为球心的球内
	2．线的位置度公差 公差带是直径为 t 的圆柱面内的区域。公差带轴线的位置由相对三基面体系的理论正确尺寸确定		ϕD 的轴线必须位于直径为公差值0.1，且以相对基准平面 A、B、C 的理论正确尺寸所确定的理想位置为轴线的圆柱面内

3．跳动公差

跳动公差是实际被测要素绕基准轴线回转一周或连续回转时所允许的最大跳动量。跳动分为圆跳动和全跳动。圆跳动是指实际被测要素无轴向移动绕基准轴线旋转一周过程中，由位置固定的指示表在给定测量方向上测得的最大与最小值之差；全跳动是指实际被测要素无轴向移动绕基准轴线连续旋转过程中，指示表与实际被测要素作相对直线运动，指示表在给定测量方向上测得的最大与最小值之差。跳动公差的有关标注示例及公差带定义、说明等见表4-7。

表 4-7 跳动公差带定义、示例及说明

项目	公差带定义	示例	说明
圆跳动	1．径向圆跳动 公差带是在垂直于基准轴线的任一测量平面内，半径差为公差值 t，且圆心在基准轴线上的两同心圆之间的区域 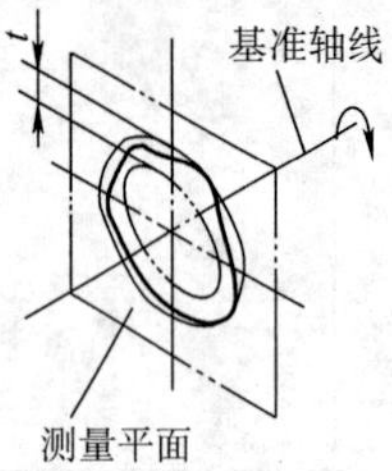 基准轴线 测量平面	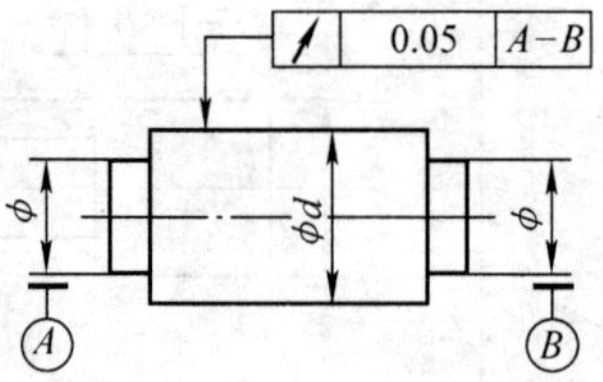 0.05 $A-B$	ϕd 圆柱面绕基准轴线做无轴向移动回转一周时，在任一测量平面内的径向圆跳动量均不得大于公差值 0.05
	2．端面圆跳动公差 公差带是在与基准轴线同轴的任一半径位置的测量圆柱面上沿母线方向距离为 t 的两圆之间的区域 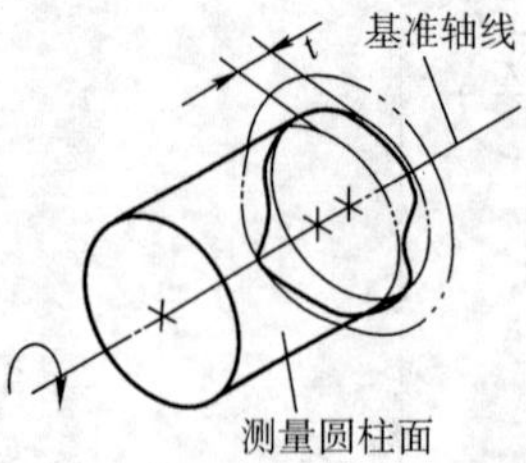 基准轴线 测量圆柱面	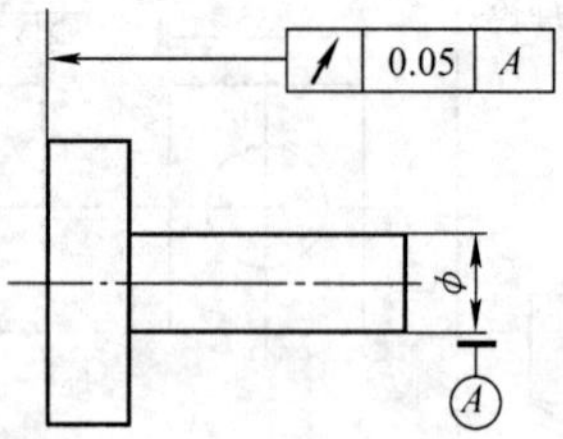 0.05 A	当被测件绕基准轴线无轴向移动旋转一周时，在被测面上任一测量直径处的轴向跳动量均不得大于公差值 0.05
	3．斜向圆跳动公差 公差带是在与基准轴线同轴，且母线垂直于被测表面的任一测量圆锥面上，沿母线方向距离为 t 的两圆之间区域 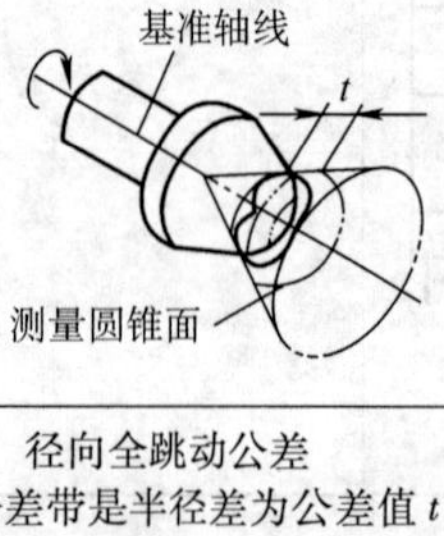 基准轴线 测量圆锥面	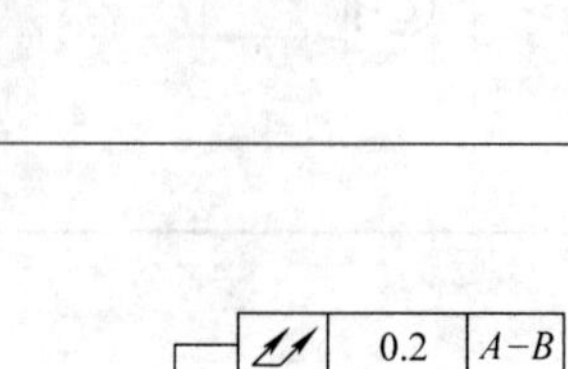 0.05 A	被测件绕基准轴线无轴向移动旋转一周时，在任一测量圆锥面上的跳动量均不得大于 0.05
全跳动	1．径向全跳动公差 公差带是半径差为公差值 t，且与基准轴线同轴的两圆柱面之间的区域 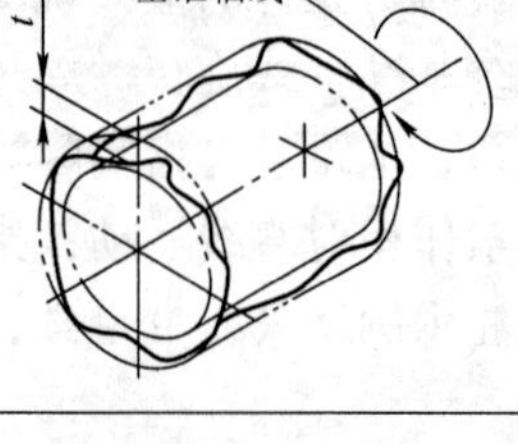 基准轴线	0.2 $A-B$	ϕd 表面绕基准轴线作无轴向移动地连续回转，同时，指示表作平行于基准轴线方向的直线移动，在 ϕd 整个表面上的跳动量不得大于公差值 0.2

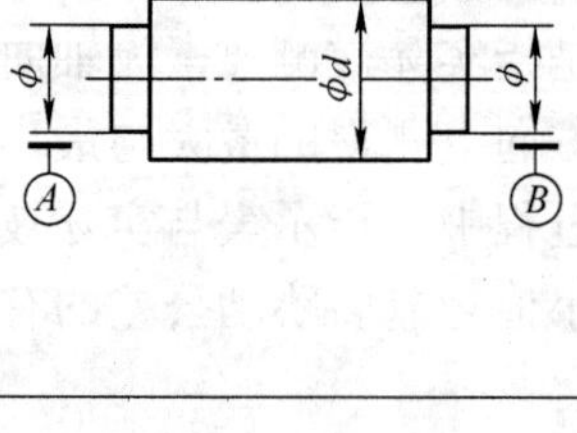

（续）

项目	公差带定义	示　　例	说　　明
全跳动	2．端面全跳动公差 公差带是距离为公差值 t，且与基准轴线垂直的两平行平面之间的区域	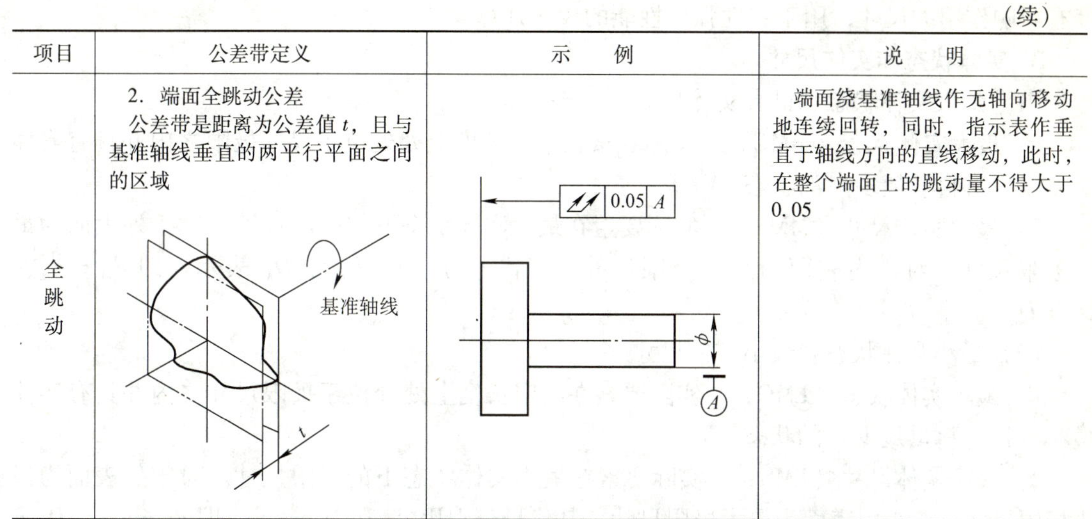	端面绕基准轴线作无轴向移动地连续回转，同时，指示表作垂直于轴线方向的直线移动，此时，在整个端面上的跳动量不得大于0.05

4.4　公差原则

所谓公差原则就是处理尺寸公差和形位公差关系的规定，它分为独立原则和相关要求两大类。

4.4.1　有关公差原则的术语及定义

1．局部实际尺寸（D_a，d_a）

局部实际尺寸简称实际尺寸，是指在实际要素的任意正截面上，两对应点之间测得的距离。

2．作用尺寸

（1）体外作用尺寸（D_{fe}，d_{fe}）　在被测要素的给定长度上，与实际外表面体外相接的最小理想面或与实际内表面体外相接的最大理想面的直径或宽度。

（2）体内作用尺寸（D_{fi}，d_{fi}）　在被测要素的给定长度上，与实际外表面体内相接的最大理想面或与实际内表面体内相接的最小理想面的直径或宽度。

实际尺寸和作用尺寸如图4-17所示。

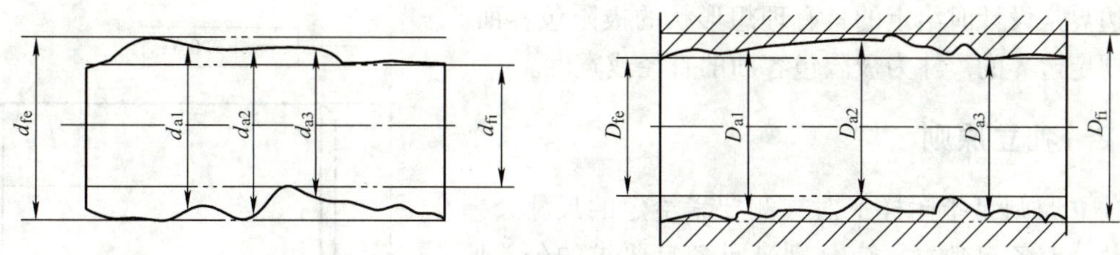

图4-17　实际尺寸和作用尺寸

体外作用尺寸是实际要素在配合中对零件装配起作用的尺寸；体内作用尺寸是对零件强

度有影响作用的尺寸，用于零件强度性能的校核计算。

3. 实体状态和实体尺寸

（1）最大实体状态和最大实体尺寸

1）最大实体状态（MMC） 实际要素在给定长度上处处位于尺寸极限之内并具有实体最大（即材料量最多）的状态。

2）最大实体尺寸（MMS） 实际要素在最大实体状态下的极限尺寸。对于外表面为最大极限尺寸；对于内表面为最小极限尺寸。其代号分别用 d_M 和 D_M 表示。即 $d_M = d_{max}$；$D_M = D_{min}$。

（2）最小实体状态和最小实体尺寸

1）最小实体状态（LMC） 实际要素在给定长度上处处位于极限尺寸之内并具有实体最小（即材料量最少）的状态。

2）最小实体尺寸（LMS） 实际要素在最小实体状态下的极限尺寸。对于外表面为最小极限尺寸，对于内表面为最大极限尺寸。其代号分别用 d_L 和 D_L 表示。即 $d_L = d_{min}$；$D_L = D_{max}$。

4. 实效状态和实效尺寸

（1）最大实体实效状态和最大实体实效尺寸

1）最大实体实效状态（MMVC） 在给定长度上，实际要素处于最大实体状态且其中心要素的形状或位置误差等于给出公差值时的综合极限状态。

2）最大实体实效尺寸（MMVS） 最大实体实效状态下的体外作用尺寸。内表面（孔）的最大实体实效尺寸用 D_{MV} 表示；外表面（轴）的最大实体实效尺寸用 d_{MV} 表示。即

$$D_{MV} = D_M - t \qquad d_{MV} = d_M + t$$

式中，t 为形位公差值。

（2）最小实体实效状态和最小实体实效尺寸

1）最小实体实效状态（LMVC） 在给定长度上，实际要素处于最小实体状态且其中心要素的形状或位置误差等于给出公差值时的综合极限状态。

2）最小实体实效尺寸（LMVS） 最小实体实效状态下的体内作用尺寸。内表面（孔）的最小实体实效尺寸用 D_{LV} 表示；外表面（轴）的最小实体实效尺寸用 d_{LV} 表示。即

$$D_{LV} = D_L + t \qquad d_{LV} = d_L - t$$

5. 边界

边界是设计时给定的具有理想形状的极限包容面。标准规定边界的尺寸为极限包容面的直径或宽度。

4.4.2 独立原则

独立原则是指图样上对被测要素给定的尺寸公差和形位公差各自独立，应分别满足各自要求的公差原则。运用独立原则时，在图样上对形位公差与尺寸公差应采取分别标注的形式，不附加任何标记，如图4-18所示。

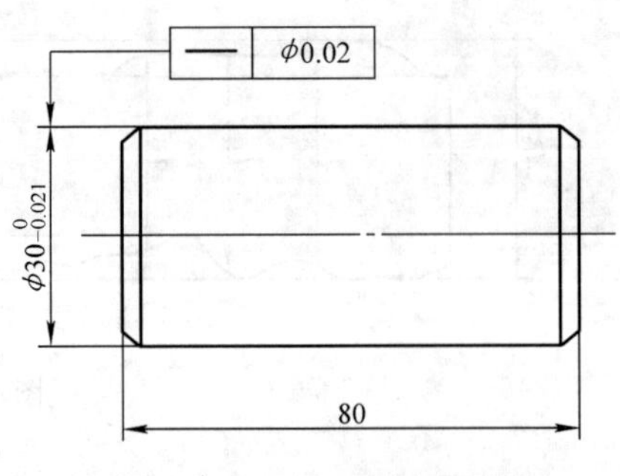

图4-18 独立原则示例

在图 4-18 中，实际尺寸在最大极限尺寸与最小极限尺寸之间的任一零件的轴线的直线度公差都是 0. 02mm。

独立原则是尺寸公差和形位公差相互关系遵循的基本原则。

4.4.3 相关要求

相关要求是指图样上给定的尺寸公差和形位公差相互有关的公差原则，它分为包容要求、最大实体要求、最小实体要求、可逆要求。

1. 包容要求

包容要求表示被测实际要素应遵守其最大实体边界，即要素的体外作用尺寸不得超越其最大实体尺寸，且局部实际尺寸不得超出最小实体尺寸。

对于外表面 $d_{fe} \leqslant d_M(d_{max})$，且 $d_a \geqslant d_L(d_{min})$

对于内表面 $D_{fe} \geqslant D_M(D_{min})$，且 $D_a \leqslant D_L(D_{max})$

GB/T 4249—1996 规定，包容要求适用于单一要素。采用包容要求的单一要素，应在其尺寸极限偏差或公差带代号之后加注符号Ⓔ，如图 4-19a 所示。

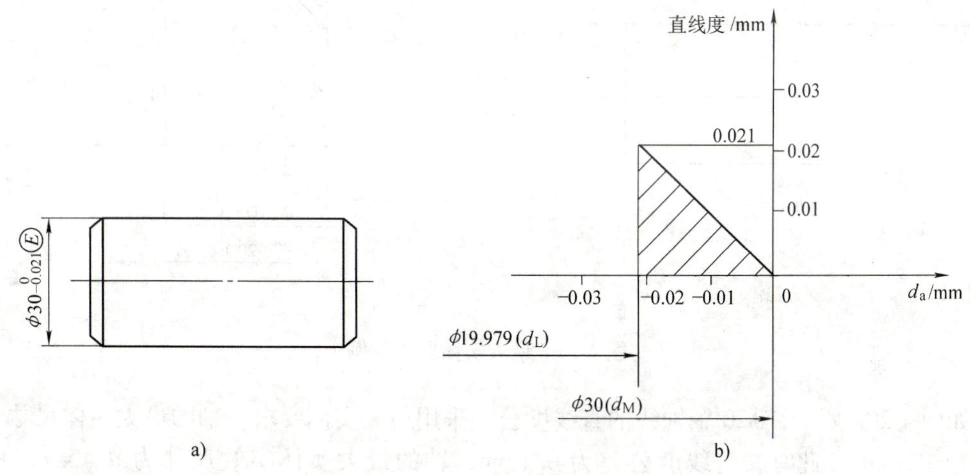

图 4-19 包容要求示例

在图 4-19a 中，该轴必须位于尺寸为最大实体尺寸 ϕ30mm 的理想包容面内。轴的局部实际尺寸可在最大、最小极限尺寸即 ϕ30mm 至 ϕ29. 979mm 内变化，但其体外作用尺寸不能超出边界尺寸 ϕ30mm。当轴的局部实际尺寸为最大实体尺寸 ϕ30mm 时，轴的形状误差应该为零；当轴的局部实际尺寸处处为最小实体尺寸 ϕ29. 979mm 时，轴线的直线度误差允许达到 0. 021mm。轴的尺寸公差与形状公差之间的关系可以用动态公差图表示出来，如图 4-19b 所示。

2. 最大实体要求

最大实体要求是控制被测要素的实际轮廓处于其最大实体实效边界之内的一种公差要求。当其实际尺寸偏离最大实体尺寸时，允许形位误差值超出给出的公差值。最大实体要求的标志是在给出的形位公差值或基准字母后面标注符号Ⓜ。

最大实体要求适用于中心要素，如轴线、中心平面等，可用于被测要素或基准要素，主要用于保证零件的装配互换性。

(1) 最大实体要求应用于被测要素　最大实体要求应用于被测要素时，被测要素的实际轮廓在给定长度上处处不得超出最大实体实效边界，即其体外作用尺寸不应超出最大实体实效尺寸，且其局部实际尺寸不得超出最大实体尺寸和最小实体尺寸。

对于外表面：$d_{fe} \leqslant d_{MV} = d_M + t$　且 $d_M = d_{max} \geqslant d_a \geqslant d_L = d_{min}$

对于内表面：$D_{fe} \geqslant D_{MV} = D_M - t$　且 $D_M = D_{min} \leqslant D_a \leqslant D_L = D_{max}$

最大实体要求应用于被测要素时，被测要素的形位公差值是在该要素处于最大实体状态时给出的，当被测要素实际轮廓偏离其最大实体状态，即其实际尺寸偏离最大实体尺寸时，形位误差值可超出在最大实体状态给出的形位公差值。实际尺寸偏离多少，允许的形位误差就可增加多少，最大增加量等于被测要素的尺寸公差值，从而实现尺寸公差向形位公差的转化。

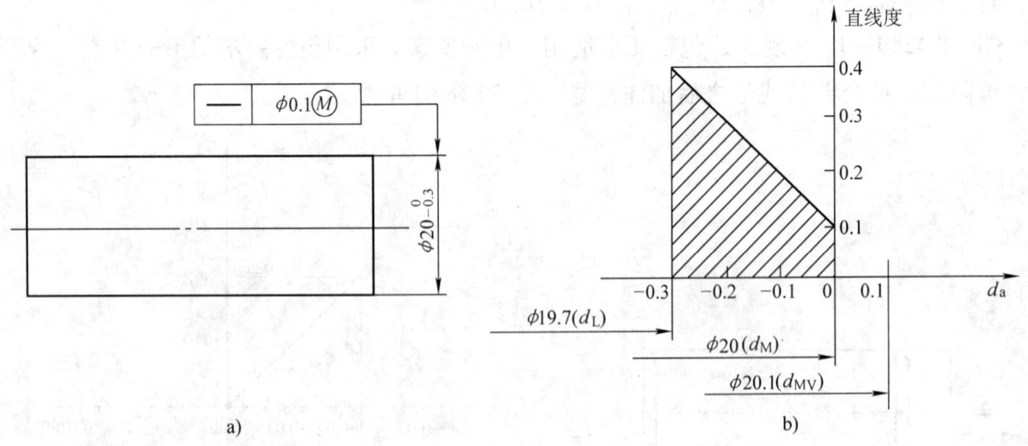

图 4-20　最大实体要求示例

如图 4-20a 所示，$\phi20$ 轴轴线的直线度公差采用最大实体要求。轴的最大实体尺寸为 $d_M = d_{max} = \phi20mm$；此时的直线度公差为 0. 1mm；轴的最大实体实效尺寸为 $d_{MV} = d_M + t = \phi20mm + 0.1mm = \phi20.1mm$。

当轴的实际尺寸偏离最大实体尺寸时，直线度公差将超出 0. 1mm，而当实际尺寸为最小实体尺寸时，最大程度偏离最大实体状态，偏离量为尺寸公差 0. 3mm，此时直线度公差获得最大补偿量，则允许的直线度公差为 0. 1mm + 0. 3mm = 0. 4mm。其动态公差图见图 4-20b。

当被测要素采用最大实体要求，且给出的形位公差值为零，称为最大实体要求的零形位公差。零形位公差可视为最大实体要求的特例。此时，被测要素的最大实体实效边界等于最大实体边界，最大实体实效尺寸等于最大实体尺寸，如图 4-21 所示。

(2) 最大实体要求应用于基准要素　在公差框格基准符号后标注有Ⓜ时，表示最大实体要求应用于基准要素。

国家标准规定：当基准要素本身采用最大实体要求时，其相应的边界为最大实体实效边界，当基准要素本身不采用最大实体要求时，其相应的边界为最大实体边界。

如图 4-22a 所示，最大实体要求应用于轴 $\phi12$ 的轴线对轴 $\phi25$ 的轴线的同轴度公差，并

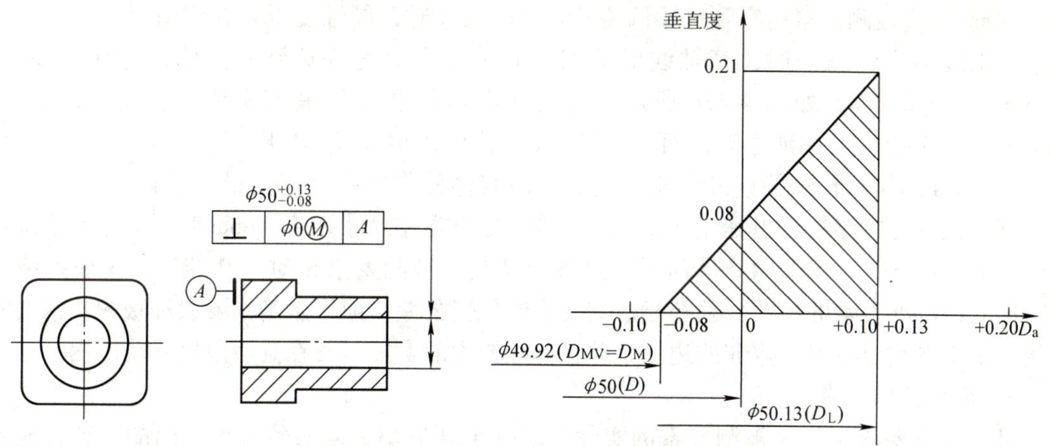

图 4-21　最大实体要求的零形位公差示例

同时应用于基准要素。在该例中，被测要素遵守最大实体实效边界，基准要素遵守最大实体边界。

1）被测要素处于最大实体状态，且基准的实际轮廓处于最大实体边界上时，其轴线对基准的同轴度公差为 ϕ0. 04mm，如图 4-22b 所示。被测轴应满足下列要求：

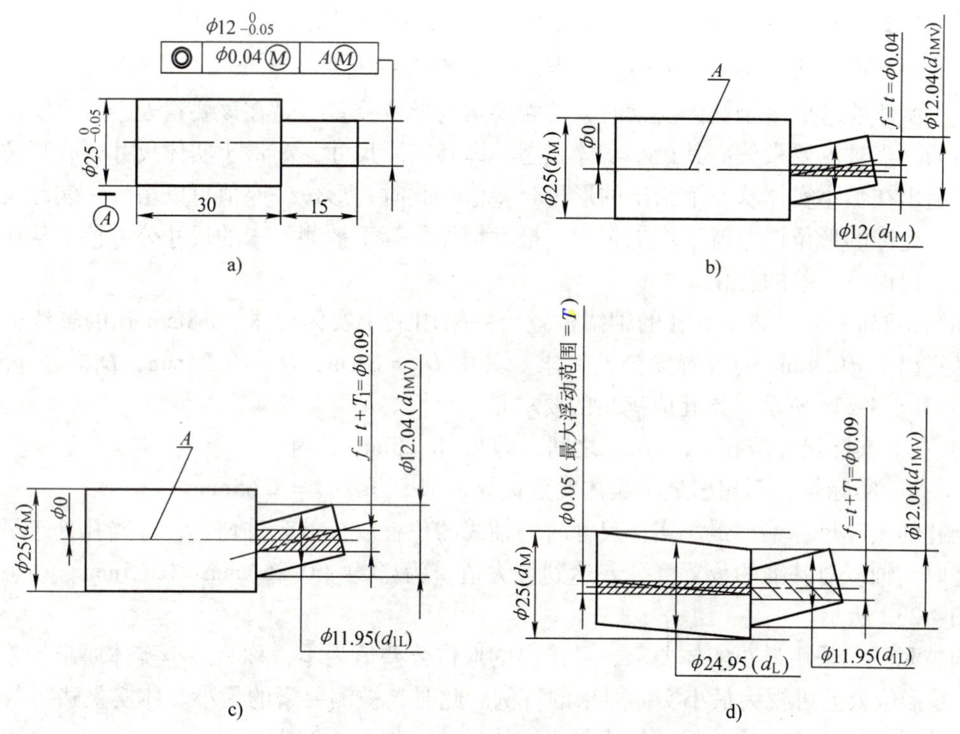

图 4-22　最大实体要求应用于基准要素示例

① 实际尺寸应在 ϕ11. 95 ~ ϕ12mm 之内。

② 实际轮廓不超出关联最大实体实效边界。最大实体实效尺寸 d_{MV} = 12mm + 0. 04mm =

ϕ12.04mm，当被测要素的实际尺寸偏离最大实体尺寸时，同轴度误差允许值增大。当被测要素处于最小实体状态时，其轴线对基准的同轴度误差允许达到最大值，为0.04mm + 0.05mm = ϕ0.09mm，如图4-22c所示。当基准实际轮廓处于最大实体边界上，即 d_M = ϕ25mm时，基准轴线不能浮动，而处于图样上给出的理想位置，如图4-22b、c所示。

2）基准的实际轮廓偏离最大实体边界，即其体外作用尺寸偏离最大实体尺寸 ϕ25mm时，基准轴线可以浮动。当其体外作用尺寸等于最小实体尺寸 ϕ24.95mm时，其浮动范围达到最大值 ϕ0.05mm，如图4-22d所示。这种浮动允许被测要素相对于基准的位置公差值增大，即允许基准要素的尺寸公差补偿被测要素的位置公差，前提是基准要素和被测要素的实际轮廓都不得超出各自应遵守的边界，并且基准要素的实际尺寸在其极限尺寸范围内。

3．最小实体要求

最小实体要求是控制被测要素的实际轮廓处于其最小实体实效边界之内的一种公差要求。当其实际尺寸偏离最小实体尺寸时，允许其形位误差值超出在最小实体状态下给出的公差值。其标记方法是在公差值或（和）基准符号后面加注Ⓛ。

最小实体要求适用于中心要素，多用于保证零件的强度要求。

（1）最小实体要求用于被测要素　最小实体要求应用于被测要素时，被测要素的实际轮廓在给定的长度上处处不得超出最小实体实效边界，即其体内作用尺寸不应超出最小实体实效尺寸，且局部实际尺寸不得超出最大实体尺寸和最小实体尺寸。

对于外表面：$d_{fi} \geqslant d_{LV} = d_L - t$　且 $d_M = d_{max} \geqslant d_a \geqslant d_L = d_{min}$

对于内表面：$D_{fi} \leqslant D_{LV} = D_L + t$　且 $D_M = D_{min} \leqslant D_a \leqslant D_L = D_{max}$

最小实体要求应用于被测要素时，被测要素的形位公差值是在该要素处于最小实体状态时给出的。当被测要素偏离其最小实体状态，即其实际尺寸偏离最小实体尺寸时，形位误差值可以超出在最小实体状态下给出的形位公差值。此时，形位公差值可以增大。实际尺寸偏离多少，允许的形位误差就可增加多少，最大增加量等于被测要素的尺寸公差值，从而实现尺寸公差向形位公差的转化。

如图4-23a所示，ϕ8mm孔的轴线位置公差采用最小实体要求。ϕ8mm孔的轴线，对端面基准提出了 ϕ0.4mm的位置度公差要求。其中 D_M = 8mm，D_L = 8.25mm，D_{LV} = 8.65mm，如图4-23b、4-23c所示。该孔应满足的要求是：

1）孔的实际尺寸应在 D_M 与 D_L 之间，即8～8.25mm之内。

2）孔的实际轮廓不超出最小实体实效边界，即 $D_{fi} \leqslant D_{LV}$ = 8.65mm。

当孔的实际尺寸偏离最小实体尺寸时，轴线的位置度公差允许增大，且当孔处于最大实体状态时，轴线对基准的位置度公差达到最大值，为(0.4 + 0.25)mm = 0.65mm。动态公差图如图4-23d所示。

当被测要素采用最小实体要求，且给出的形位公差值为零，称为最小实体要求的零形位公差，零形位公差可视为最小实体要求的特例。此时，被测要素的最小实体实效边界等于最小实体边界，最小实体实效尺寸等于最小实体尺寸，如图4-24所示。

（2）最小实体要求应用于基准要素　公差框格内基准符号后标注有Ⓛ，表示最小实体要求应用于基准要素。此时，基准要素应遵守相应的边界。若基准要素的实际轮廓偏离相应的边界，则允许基准要素在一定范围内浮动，其浮动范围等于基准要素的体内作用尺寸与相

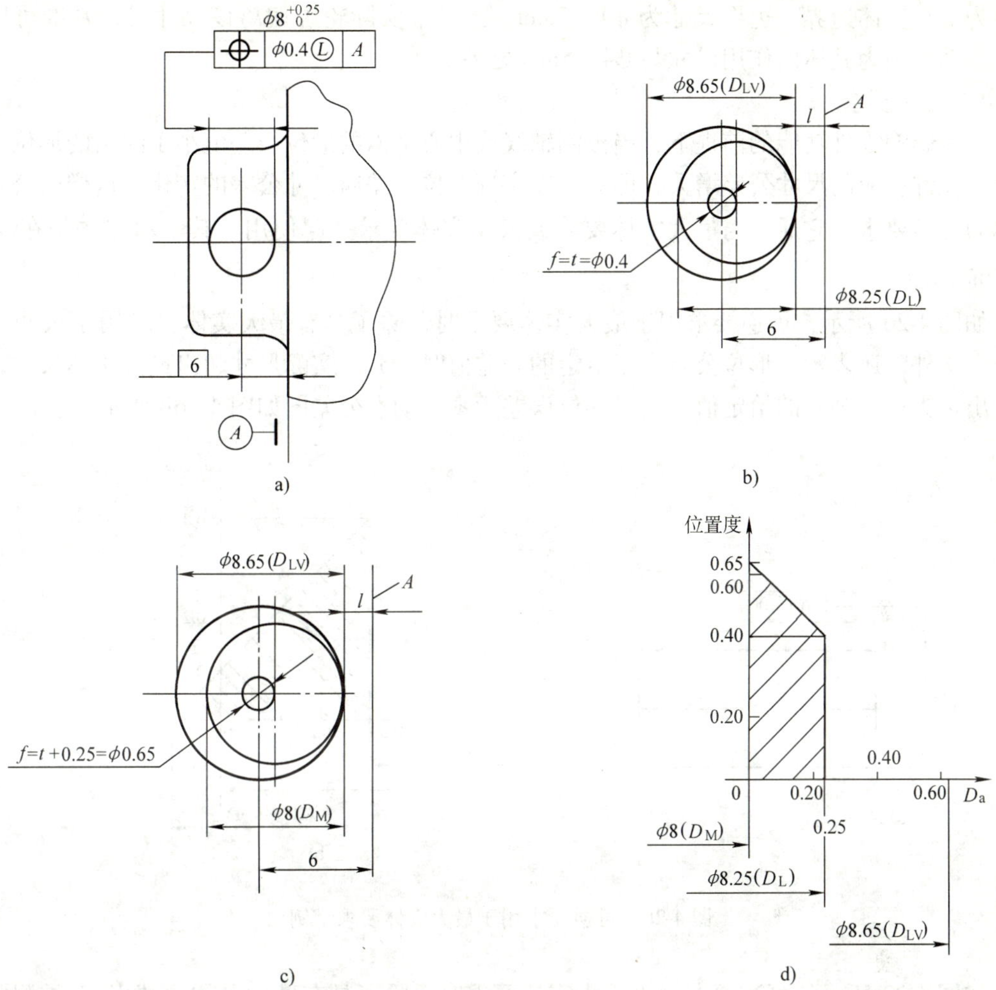

图 4-23　最小实体要求示例

应边界尺寸之差。

国标规定：基准要素本身采用最小实体要求时，相应的边界为最小实体实效边界；基准要素本身不采用最小实体要求时，则相应的边界为最小实体边界。

如图 4-25 所示，最小实体要求同时用于被测要素和基准要素。基准本身采用独立原则，

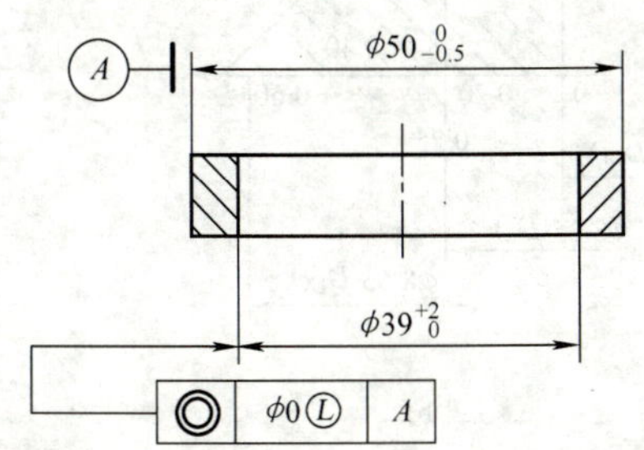

图 4-24　最小实体要求的零形位公差示例

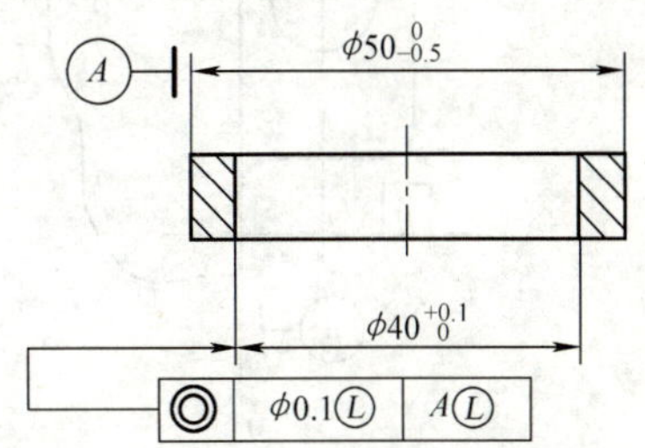

图 4-25　最小实体要求用于基准要素

边界为最小实体边界，边界尺寸为 ϕ49. 5mm。当基准实际轮廓偏离该尺寸时，基准可以浮动，浮动范围为其体内作用尺寸与 ϕ49. 5mm 之差。

4. **可逆要求**

在不影响零件功能的前提下，当被测轴线或中心平面的形位误差值小于给出的形位公差值时，允许相应的尺寸公差增大，即：可以实现形位公差向尺寸公差的转化。这样的公差原则称为可逆要求。它通常与最大实体要求或最小实体要求一起使用。其表示方法是在Ⓜ或Ⓛ后面加注Ⓡ。

如图 4-26 所示，可逆要求用于最大实体要求时，除了具有最大实体要求用于被测要素时的含义外，还表示当形位公差小于给定的公差值时，允许实际尺寸超出最大实体尺寸，最大超出量为形位公差的给定值，此时形位误差为零。动态公差图如图 4-26b 所示。

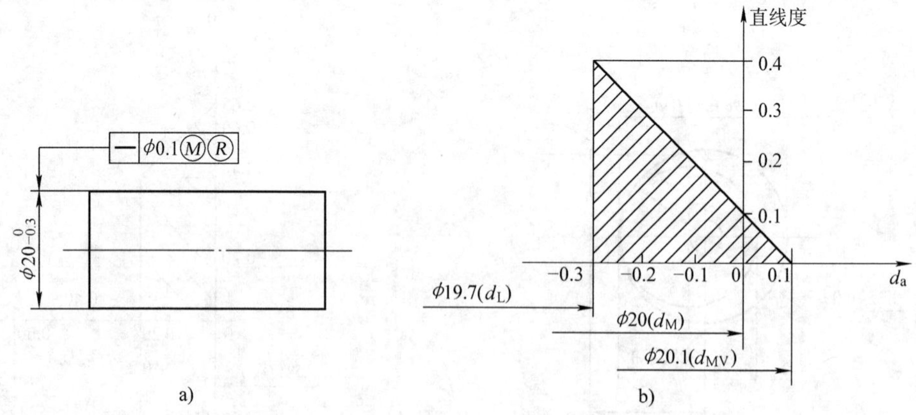

图 4-26 可逆要求用于最大实体要求示例

如图 4-27 所示，可逆要求用于最小实体要求时，除了具有最小实体要求用于被测要素

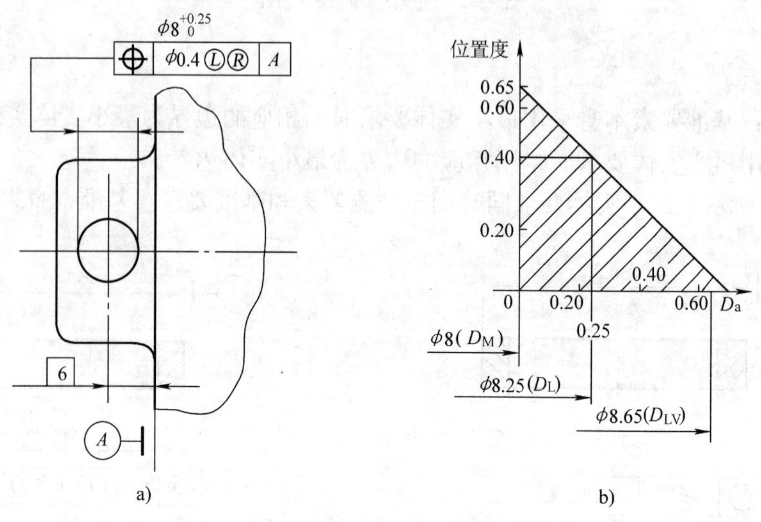

图 4-27 可逆要求用于最小实体要求示例

时的含义外，还表示当形位公差小于给定的公差值时，允许实际尺寸超出最小实体尺寸，最大超出量为形位公差的给定值，此时形位误差为零。动态公差图如图 4-27b。

4.5　形位公差的选择

对于注出形位公差，需要正确选择公差特征项目、公差数值（公差等级）、公差原则及公差基准。

4.5.1　形位公差项目的选择和基准要素的选择

1. 形位公差项目的选择

形位公差项目的选择应综合分析零件的形体结构特征、功能要求、检测方便及经济性等多方面的因素。

（1）零件的形体结构特征　零件本身的形体结构特征，决定了它可能要求的公差项目。如对圆柱形零件，一般会选择圆柱度，轴线、素线直线度；平面零件会选平面度；槽类零件会选对称度，阶梯轴或孔零件选同轴度；凸轮类零件会选轮廓度等。

（2）零件的功能要求　可供选择的公差项目没有必要全部注出，需要分析零件各部位的不同功能要求，确定适当的形位公差项目。如对安装齿轮轴的机床箱体孔，为保证齿轮的正确啮合，需要提出两孔轴线平行度要求；为保证机床工作台或刀架运动轨迹的精度，需要对导轨提出直线度和平面度要求；对有着相对运动关系的孔、轴（如柱塞与柱塞套），需要标注圆柱度。

（3）检测的方便与经济性　在满足零件功能要求的前提下，应充分考虑形位公差项目检测的方便与经济性。例如，对轴类零件可用检测方便的跳动公差综合控制圆柱度、同轴度、端面对轴线的垂直度。

此外，形位公差项目的选择还要考虑工厂、车间现有的检测条件，同时还应参照有关专业标准的规定等。

2. 基准的选择

基准的选择主要根据零件在机器上的安装位置、作用、结构特点以及加工和检测要求来考虑。根据需要，可采用单一基准、公共基准和三基面体系，基准要素通常应具有较高的形状精度，它的长度较大、面积较大、刚度较大。基准要素一般应是零件在机器上的安装基准或工作基准。

4.5.2　形位公差值（或公差等级）的选择

国家标准对 14 个形位公差项目中除线、面轮廓度、位置度以外的 11 个特征项目分别规定了若干公差等级及对应的公差值。其中，GB/T 1184—1996 将圆度和圆柱度规定了 13 个级别，分别用 0，1，2，…，12 表示，其中 0 级最高，等级依次降低，12 级最低；其余 9 个项目规定了 12 个级别，分别用 1，2，…，12 表示，其中 1 级最高，等级依次降低，12 级最低。如表 4-8 ~ 表 4-11 所示。对于线、面轮廓度、位置度公差值也用文字说明了其参照的依据和对应的公差值。

形位公差值（或公差等级）的选择原则是在满足零件使用要求的前提下，选择最经济

表 4-8 直线度、平面度公差值（摘自 GB/T 1184—1996） （单位：μm）

主参数 L /mm	公差等级											
	1	2	3	4	5	6	7	8	9	10	11	12
≤10	0.2	0.4	0.8	1.2	2	3	5	8	12	20	30	60
>10~16	0.25	0.5	1	1.5	2.5	4	6	10	15	25	40	80
>16~25	0.3	0.6	1.2	2	3	5	8	12	20	30	50	100
>25~40	0.4	0.8	1.5	2.5	4	6	10	15	25	40	60	120
>40~63	0.5	1	2	3	5	8	12	20	30	50	80	150
>63~100	0.6	1.2	2.5	4	6	10	15	25	40	60	100	200
>100~160	0.8	1.5	3	5	8	12	20	30	50	80	120	250
>160~250	1	2	4	6	10	15	25	40	60	100	150	300

注：主参数 L 系轴、直线、平面的长度。

表 4-9 圆度、圆柱度公差值（摘自 GB/T 1184—1996） （单位：μm）

主参数 d（D）/mm	公差等级												
	0	1	2	3	4	5	6	7	8	9	10	11	12
≤3	0.1	0.2	0.3	0.5	0.8	1.2	2	3	4	6	10	14	25
>3~6	0.1	0.2	0.4	0.6	1	1.5	2.5	4	5	8	12	18	30
>6~10	0.12	0.25	0.4	0.6	1	1.5	2.5	4	6	9	15	22	36
>10~18	0.15	0.25	0.5	0.8	1.2	2	3	5	8	11	18	27	43
>18~30	0.2	0.3	0.6	1	1.5	2.5	4	6	9	13	21	33	52
>30~50	0.25	0.4	0.6	1	1.5	2.5	4	7	11	16	25	39	62
>50~80	0.3	0.5	0.8	1.2	2	3	5	8	13	19	30	46	74

注：主参数 d（D）系轴（孔）的直径。

表 4-10 平行度、垂直度、倾斜度公差值（摘自 GB/T 1184—1996） （单位：μm）

主参数 L、d（D）/mm	公差等级											
	1	2	3	4	5	6	7	8	9	10	11	12
≤10	0.4	0.8	1.5	3	5	8	12	20	30	50	80	120
>10~16	0.5	1	2	4	6	10	15	25	40	60	100	150
>16~25	0.6	1.2	2.5	5	8	12	20	30	50	80	120	200
>25~40	0.8	1.5	3	6	10	15	25	40	60	100	150	250
>40~63	1	2	4	8	12	20	30	50	80	120	200	300
>63~100	1.2	2.5	5	10	15	25	40	60	100	150	250	400
>100~160	1.5	3	6	12	20	30	50	80	120	200	300	500
>160~250	2	4	8	15	25	40	60	100	150	250	400	600

注：1. 主参数 L 为给定平行度时轴线或平面的长度，或给定垂直度、倾斜度时被测要素的长度。

2. 主参数 d（D）为面对线垂直度时，被测要素的轴（孔）直径。

表4-11 同轴度、对称度、圆跳动和全跳动公差值（摘自GB/T 1184—1996） （单位：μm）

主参数 d (D)、L、B/mm	公差等级											
	1	2	3	4	5	6	7	8	9	10	11	12
≤1	0.4	0.6	1.0	1.5	2.5	4	6	10	15	25	40	60
>1~3	0.4	0.6	1.0	1.5	2.5	4	6	10	20	40	60	120
>3~6	0.5	0.8	1.2	2	3	5	8	12	25	50	80	150
>6~10	0.6	1	1.5	2.5	4	6	10	15	30	60	100	200
>10~18	0.8	1.2	2	3	5	8	12	20	40	80	120	250
>18~30	1	1.5	2.5	4	6	10	15	25	50	100	150	300
>30~50	1.2	2	3	5	8	12	20	30	60	120	200	400
>50~120	1.5	2.5	4	6	10	15	25	40	80	150	250	500

的公差值，即选择的公差等级尽可能低。确定形位公差值的方法有类比法和计算法及经验法，其中类比法用得较多。部分形位公差等级的应用举例见表4-12~表4-15，供选择时参考。

表4-12 直线度和平面度公差等级应用举例

公差等级	应用举例
5	用于1级平板，2级宽平尺，平面磨床纵导轨、垂直导轨、立柱导轨及工作台，液压龙门刨床和转塔车床床身导轨，柴油机进、排气门导杆等
6	普通车床、龙门刨床、滚齿机、自动车床等的床身导轨及工作台，柴油机机体上部结合面等
7	2级平板，机床主轴箱、摇臂钻床底座及工作台，镗床工作台，液压泵盖，减速器壳体结合面等
8	机床传动箱体，交换齿轮箱体，车床溜板箱体，柴油机气缸体，连杆分离面，气缸盖，汽车发动机缸盖，曲轴箱结合面，液压管件和法兰连接面
9	3级平板，自动车床床身底面，摩托车曲轴箱体，汽车变速器壳体，手动机械的支承面

表4-13 圆度和圆柱度公差等级应用举例

公差等级	应用举例
5	一般计量仪主轴、测杆外圆柱面，陀螺仪轴颈，一般机床主轴轴颈及主轴轴承孔，柴油机、汽油机活塞、活塞销，与E级滚动轴承配合的轴颈
6	仪表端盖外圆柱面，一般机床主轴及前轴承孔，泵、压缩机的活塞、气缸，汽油发动机凸轮轴，纺机锭子，减速器传动轴轴颈，高速船用柴油机、拖拉机曲轴主轴颈，与E级滚动轴承配合的外壳孔，与G级滚动轴承配合的轴颈
7	大功率低速柴油机曲轴轴颈、活塞、活塞销、连杆、气缸，高速柴油机箱体轴承孔，千斤顶或压力油缸活塞，机车传动轴，水泵及通用减速器转轴轴颈，与G级滚动轴承配合的外壳孔
8	低速发动机、大功率曲柄轴轴颈，压气机连杆盖、体，拖拉机气缸、活塞，炼胶机冷铸轴辊，印刷机传墨辊，内燃机曲轴轴颈，柴油机凸轮轴承孔，凸轮轴，拖拉机、小型船用柴油机气缸套等
9	空气压缩机缸体，滚压传动筒，通用机械杠杆与拉杆用套筒销子，拖拉机活塞环、套筒孔

表 4-14 平行度、垂直度和倾斜度公差等级应用举例

公差等级	应用举例
4，5	卧式车床导轨，重要支承面，机床主轴孔对基准的平行度，精密机床重要零件，计量仪器、量具、模具的基准面和工作面，主轴箱体重要孔，通用减速器壳体孔，齿轮泵的油孔端面，发动机轴和离合器的凸缘，气缸支承端面，安装精密滚动轴承的壳体孔的凸肩
6，7，8	一般机床的基准面和工作面，压力机和锻锤的工作面，中等精度钻模的工作面，机床一般轴承孔对基准面的平行度，变速箱箱体孔，主轴花键对定心直径部位轴线的平行度，重型机械轴承盖端面，卷扬机、手动传动装置中的传动轴，一般导轨，主轴箱体孔，刀架，砂轮架，气缸配合面对基准轴线、活塞销孔对活塞中心线的垂直度，滚动轴承内、外圈端面对轴线的垂直度
9，10	低精度零件，重型机械滚动轴承端盖，柴油机、煤气发动机箱体曲轴孔、曲轴颈，花键轴和轴肩端面，带运输机法兰盘等端面对轴线的垂直度，手动卷扬机及传动装置中的轴承端面、减速器壳体平面

表 4-15 同轴度、对称度、圆跳动和全跳动公差等级应用举例

公差等级	应用举例
5，6，7	这是应用范围较广的公差等级。用于形位精度要求较高、尺寸公差等级为 IT8 的零件。5 级常用于机床轴颈，计量仪器的测量杆，汽轮机主轴，柱塞油泵转子，高精度滚动轴承外圈，一般精度滚动轴承内圈，回转工作台端面圆跳动。7 级用于内燃机曲轴、凸轮轴、齿轮轴，水泵轴，汽车后轮输出轴，电动机转子，印刷机传墨辊的轴颈，键槽
8，9	常用于形位精度要求一般，尺寸公差等级 IT9 至 IT11 的零件。8 级用于拖拉机发动机分配轴轴颈，与 9 级精度以下齿轮相配的轴，水泵叶轮，离心泵体，棉花精梳机前后滚子，键槽等。9 级用于内燃机气缸套配合面，自行车中轴

4.5.3 公差原则的选择

1. 独立原则是尺寸公差与形位公差相互关系遵循的基本原则，主要应用于：

1）尺寸精度和形位精度要求都较高，且需要分别满足要求的部位。如齿轮箱体孔，为保证与轴承的配合性质和齿轮间的正确啮合，要分别保证孔的尺寸精度和孔的轴线的平行度。

2）尺寸精度和形位精度要求相差太大的场合。如印刷机的滚筒、轧钢机的轧辊，圆柱度要求较高，尺寸精度要求低；平板的平面度要求高而尺寸精度要求较低。

3）用于保证运动精度和密封性的场合。如导轨的直线度要求严格，而尺寸精度要求不高；气缸套内孔为保证与活塞环在直径方向的密封性，对其圆度或圆柱度公差要求高。

此外，对于未注尺寸公差，没有配合要求的退刀槽、倒角等结构尺寸等，也采用独立原则。

2. 相关要求的选用

1）包容要求。主要用于需要严格保证配合性质的圆柱表面或两平行表面组成的单一要素。如孔 ϕ20H7 Ⓔ和轴 ϕ20h6 Ⓔ之间的配合，应用包容要求可以保证其配合的最小间隙为零。

2）最大实体要求。最大实体要求适用于中心要素，可用于被测要素或基准要素，主要用于保证零件的装配互换性。

3）最小实体要求。最小实体要求主要用于保证零件强度和最小壁厚等场合。

4）可逆要求。可逆要求与最大（或最小）实体要求联用，能充分利用公差范围，扩大

了要素实际尺寸的取值范围。可逆要求一般在不影响零件功能要求的场合均可以选用。

4.5.4 未注形位公差的规定

国标 GB/T 1184—1996 将未注公差划分为 H、K、L 三个公差等级，各形位项目的未注公差值如表 4-16 ~ 表 4-19 所示。采用规定的未注公差值时，应在标题栏附近或技术要求中注出标准号及公差等级代号，如：“GB/T 1184-K”。

表 4-16 直线度和平面度的未注公差值 （单位：mm）

<table>
<tr><th rowspan="2">公差等级</th><th colspan="6">基本长度范围</th></tr>
<tr><th>≤10</th><th>>10 ~ 30</th><th>>30 ~ 100</th><th>>100 ~ 300</th><th>>300 ~ 1000</th><th></th></tr>
<tr><td>H</td><td>0.02</td><td>0.05</td><td>0.1</td><td>0.2</td><td>0.3</td><td>0.4</td></tr>
<tr><td>K</td><td>0.05</td><td>0.1</td><td>0.2</td><td>0.4</td><td>0.6</td><td>0.8</td></tr>
<tr><td>L</td><td>0.1</td><td>0.2</td><td>0.4</td><td>0.8</td><td>1.2</td><td>1.6</td></tr>
</table>

表 4-17 垂直度的未注公差值 （单位：mm）

<table>
<tr><th rowspan="2">公差等级</th><th colspan="4">基本长度范围</th></tr>
<tr><th>≤100</th><th>>100 ~ 300</th><th>>300 ~ 1000</th><th>>1000 ~ 3000</th></tr>
<tr><td>H</td><td>0.2</td><td>0.3</td><td>0.4</td><td>0.5</td></tr>
<tr><td>K</td><td>0.4</td><td>0.6</td><td>0.8</td><td>1</td></tr>
<tr><td>L</td><td>0.6</td><td>1</td><td>1.5</td><td>2</td></tr>
</table>

表 4-18 对称度的未注公差值 （单位：mm）

<table>
<tr><th rowspan="2">公差等级</th><th colspan="4">基本长度范围</th></tr>
<tr><th>≤100</th><th>>100 ~ 300</th><th>>300 ~ 1000</th><th>>1000 ~ 3000</th></tr>
<tr><td>H</td><td colspan="4">0.5</td></tr>
<tr><td>K</td><td colspan="2">0.6</td><td>0.8</td><td>1</td></tr>
<tr><td>L</td><td>0.6</td><td>1</td><td>1.5</td><td>2</td></tr>
</table>

表 4-19 圆跳动的未注公差值 （单位：mm）

公差等级	圆跳动的公差值
H	0.1
K	0.2
L	0.5

4.6 形位误差及其检测

形位误差是被测实际要素对其理想要素的变动量。在形位误差的检测中，以测得要素作为实际要素，根据测得要素来评定形位误差值，判断是否符合形位精度要求，从而作出合格与否的结论。

4.6.1 实际要素的体现

基准是确定要素间几何关系的依据。在设计和检验中进行位置误差的实际测量时，为确定被测要素的方向和位置，需要用一定的方法将基准体现出来。在满足测量精度的前提下，基准的体现应使测量过程简单、方便和经济。常用的基准体现方法是模拟法。

模拟法就是用具有足够精度的事物来模拟基准，如用平板体现基准实际要素；用心轴轴线来体现基准轴线；用互相垂直的三块平板模拟三基面体系等，如图 4-28 各图所示。

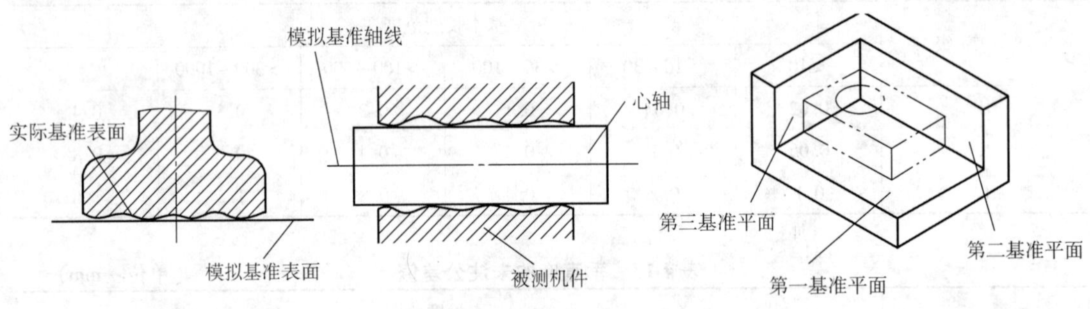

图 4-28 基准的模拟体现

4.6.2 形位误差的检测原则

国家标准规定了五种形位误差的检测原则，在检测形位误差时，应根据零件的特点和检测条件，选择最合理的检测方案。

1. 与理想要素比较原则

与理想要素比较原则是指测量时将被测实际要素与理想要素相比较，在比较过程中取得相应数据，分析处理这些数据来评定被测要素的形位误差。这种检测原则（方法）在形位误差测量中应用最为广泛。

运用该原则在实际检测时，通常用模拟法体现“理想要素”。如用几何光束、精密直线导轨、刀口尺及拉紧细钢丝等来模拟理想直线。用平晶、精密平面、水平面、几何光束扫描平面等来模拟理想平面，用精密轴系回转的轨迹来模拟理想圆。在模拟中，理想要素的误差将直接反映到测量值中，因此模拟理想要素的形状应足够精确。如图 4-29 所示，用刀口尺测量直线度误差，就是以刀口作为理想直线，被测直线与之比较，根据光隙大小来判断直线度误差。

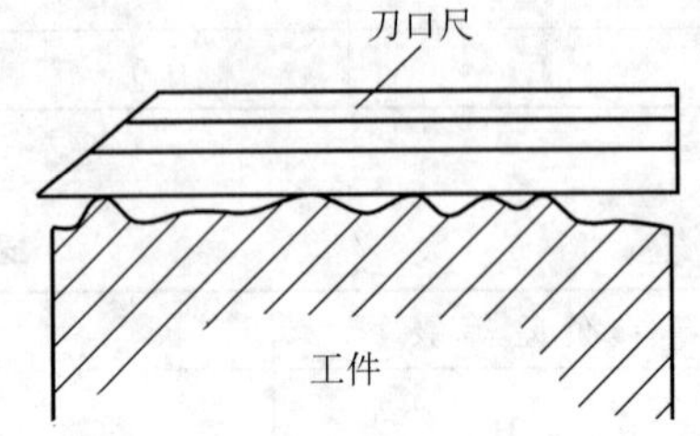

图 4-29 与理想要素比较原则示例

2. 测量坐标值原则

测量坐标值原则是指利用坐标测量装置（如三坐标测量机、工具显微镜）测得实际要素上各点的坐标值，再经过计算确定形位误差值。

图 4-30 为测量孔的位置度误差，测得各孔的坐标值（x_1，y_1）、（x_2，y_2）、（x_3，y_3）、（x_4，y_4），计算出相对理论正确尺寸的偏差为

$$\Delta x_i = x_i - \boxed{x_i}\text{；}\ \Delta y_i = y_i - \boxed{y_i}$$

各孔的位置度误差为

$$\phi f_i = 2\sqrt{(\Delta x_i)^2 + (\Delta y_i)^2} \quad (i = 1,\ 2,\ 3,\ 4)$$

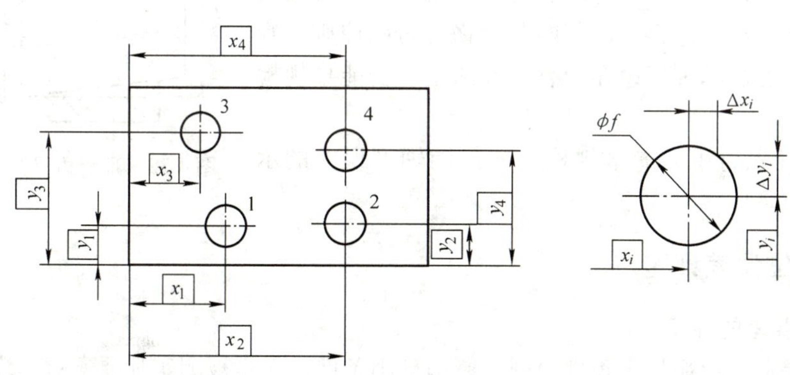

图4-30　测量坐标值原则示例

3．测量特征参数原则

测量特征参数原则是指测量被测实际要素上具有代表性的参数（即特征参数）来近似表示形位误差值。例如，以任意方向内最大直线度误差来表示平面度误差；用两点法在一个横截面内的几个方向上测量直径，取最大、最小直径差之半为圆度误差。

用特征参数来表示形位误差与按定义确定的形位误差相比是个近似值，但应用该原则往往可简化测量设备和测量过程，也不需要复杂的数据处理。因此在生产现场中，在能满足测量精度，保证产品质量的情况下，测量特征参数原则是用得较多的高效和经济的测量方法。

4．测量跳动原则

测量跳动原则是指被测实际要素绕基准轴线回转过程中，沿给定方向测量其对某参考点或线的变动量。变动量是指检测仪表的最大与最小读数之差。该原则是直接根据跳动的定义提出来的。

图4-31所示为采用测量跳动原则进行跳动测量的实例。测量跳动原则，主要用于测量圆跳动和全跳动。但根据该公差项目与其他相关项目的关系，可以兼顾有圆度误差值测量的特点，也可用测量跳动来代替同轴度误差或某些垂直度误差的测量。

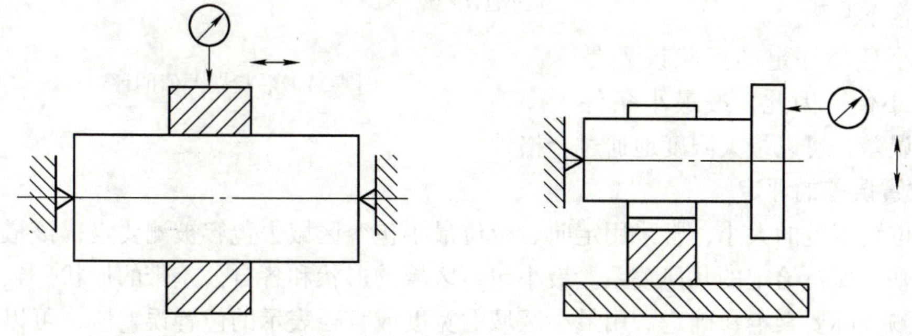

图4-31　测量跳动原则示例

5. 理想边界控制原则

理想边界控制原则是在指以按包容要求或最大实体要求处理尺寸公差与形位公差相互关系时，所确定的最大实体边界或最大实体实效边界为理想边界，要求被测要素的实际轮廓不能超出该边界，以判断其合格与否的原则。判断被测实体是否超越理想边界的有效方法是用功能量规检验。

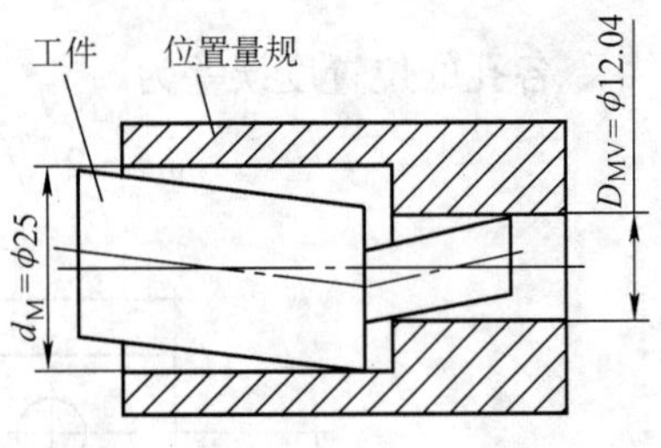

图 4-32 理想边界控制原则示例

图 4-32 所示为用功能量规检验零件同轴度误差的示例。

4.6.3 形位误差评定

1. 形状误差的评定

形位误差评定遵循最小条件原则。所谓最小条件，就是被测实际要素对其理想要素的最大变动量为最小，即包容被测实际要素的两理想要素所形成的包容区域为最小，简称为最小包容区域。最小包容区域的宽度或直径为形状误差。

如图 4-33 中，理想线可能的方向：A_1—B_1；A_2—B_2；A_3—B_3

相应的距离：h_1；h_2；h_3。在图中：$h_1<h_2<h_3$。

因此，理想线应选择符合最小条件的方向 A_1—B_1，h_1 必须小于或等于给定的公差值。

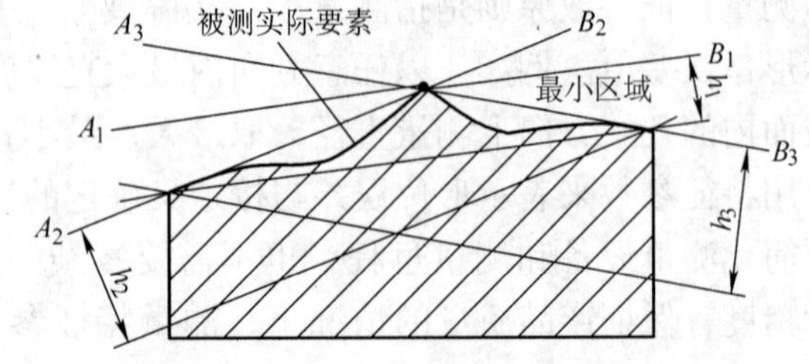

图 4-33 最小条件下直线度误差的评定

形状误差值评定时，检测标准规定，以被测实际要素与其理想要素比较，符合最小条件的包容区域（最小区域）的宽度或直径作为被测实际要素的形状误差值，如图 4-34 所示的最小宽度 t 或直径 ϕt。各误差项目包容区的形状和各自的公差带形状一致，但其宽度或直径由被测实际要素本身确定。

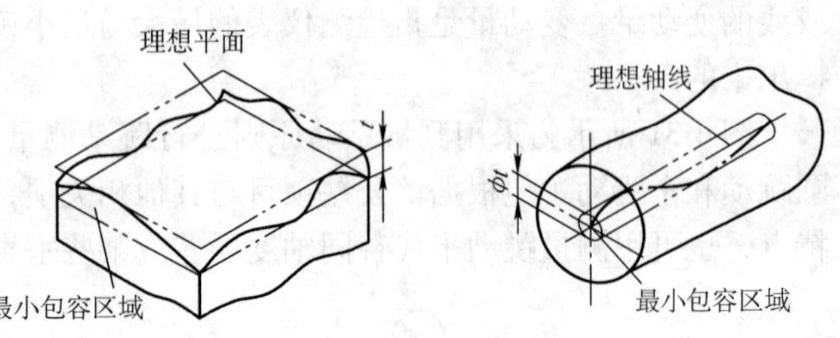

图 4-34 形状误差值的评定

按最小条件评定的形状误差是唯一的最小值。因此，按最小条件评定形状误差，可以最大限度地通过合格件。

2. 位置误差的评定

判断位置误差的大小，常采用定向、定位最小包容区域去包容被测要素，该最小包容区域必须与基准保持给定的几何关系。最小包容区域的形状和各自公差带的形状一致，宽度和直径由被测实际要素本身确定。用最小区域的宽度或直径表示的位置误差值，可以直接与相应的公差值比较，从而判断被测实际要素的合格性。

习　题　4

4-1　形位公差有哪些项目？它们的符号各是什么？

4-2　什么是形位公差带？形位公差带和尺寸公差带有哪些区别？分析比较圆度与径向圆跳动、圆柱度与径向全跳动、端面对轴线的垂直度与端面全跳动两者公差带的异同。

4-3　解释说明图4-35所示曲轴上的形位公差代号的含义，指明各项形位公差要求的被测要素、基准要素以及公差带的四因素。

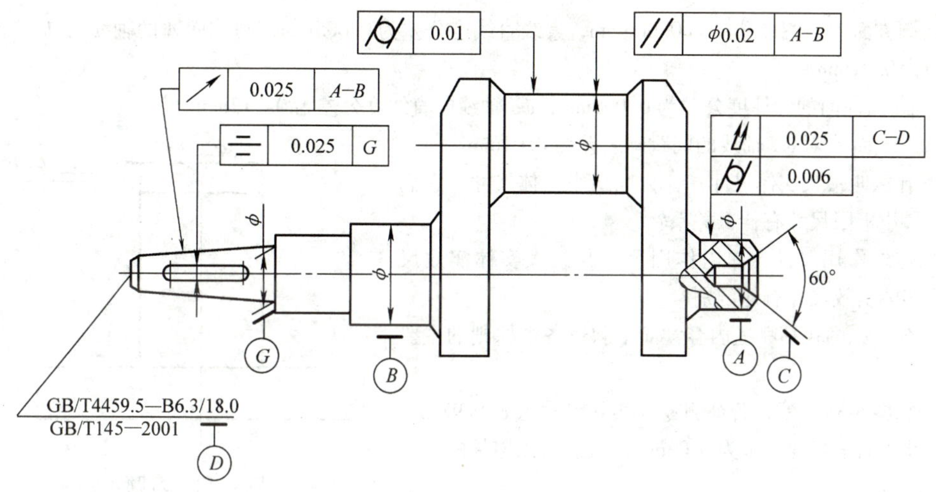

图4-35　习题4-3图

4-4　分析图4-36中形位公差的标注，找出错误并加以改正（不允许改变形位公差的特征项目）。

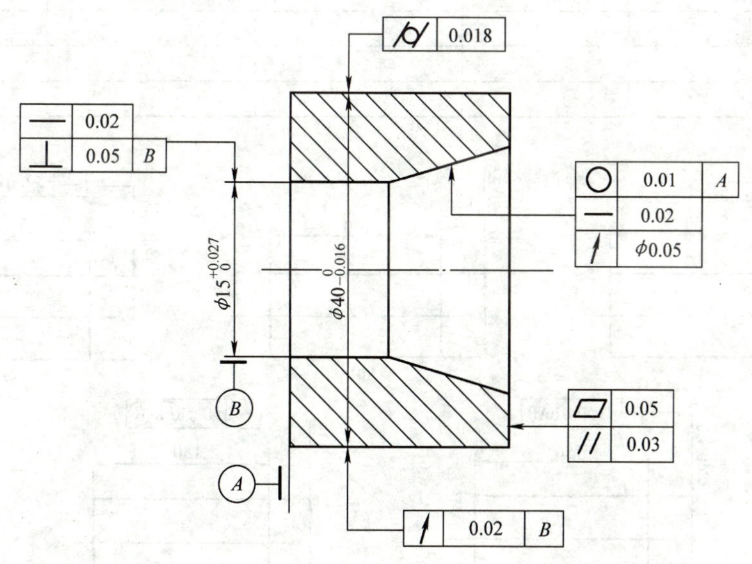

图4-36　习题4-4图

4-5　将下列各项形位公差要求标注到图4-37所示图样上。

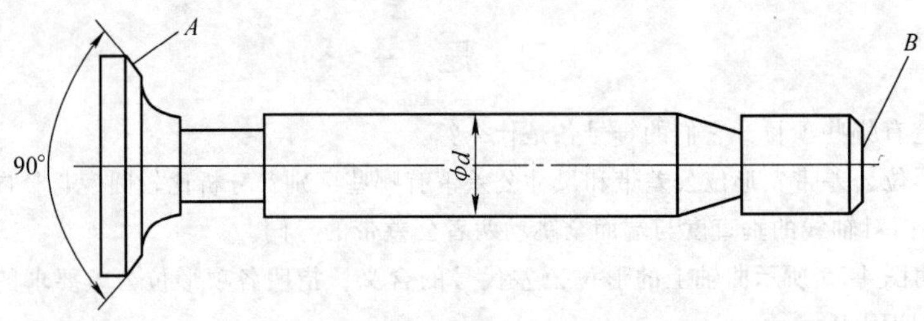

图 4-37 习题 4-5 图

（1）圆锥面 A 的圆度公差为 0.006mm，素线直线度公差为 0.005mm，圆锥面 A 的轴线对 ϕd 轴线的同轴度公差为 0.01mm。

（2）ϕd 圆柱面的圆柱度公差为 0.008mm，ϕd 轴线的直线度公差为 0.012mm。

（3）右端面 B 对 ϕd 轴线的圆跳动公差为 0.01mm。

4-6 什么叫最大实体尺寸？什么叫最小实体尺寸？它们与最大、最小极限尺寸有什么关系？

4-7 体外作用尺寸、体内作用尺寸与最大实体实效尺寸、最小实体实效尺寸有何区别？

4-8 公差原则包括哪些内容？简单叙述各个原则的主要内容。

4-9 如图 4-38 所示，若被测零件实际尺寸为 ϕ19.97mm，轴线对基准 A 的垂直度误差为 0.09mm，试判断该零件的合格性并说明理由。

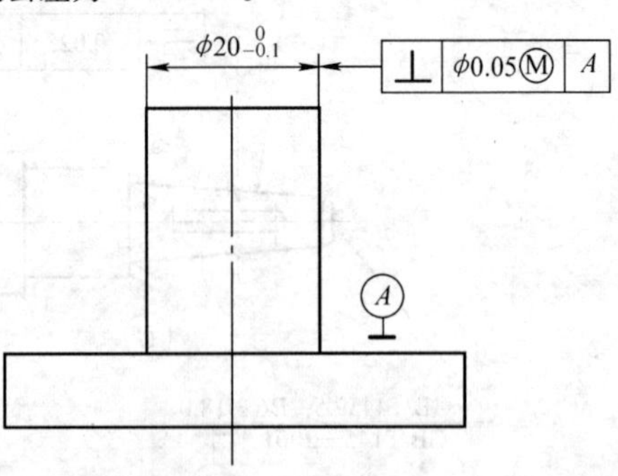

图 4-38 习题 4-9 图

4-10 根据图 4-39 所示五个图样的标注，填写下表。其中，遵守相关要求的要画出动态公差图。

图　　号	采用公差原则	边界、边界尺寸	给定的形位公差	允许的最大形位误差	实际尺寸的合格范围
a					
b					
c					
d					
e					

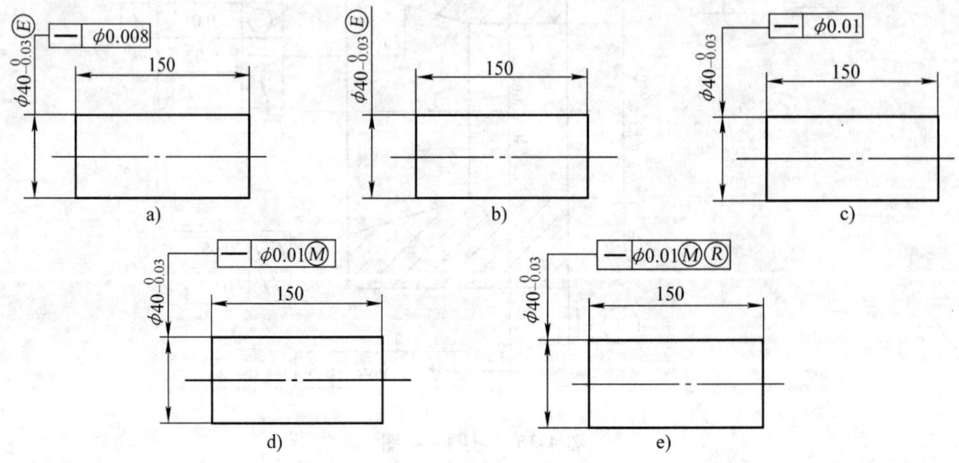

图 4-39 习题 4-10 图

第 5 章　表面粗糙度及测量

5.1　概述

5.1.1　表面粗糙度的定义

经过机械加工或用其他方法加工获得的零件表面，总是存在着宏观和微观的几何形状误差。微观几何形状误差，即微小的峰谷高低程度及其间距状况称为表面粗糙度，如图 5-1 所示。

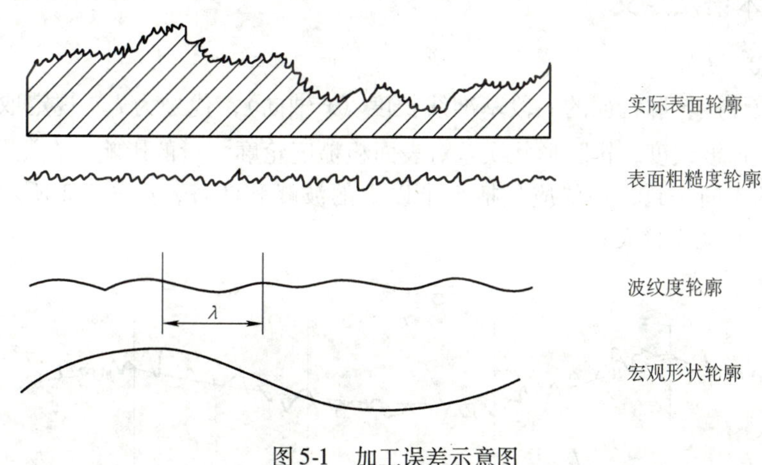

图 5-1　加工误差示意图

零件加工表面形成的几何形状误差除表面粗糙度外，还有宏观形状误差和表面波纹度误差。通常，按相邻两波峰或两波谷的波距来划分，波距大于 10mm 的属于形状误差；波距小于 1mm 的属于表面粗糙度；波距介于 1 ~ 10mm 之间的属于表面波纹度误差。

5.1.2　表面粗糙度对零件性能的影响

1. 对配合性质的影响

对间隙配合而言，表面粗糙则易于磨损，使间隙很快增大，乃至破坏配合性质。对过盈配合而言，表面粗糙会减小实际有效过盈，降低连接强度。

2. 对耐磨性的影响

相互接触的表面由于存在几何形状误差，只能在轮廓峰顶处接触，实际有效接触面积减小，导致单位面积上压力增大，表面磨损加剧。

3. 对耐蚀性的影响

表面越粗糙，则积聚在零件表面上的腐蚀性气体或液体也越多，而且会通过表面的微观凹谷向零件表面层渗透，使腐蚀加剧。

4. 对强度的影响

零件表面越粗糙，则对应力集中越敏感，特别是在交变载荷的作用下，影响更大。

此外，表面粗糙度对结合面的密封性和零件的外观等也有一定的影响。因此为保证零件的使用性能和互换性，在设计零件几何精度时必须提出合理的表面粗糙度要求。

我国现行的表面粗糙度标准主要有：GB/T 3505—2000《产品几何技术规范　表面结构　轮廓法　表面结构的术语、定义及参数》、GB/T 1031—1995《表面粗糙度　参数及其数值》、GB/T 131—2006《产品几何技术规范（GPS）技术产品文件中表面结构的表示法》。

5.2　表面粗糙度的评定

零件加工后的表面粗糙度轮廓是否符合要求，应由测量和评定它的结果来确定。测量和评定表面粗糙度轮廓时，应规定取样长度、评定长度、中线和评定参数。

5.2.1　基本术语及定义

1. 取样长度（l_r）

用于判别被评定轮廓特征的一段基准线长度（x 轴向），代号为 l_r。规定取样长度是为了限制或减弱表面波纹度，排除形状误差对表面粗糙度轮廓测量的影响。在测量时，x 轴的方向与轮廓总的走向一致，一般应包括 5 个以上的波峰和波谷，如图 5-2 所示。表面越粗糙，则取样长度 l_r 就应越大。

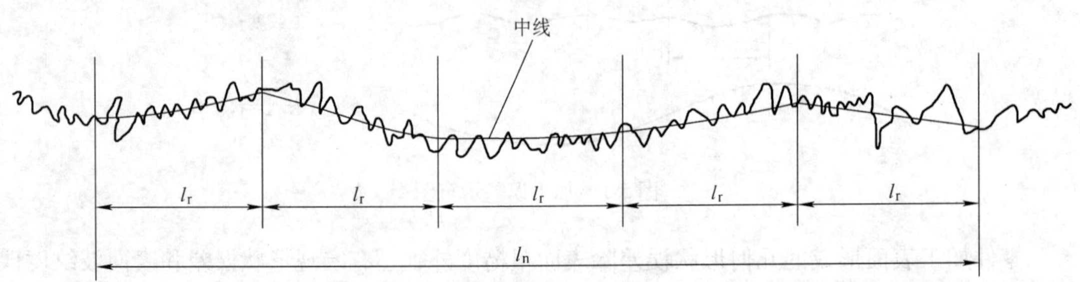

图 5-2　取样长度和评定长度

2. 评定长度（l_n）

评定长度是用于判别被评定轮廓的 x 轴方向上的长度。它可以包括一个或多个取样长度，如图 5-2 所示。由于零件表面加工的不均匀性，在一个取样长度上往往不能合理地反映该表面的表面粗糙度特征，因此要取几个连续取样长度，一般取 $l_n=5l_r$。

取样长度和评定长度的数值见表 5-1。

表 5-1　l_r 和 l_n 的数值（摘自 GB/T 1031—1995）

R_a/μm	R_z/μm	l_r/mm	l_n/mm
≥0.008~0.02	≥0.025~0.10	0.08	0.4
>0.02~0.1	>0.10~0.50	0.25	1.25
>0.1~2.0	>0.50~10.0	0.8	4.0
>2.0~10.0	>10.0~50.0	2.5	12.5
>10.0~80.0	>50.0~320	8.0	40.0

3. 轮廓中线（m）

轮廓中线是具有几何轮廓形状并划分轮廓的基准线。以中线为基础来计算各种评定参数的数值。轮廓中线有以下两种：

（1）轮廓的最小二乘中线　轮廓的最小二乘中线如图5-3所示。在一个取样长度 l_r 范围内，最小二乘中线使轮廓上各点至该线的距离的平方和为最小，即 $\int_0^{l_r} Z^2 \mathrm{d}x = \min$。

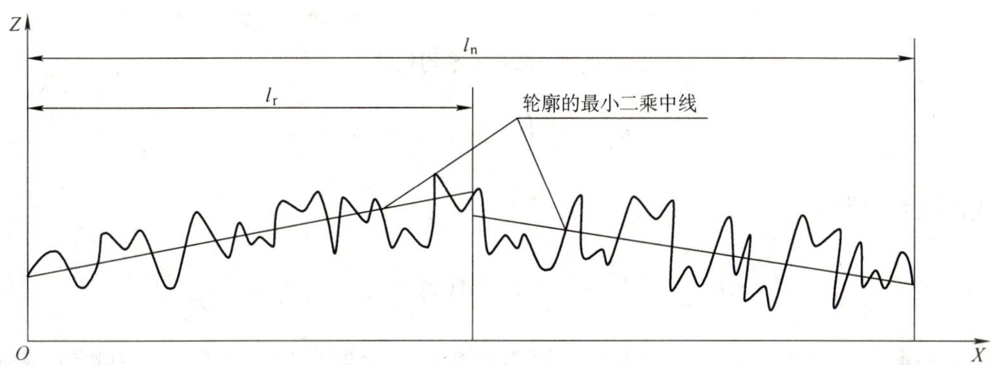

图5-3　轮廓的最小二乘中线

（2）轮廓的算术平均中线　轮廓的算术平均中线如图5-4所示。在一个取样长度 l_r 范围内，算术平均中线与轮廓走向一致，并划分轮廓为上、下两部分，使上部分的各个面积之和等于下部分的各个面积之和，即 $\sum_{i=1}^{n} F_i = \sum_{i=1}^{n} F'_i$。

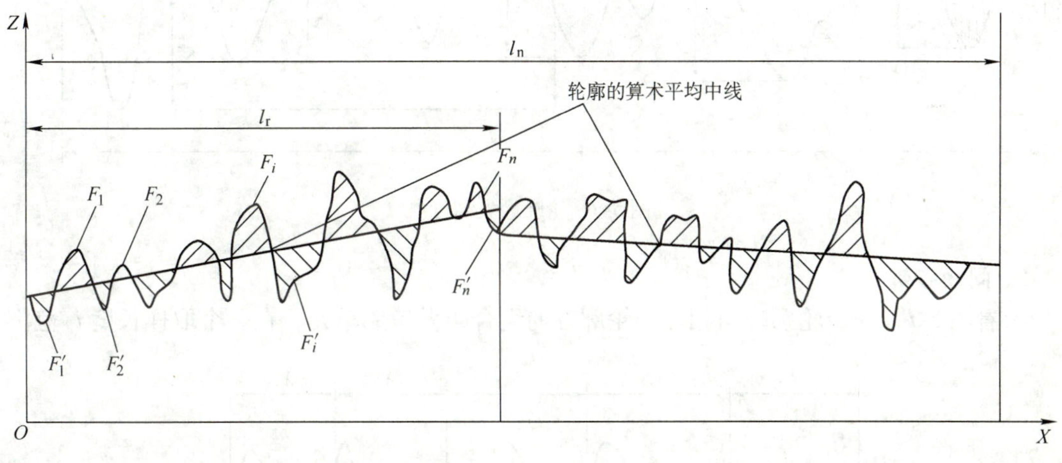

图5-4　轮廓的算术平均中线

5.2.2　评定参数

1. 幅度参数

（1）轮廓算术平均偏差（R_a）　轮廓算术平均偏差是指在一个取样长度 l_r 内，轮廓偏距 $Z(x)$ 绝对值的算术平均值，如图5-5所示，用公式表示为

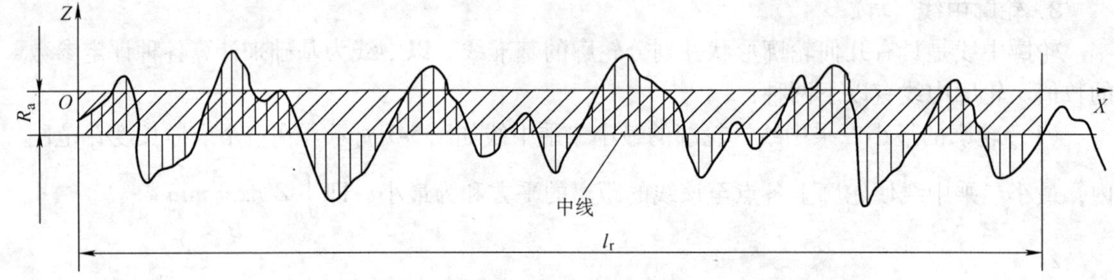

图 5-5　轮廓算术平均偏差

$$R_a = \frac{1}{l_r}\int_0^{l_r} |Z(x)| \, dx \tag{5-1}$$

或近似表示为

$$R_a = \frac{1}{n}\sum_{i=1}^{n} |Z(x_i)| \tag{5-2}$$

（2）轮廓最大高度（R_z）　轮廓最大高度是指在一个取样长度 l_r 内，轮廓峰顶线和轮廓谷底线之间的距离，如图 5-6 所示。

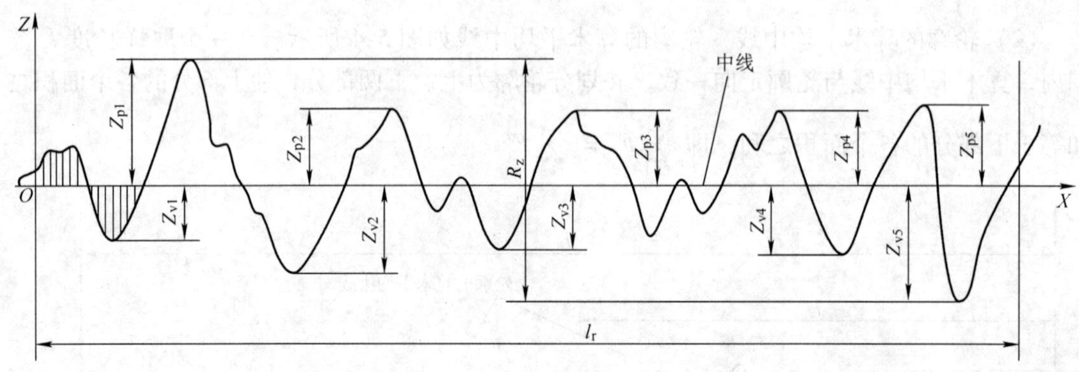

图 5-6　轮廓最大高度

2. 间距参数

参看图 5-7，一个轮廓峰与相邻的轮廓谷的组合叫做轮廓单元，在一个取样长度 l_r 范围

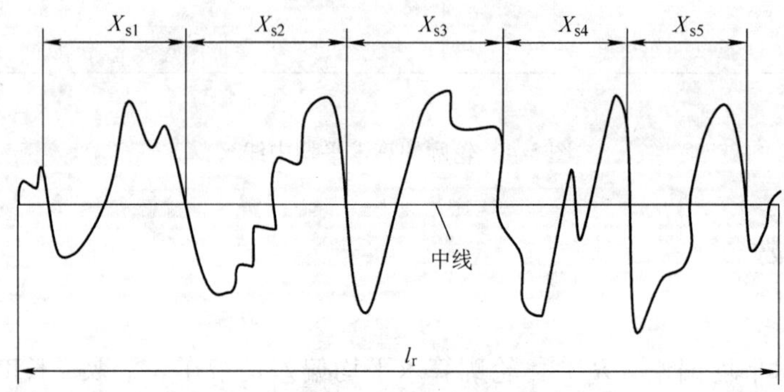

图 5-7　轮廓单元宽度

内，中线与各个轮廓单元相交线段的长度叫做轮廓单元的宽度，用符号 X_{si} 表示。

轮廓单元的平均宽度是指在一个取样长度 l_r 范围内所有轮廓单元的宽度 X_{si} 的平均值，用符号 RS_m 表示，即

$$RS_m = \frac{1}{m}\sum_{i=1}^{m} X_{si} \tag{5-3}$$

3. 形状特性参数

轮廓支承长度率（R_{mr}（c））：在给定水平位置 c 上，轮廓的实体材料长度 Ml（c）与评定长度 l_n 的比率，用公式表示为

$$R_{mr}(c) = \frac{Ml(c)}{l_n} = \frac{1}{l_n}\sum_{i=1}^{n} b_i \tag{5-4}$$

轮廓的实体材料长度 $Ml(c)$，是指评定长度内，一平行于 x 轴的直线从峰顶线向下移一水平截距 c 时，与轮廓相截所得各段截线长度之和。

$R_{mr}(c)$值是对应于不同水平截距 c 而给出的。水平截距 c 是从峰项开始计算的，它可用 μm 或 R_z 的百分数表示。如图 5-8 所示，给出 $R_{mr}(c)$参数时，必须同时给出轮廓水平截距 c 值。

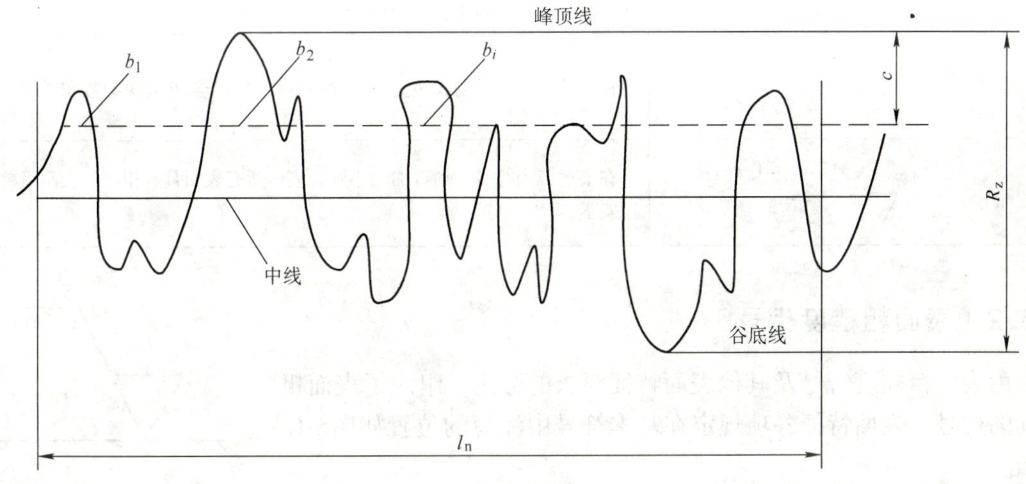

图 5-8　轮廓支承长度率

5.3　表面粗糙度的标注

图样上给定的表面特征代（符）号是对完工后表面的要求。国家标准 GB/T 131—2006 对表面粗糙度的符号、代号及其标注做了规定。

5.3.1　表面粗糙度符号

表面粗糙度基本符号的画法如图 5-9 所示。表面粗糙度符号及意义见表 5-2。

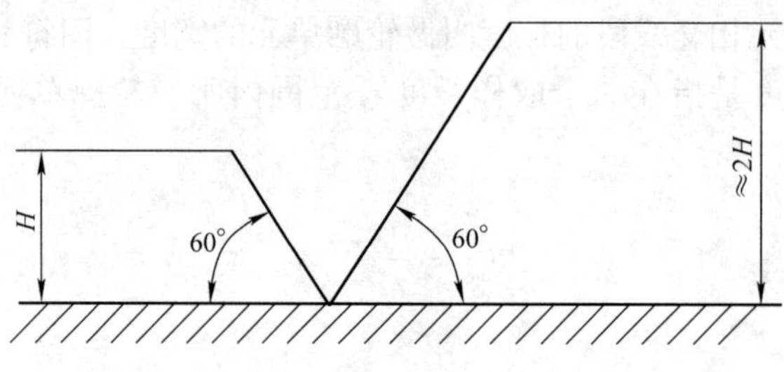

图 5-9　基本符号

表 5-2　表面粗糙度的符号（摘自 GB/T 131—2006）

符　号	意义及说明
	基本符号，表示表面可用任何加工方法获得。当不加注粗糙度参数值或有关说明（例如：表面处理、局部热处理状况等）时，仅适用于简化代号标注
	基本符号加一短划，表示表面是用去除材料的方法获得。例如：车、铣、钻、磨、剪切、抛光、腐蚀、电火花加工、气割等
	基本符号加一小圆，表示表面是用不去除材料的方法获得。例如：铸、锻、冲压变形、热轧、冷轧、粉末冶金等。或者是用于保持原供应状况的表面（保持上道工序的状况）
	在上述三个符号的长边上均可加一横线，用于标注有关参数和说明
	在上述三个符号上均可加一小圆，表示所有表面具有相同的表面粗糙度要求

5.3.2　表面粗糙度代号

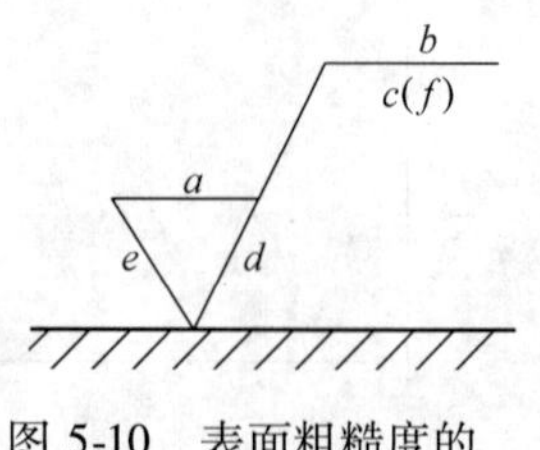

图 5-10　表面粗糙度的代（符）号标注位置

由表面粗糙度符号及其他表面特征要求的标注，组成了表面粗糙度的代号。表面特征各项规定在基本符号中注写的位置如图5-10所示。

图中各符号表示：

a——表面粗糙度幅度参数允许值（μm）；

b——加工方法，涂镀或其他表面处理；

c——取样长度（mm）；

d——加工纹理方向符号；

e——加工余量（mm）；

f——粗糙度间距参数值（mm）或支承长度率（%）。

1. 幅度参数的标注

表面粗糙度幅度参数的标注及其意义示例见表 5-3。当选用幅度参数 R_a 时，只需在代号中标出其参数，参数值前可不标参数代号；当选用 R_z 时，参数代号和参数值均应标出。

2. 间距、形状特征参数的标注

表面粗糙度间距、形状特征参数 RS_m 或 $R_{mr}(c)$ 应标注在符号长边的横线下面，数值写在相应代号的后面。图 5-11 给出了附加评定参数的标注示例。其中：图 5-11a 是 RS_m 上限值的标注；图 5-11b 是 RS_m 最大值的标注；图 5-11c 是 $R_{mr}(c)$ 的标注，$R_{mr}(c)$ 的下限值为 70%，水平位置 C 在 R_z 的 50% 位置上；图 5-11d 图是 $R_{mr}(c)$ 最小值的标注。

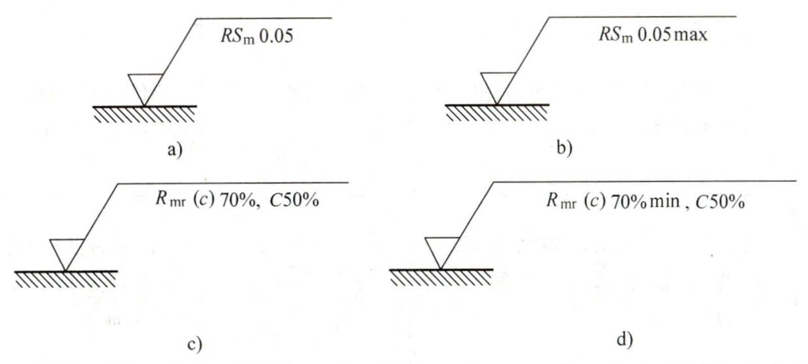

图 5-11　间距、形状特征参数标注示例

3. 表面粗糙度的其他要求的标注

如果未按照国家标准推荐值选取取样长度，则非标准的取样长度应标注在符号长边的横线下方，如图 5-12a 所示，图中标注取样长度为 2.5mm。

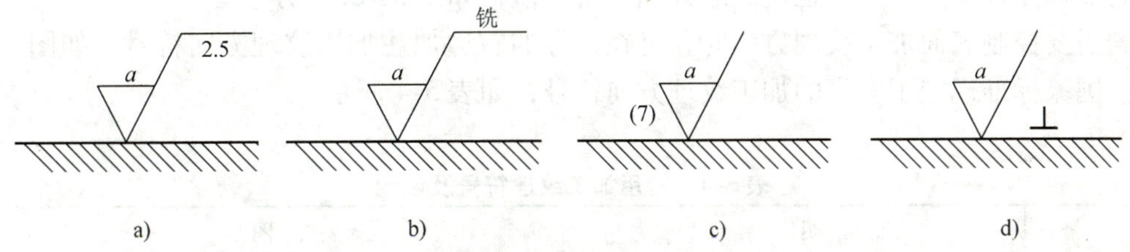

图 5-12　表面粗糙度的其他要求标注

表 5-3　表面粗糙度幅度参数标注示例

代　号	意　义	代　号	意　义
3.2	用任何方法获得的表面，R_a 的上限值为 3.2μm	3.2max	用任何方法获得的表面，R_a 的最大值为 3.2μm
3.2	用去除材料方法获得的表面，R_a 的上限值为 3.2μm	3.2max	用去除材料方法获得的表面，R_a 的最大值为 3.2μm
3.2	用不去除材料方法获得的表面，R_a 的上限值为 3.2μm	3.2max	用不去除材料方法获得的表面，R_a 的最大值为 3.2μm

（续）

代　号	意　义	代　号	意　义
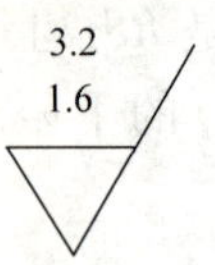 3.2 1.6	用去除材料方法获得的表面，R_a 的上限值为 3.2μm，R_a 的下限值为 1.6μm	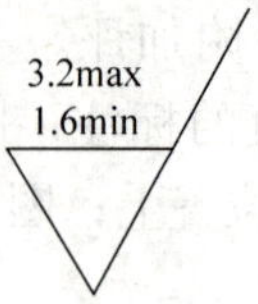 3.2max 1.6min	用去除材料方法获得的表面，R_a 的最大值为 3.2μm，R_a 的最小值为 1.6μm
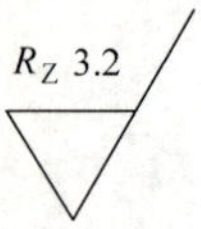 R_Z 3.2	用去除材料方法获得的表面，R_z 的上限值为 3.2μm	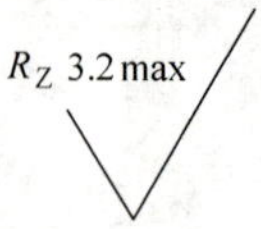 R_Z 3.2max	用任何方法获得的表面，R_z 的最大值为 3.2μm
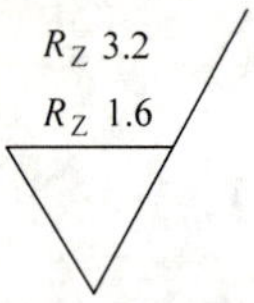 R_Z 3.2 R_Z 1.6	用去除材料方法获得的表面，R_z 的上限值为 3.2μm，R_z 的下限值为 1.6μm	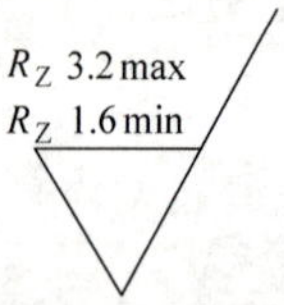 R_Z 3.2max R_Z 1.6min	用去除材料方法获得的表面，R_z 的最大值为 3.2μm，R_z 的最小值为 1.6μm

注：表面粗糙度参数的“上限值”（或“下限值”）和“最大值”（或“最小值”）的含义是不同的。“上限值”（或“下限值”）表示表面粗糙度参数的所有实测值中允许 16% 测得值超过规定值；“最大值”（或“最小值”）表示所有实测值不得超过规定值。

若某表面粗糙度要求由指定的加工方法得到时，可用文字标注在符号长边的横线上面，如图 5-12b 所示。

若需标注加工余量，可在规定之处加注余量值，如图 5-12c 所示。

若需要控制表面加工纹理方向时，可在符号的右边加注加工纹理方向符号，如图 5-12d 所示。国家标准规定了常见的加工纹理方向符号，如表 5-4 所示。

表 5-4　常用加工纹理符号及说明

符　号	说　明	示意图
=	纹理平行于标注代号的视图的投影面	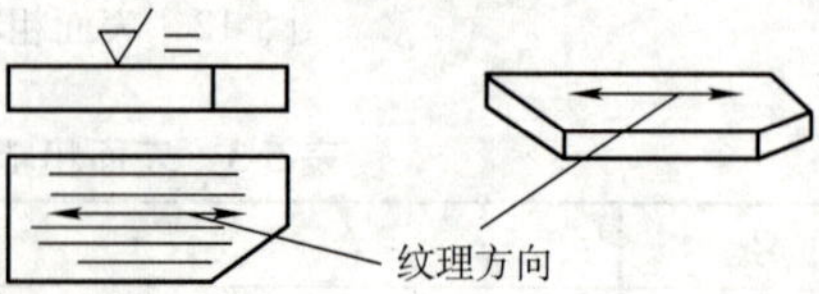 = 纹理方向
⊥	纹理垂直于标注代号的视图的投影面	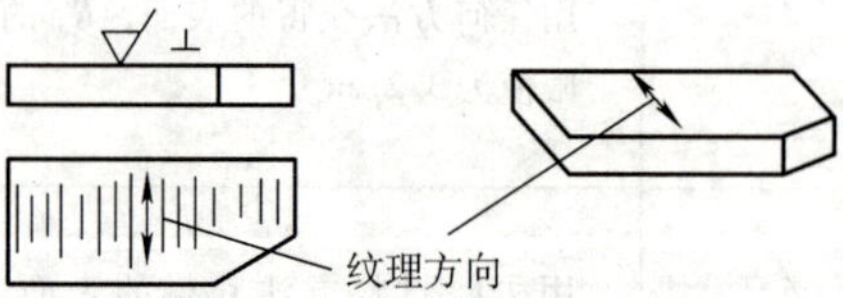 ⊥ 纹理方向
X	纹理呈两相交的方向	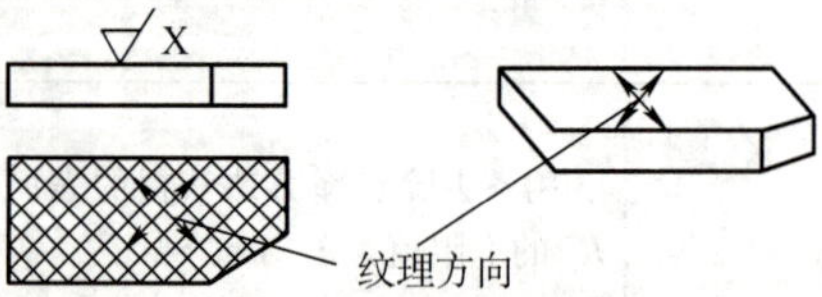 X 纹理方向

（续）

符　号	说　明	示 意 图
M	纹理呈多方向	
C	纹理呈近似同心圆	
R	纹理呈近似放射形	
P	纹理无方向或凸起的细粒状	

5.3.3　表面粗糙度在图样上的标注

表面粗糙度符号、代号一般标注在可见轮廓线、尺寸界线、引出线或它们的延长线上。符号的尖端必须从材料外指向被注表面。图 5-13 是表面粗糙度要求在图样上的标注示例。图 5-14 是表面粗糙度代号在不同位置表面上的标注方法。常见的零件表面的表面粗糙度标注示例及表面粗糙度的简化标注方法示例见图 5-15。

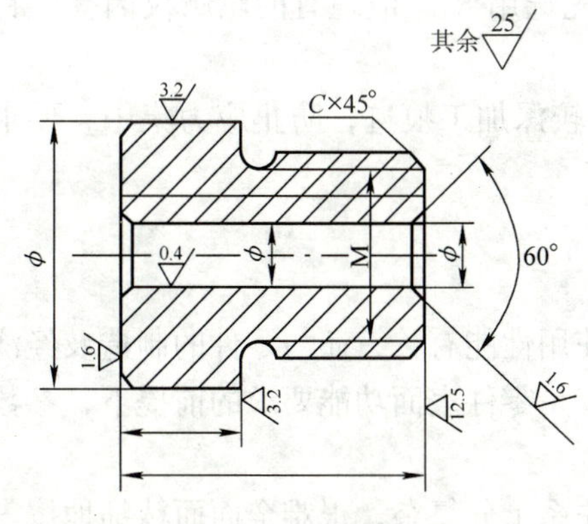

图 5-13　表面粗糙度在图样上的标注示例

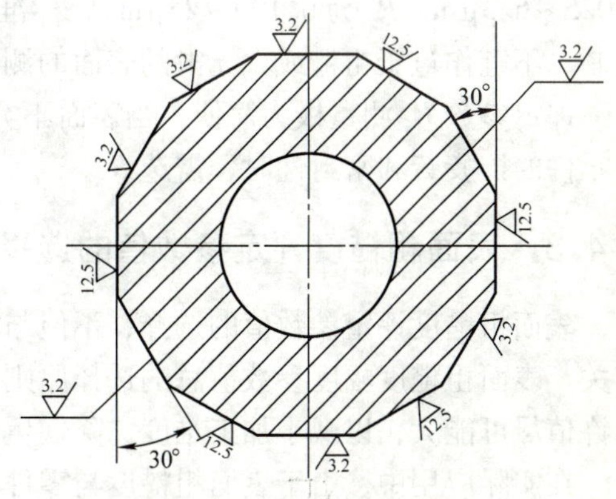

图 5-14　表面粗糙度代号注法

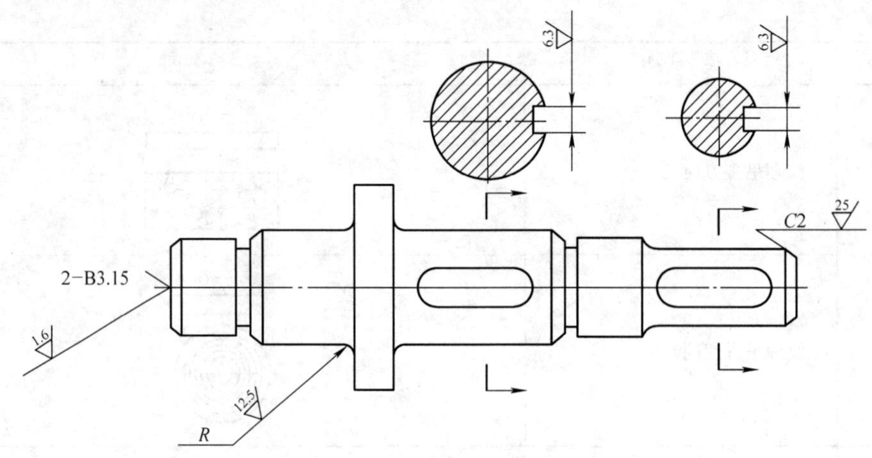

图 5-15 中心孔、圆角、倒角的表面粗糙度代号简化标注

5.4 表面粗糙度参数的选择

5.4.1 表面粗糙度技术要求的内容

规定表面粗糙度轮廓的技术要求时，必须给出表面粗糙度轮廓幅度参数及其允许值和测量时的取样长度值这两项基本要求，必要时可规定轮廓其他的评定参数、表面加工纹理方向、加工方法或加工余量等附加要求。如果采用标准取样长度，则在图样上可以省略标注取样长度值。

5.4.2 表面粗糙度评定参数的选择

在机械零件精度设计中，通常只给出幅度参数 R_a 或 R_z 及其允许值，根据功能需要，可附加选用间距参数或其他的评定参数及相应的允许值。

评定参数 R_a 较能客观地反映表面微观几何形状的特征，而且所用测量仪器（轮廓仪）的测量方法比较简单，能连续测量，测量的效率高。因此，在常用的参数值范围内（R_a 为 0.025 ~ 6.3μm，R_z 为 0.100 ~ 25μm），标准推荐优先选用 R_a。但现有的轮廓仪因受触针的限制，不宜作过于粗糙或太光滑的表面的测量。

评定参数 R_z 测量极为简便，当表面不允许出现较深加工痕迹，防止应力集中，要求保证零件的抗疲劳和密封性时，需选 R_z。

5.4.3 表面粗糙度评定参数值的选择

表面粗糙度评定参数值的选择，不但与零件的使用性能有关，还与零件的制造及经济性有关。表面粗糙度幅度参数值总的选择原则是：在满足零件表面功能要求的前提下，参数的允许值尽可能大，以减小加工难度，降低生产成本。

在实际应用中，由于表面粗糙度与零件的功能关系十分复杂，很难全面而精细地按零件表面功能要求来准确地确定表面粗糙度评定参数值，所以，多采用类比法确定零件表面的评定参数值。采用类比法确定表面粗糙度评定参数值的一般原则如下：

1）同一零件上，工作表面的粗糙度值应比非工作表面小。

2）摩擦表面比非摩擦表面、滚动摩擦表面比滑动摩擦表面的表面粗糙度值小。

3）相对运动速度高、单位面积压力大、受交变载荷的零件表面，以及最易产生应力集中的部位（如圆角、沟槽等），表面粗糙度值应小。

4）对于要求配合性质稳定的小间隙配合和承受重载荷的过盈配合，它们的孔、轴的表面粗糙度值应小些。

5）表面粗糙度参数值应与尺寸公差及形位公差协调。一般来说，尺寸公差和形位公差小的表面，其粗糙度数值也应小。在设计时可参考表5-5所列的比例关系来确定。

表5-5 表面粗糙度参数值与尺寸公差值、形状公差值的一般关系

形状公差 t 约占尺寸公差 T 的百分比 t/T(%)	表面粗糙度参数值占尺寸公差百分比	
	R_a/T(%)	R_z/T(%)
约60	≤5	≤30
约40	≤2.5	≤15
约25	≤1.2	≤7

6）对于耐蚀性、密封性要求高的表面以及要求外表美观的表面，其粗糙度数值应小。此外，还应考虑其他一些特殊因素和要求。表5-6为应用举例，可供参考。

表5-6 表面粗糙度的表面特征、经济加工方法及应用举例

表面微观特性		R_a/μm	加工方法	应用举例
粗糙表面	微见刀痕	≤20	粗车、粗刨、粗铣、钻、毛锉、锯断	半成品粗加工过的表面，非配合的加工表面，如轴端面、倒角、钻孔、齿轮及带轮侧面、键槽底面、垫圈接触面等
半光表面	微见加工痕迹	≤10	车、刨、铣、镗、钻、粗铰	轴上不安装轴承、齿轮处的非配合表面，紧固件的自由装配表面，轴和孔的退刀槽等
	微见加工痕迹	≤5	车、刨、铣、镗、磨、拉、粗刮、滚压	半精加工表面，箱体、支架、盖面、套筒等和其他零件结合而无配合要求的表面，需要发蓝的表面等
	看不清加工痕迹	≤2.5	车、刨、铣、镗、磨、拉、刮、滚压、铣齿	接近于精加工表面，箱体上安装轴承的镗孔表面，齿轮的工作面
光表面	可辩加工痕迹方向	≤1.25	车、镗、磨、拉、刮、精铰、磨齿、滚压	圆柱销、圆锥销，与滚动轴承配合的表面，普通车床导轨面，内、外花键定心表面等
	微辩加工痕迹方向	≤0.63	精铰、精镗、磨、刮、滚压	要求配合性质稳定的配合表面，工作时受交变应力的重要零件，较高精度车床的导轨面
	不可辩加工痕迹方向	≤0.32	精磨、珩磨、研磨、超精加工	精密机床主轴锥孔、顶尖圆锥面，发动机曲轴、齿轮轴工作面，高精度齿轮齿面

（续）

表面微观特性		R_a/μm	加工方法	应用举例
极光表面	暗光泽面	≤0.16	精磨、研磨、普通抛光	精密机床主轴颈表面，一般量规工作表面，气缸套内表面，活塞销表面等
	亮光泽面	≤0.08	超精磨、精抛光、镜面磨削	精密机床主轴颈表面，滚动轴承的滚珠，高压油泵中柱塞和柱塞套配合的表面
	镜状光泽面	≤0.04		
	镜面	≤0.01	镜面磨削、超精研	高精度量仪、量块的工作表面，光学仪器中的金属镜面

5.5 表面粗糙度的测量

5.5.1 比较法

比较法是指将被测表面与已知高度特征参数值的粗糙度样板相比较，从而判断表面粗糙度的一种检测方法。

比较时，可用肉眼观察、手动触摸，也可借助显微镜、放大镜。所用粗糙度样板的材料、形状及加工方法尽可能与被测表面一致。

比较法简单易行，适用于车间使用。缺点是评定结果的可靠性很大程度上取决于检测人员的经验。比较法仅适用于评定表面粗糙度要求不高的工件。

5.5.2 光切法

光切法是利用光切原理，即光的反射原理测量表面粗糙度的一种方法。常用的仪器是光切显微镜（双管显微镜），该仪器适宜测量车、铣、刨或其他类似加工方法所加工的零件平面或外圆表面。光切法主要用来测量粗糙度参数 R_z 的值，其测量范围为 0.8 ~ 50μm。

如图 5-16 所示，显微镜有两个光管，一个为照明管，另一个为观测管，两管轴线互成

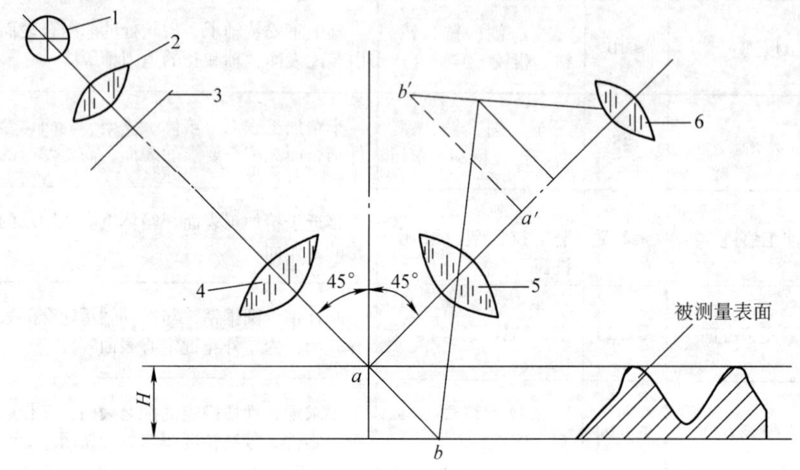

图 5-16 双管显微镜的测量原理

1—光源 2—聚光镜 3—光栏（窄缝） 4，5—透镜 6—目镜

90°。在照明管中，由光源1发出的光线经过聚光镜2、光栏（窄缝）3及透镜4后，以一定的角度（45°）投射到被测表面上，形成窄长光带。通过观测管（管内装有透镜5和目镜6）进行观察。若被测表面粗糙不平，光带就弯曲。设表面微观不平度的高度为 H，则光带弯曲高度为 $ab = H/\cos 45°$；而从目镜中看到的光带弯曲高度 $a'b' = KH/\cos 45°$（式中，K 为观测管的放大倍数）。

5.5.3　干涉法

干涉法是利用光波的干涉原理测量表面粗糙度的方法。常用的仪器是干涉显微镜，适宜用来测量粗糙度参数 R_z，测量范围为0.05～0.08μm。

5.5.4　针描法

针描法是利用仪器的触针在被测表面上轻轻划过，被测表面的微观不平度将使触针作垂直方向的位移，再通过传感器将位移量转换成电量，经信号放大后送入计算机，在显示器上显示出被测表面粗糙度的评定参数值。也可由记录器绘制出被测表面轮廓的误差图形。

按针描法原理设计制造的表面粗糙度测量仪器通常称为轮廓仪。根据转换原理的不同，可以有电感式轮廓仪、电容式轮廓仪、电压式轮廓仪等。轮廓仪可测 R_a、R_z、RS_m 及 $R_{mr}(c)$ 等多个参数。

习　题　5

5-1　什么是表面粗糙度？它与形状误差和表面波纹度误差有何区别？

5-2　表面粗糙度对零件使用性能有哪些影响？

5-3　为什么要规定取样长度和评定长度？两者之间的关系如何？

5-4　如图5-17所示零件的各加工面均由去除材料方法获得，将下列要求标注在图样上。

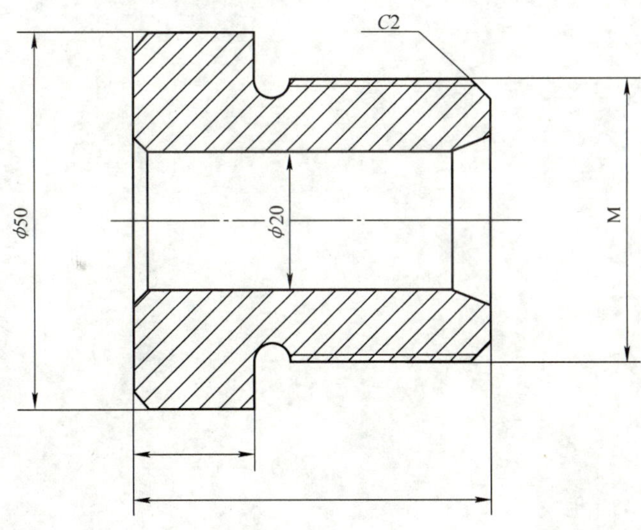

图5-17　习题5-4图

（1）直径为 $\phi 50$ 的圆柱外表面粗糙度 R_a 的上限值为3.2μm。

（2）左端面的表面粗糙度 R_a 的上限值为1.6μm。

（3）直径为 ϕ50 的圆柱的右端面的表面粗糙度 R_a 的上限值为 3.2μm。

（4）直径为 ϕ20 的内孔表面粗糙度 R_z 的上限值为 0.8μm，下限值为 0.4μm。

（5）螺纹工作面的表面粗糙度 R_a 的最大值为 1.6μm，最小值为 0.8μm。

（6）其余各加工面的表面粗糙度 R_a 的上限值为 25μm。

第 6 章　光滑极限量规

对于采用包容要求的孔和轴，它们的实际尺寸和形状误差的综合结果应使用光滑极限量规检验。光滑极限量规结构简单、使用方便、省时可靠，并能保证互换性，因此，在机械制造大批量生产中得到广泛应用。我国发布的相关国家标准有 GB/T 1957—1981《光滑极限量规》及 GB6322—1986《光滑极限量规型式和尺寸》，本章将予以介绍。

6.1　概述

6.1.1　量规的作用

量规是一种无刻度定值专用量具，用它来检验工件时，只能判断工件是否在允许的极限尺寸范围内，而不能测出工件的实际尺寸。检验孔用的量规称为塞规，如图 6-1a 所示；检验轴用的量规称为卡规（或环规），如图 6-1b 所示。

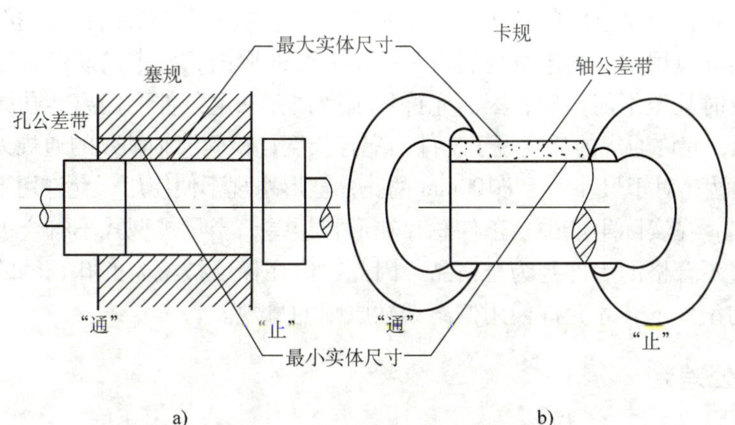

图 6-1　用量规检验孔和轴
a）塞规　b）卡规

孔用塞规和轴用卡规均由通端量规（通规）和止端量规（止规）成对组成，以分别检验孔和轴的体外作用尺寸与实际尺寸是否在极限尺寸的范围内。检验工件时，只要通规能通过且止规不能通过，即可判断工件合格；否则就不合格。

6.1.2　量规的种类

量规按其用途不同分为工作量规、验收量规和校对量规。

（1）工作量规　工作量规是生产过程中操作者检验工件时所使用的量规。通规用代号“T”表示，止规用代号“Z”表示。

（2）验收量规　验收量规是验收工件时检验人员或用户代表所使用的量规。验收量规一般不需要另行制造，它是从磨损较多，但未超过磨损极限的工作量规中挑选出来的，验收量规的止规应接近工件的最小实体尺寸。这样，操作者用工作量规自检合格的工件，当检验员用验收量规验收时也一定合格。

（3）校对量规　校对量规是检验工作量规的量规。因为孔用工作量规便于用通用计量器具测量，故国标未规定校对量规，只对轴用工作量规规定了校对量规。

6.2 量规设计

6.2.1 量规的设计原理

设计量规应遵守泰勒原则（极限尺寸判断原则）。泰勒原则是指遵守包容要求的单一要素孔或轴的实际尺寸和形状误差综合形成的体外作用尺寸不允许超越最大实体尺寸，在孔或轴的任何位置上的实际尺寸不允许超越最小实体尺寸。

符合泰勒原则的量规尺寸、形状要求如下：

（1）量规的尺寸要求　通规按最大实体尺寸制造，止规按最小实体尺寸制造。

（2）量规的形状要求　通规用来控制工件的体外作用尺寸，它的测量面应是与孔或轴形状相对应的完整表面（即全形量规），且测量长度等于配合长度。止规用来控制工件的实际尺寸，它的测量面应是点状的（即不全形量规），止规表面与被测件是点接触。

在量规的实际应用中，由于量规制造和使用方面的原因，要求量规形状完全符合泰勒原则会有困难，有时甚至不能实现，因而允许量规型式在一定条件下偏离泰勒原则。例如：为了采用标准量规，允许通规的长度短于工件的配合长度；检验曲轴轴颈的通规无法用全形的环规，而用卡规代替；对于尺寸大于 ϕ100mm 的孔，全形塞规不便使用，允许用不全形塞规等。

但必须指出，在实际生产中，工件总存在形状误差，当量规型式不符合极限尺寸判断原则时，有可能将不合格的工件判为合格品，因此，应在保证被检验的孔、轴的形状误差不致影响配合性质的条件下，才允许使用偏离泰勒原则的量规。

6.2.2 量规公差带

量规虽然是一种精密的检验工具，它的制造精度要求比被检验工件高，但在制造时也不可避免地会产生误差，因此对量规也必须规定制造公差。

通规在使用过程中会经常通过工件而逐渐磨损，为了使通规具有一定的使用寿命，应留出适当的磨损储量，因此对通规应规定磨损极限，即将通规公差带从最大实体尺寸向工件公差带内缩一个距离；而止规通常不通过工件，所以不需要留磨损储量，故将止规公差带放在工件公差带内，紧靠最小实体尺寸处。校对量规也不需要留磨损储量。

（1）工作量规的公差带　国家标准 GB/T 1957—1981 规定量规的公差带不得超越工件的公差带，这样有利于防止误收，保证产品的质量与互换性。但有时会把一些合格的工件检验成不合格，实质上缩小了工件公差范围，提高了工件的制造精度。工作量规的公差带分布如图 6-2 所示。图中 T 为量规制造公差，Z 为位置要素（即通规制造公差带中心到工件最大实体尺寸之间的距离），T、Z 值取决于工件公差的大小。

国标规定的 T 值和 Z 值见表 6-1，通规的磨损极限尺寸等于工件的最大实体尺寸。

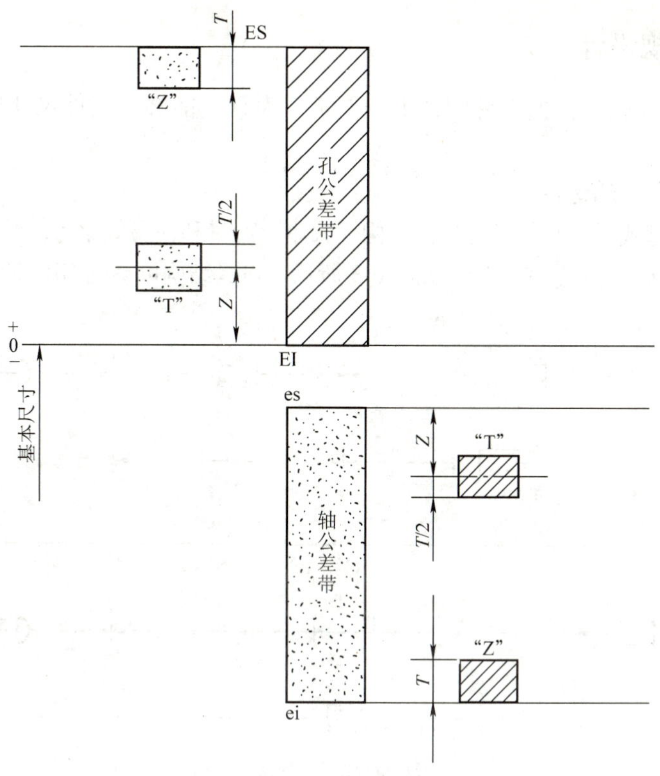

图 6-2 工作量规公差带

表 6-1 工作量规制造公差 *T* 和位置要素值 *Z*（摘自 GB/T 1957—1981）（单位：μm）

工件基本尺寸 D/mm	IT6			IT7			IT8			IT9			IT10			IT11		
	IT6	*T*	*Z*	IT7	*T*	*Z*	IT8	*T*	*Z*	IT9	*T*	*Z*	IT10	*T*	*Z*	IT11	*T*	*Z*
≤3	6	1	1	10	1.2	1.6	14	1.6	2	25	2	3	40	2.4	4	60	3	6
>3~6	8	1.2	1.4	12	1.4	2	18	2	2.6	30	2.4	4	48	3	5	75	4	8
>6~10	9	1.4	1.6	15	1.8	2.4	22	2.4	3.2	36	2.8	5	58	3.6	6	90	5	9
>10~18	11	1.6	2	18	2	2.8	27	2.8	4	43	3.4	6	70	4	8	110	6	11
>18~30	13	2	2.4	21	2.4	3.4	33	3.4	5	52	4	7	84	5	9	130	7	13
>30~50	16	2.4	2.8	25	3	4	39	4	6	62	5	8	100	6	11	160	8	16
>50~80	19	2.8	3.4	30	3.6	4.6	46	4.6	7	74	6	9	120	7	13	190	9	19
>80~120	22	3.2	3.8	35	4.2	5.4	54	5.4	8	87	7	10	140	8	15	220	10	22

（2）验收量规的公差带　国家标准中没有单独规定验收量规的公差带，但规定了检验部门应使用磨损较多的通规，用户代表应使用接近工件最大实体尺寸的通规，以及接近工件最小实体尺寸的止规。

（3）校对量规的公差带　GB/T 1957—1981 的附录中对校对量规的公差带作了规定，但由于校对量规精度高，制造困难，目前的测量技术在不断提高，因此在实际应用中逐步用量块来代替校对量规，在此不作介绍。

6.2.3 工作量规设计

工作量规的设计就是根据工件图样上的要求，设计出能够把工件尺寸控制在允许公差范围内的适用量规。

1. 工作量规型式的选择

选用量规结构型式时，必须考虑工件结构、大小、产量和检验效率等。量规型式及应用尺寸范围 GB/T 1957—1981 对此做了规定，如图 6-3 所示。量具结构可参阅 GB6322—1986 中的规定。

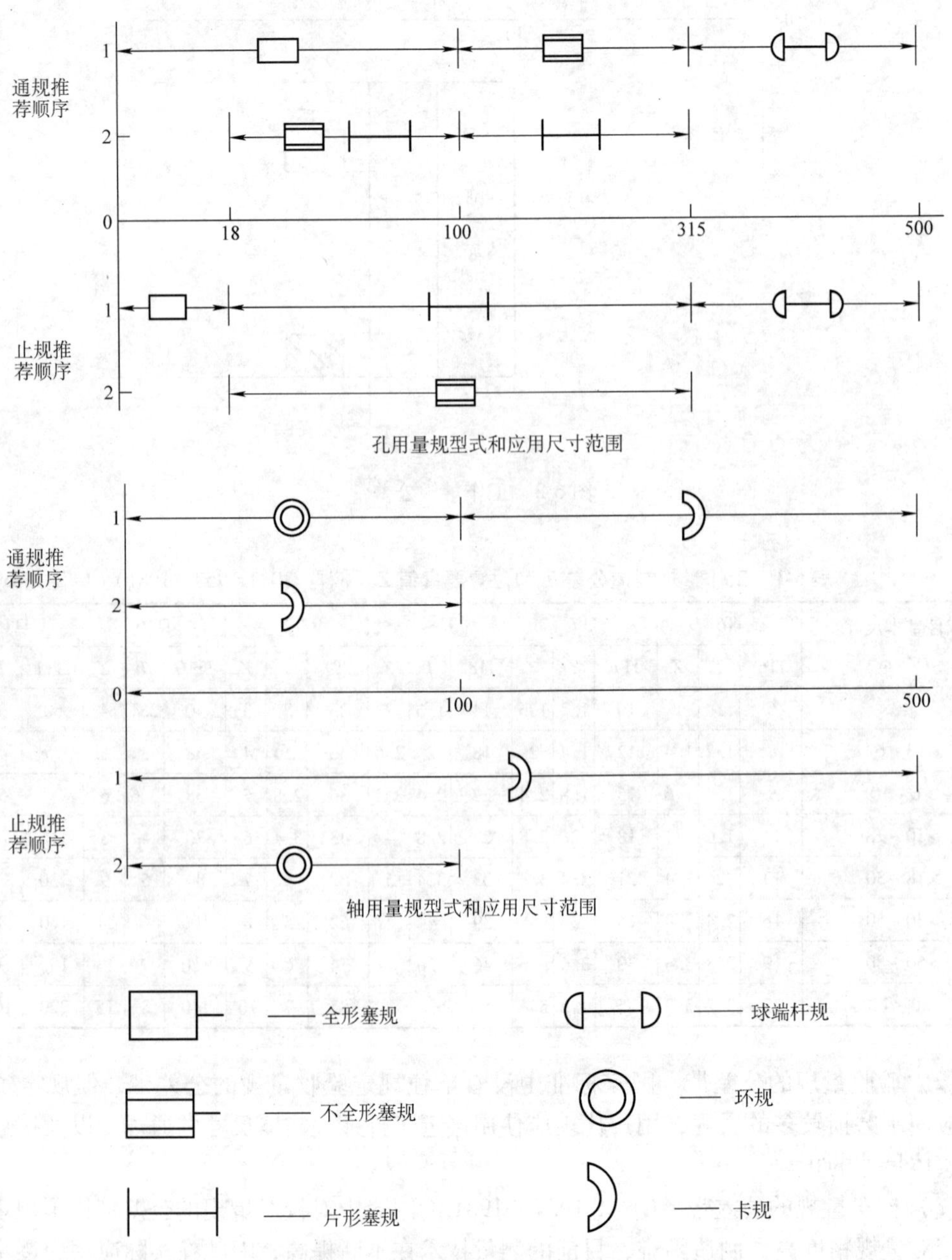

图 6-3 量规型式及应用尺寸范围

2. **量规工作尺寸的计算**

1）查出被检验工件的极限偏差。

2）查出工作量规的制造公差 T 和位置要素 Z 值，并确定量规的形位公差。

3）画出工件和量规的公差带图。

4）计算量规的极限偏差。

3. **量规的技术要求**

（1）量规材料　通常使用合金工具钢（如 CrMn、CrMnW、CrMoV），碳素工具钢（如 T10A、T12A）、渗碳钢（如 15 钢、20 钢）及其他耐磨材料（如硬质合金）。测量面硬度为 55 ~ 65HRC，并经过稳定性处理。

（2）表面粗糙度　量规表面不应有锈迹、毛刺、黑斑、划痕等明显影响外观和使用质量的缺陷，测量表面的表面粗糙度参数值见表 6-2。

表 6-2　量规测量面的表面粗糙度参数（摘自 GB/T 1957—1981）

工作量规	工件基本尺寸/mm		
	≤120	>120 ~ 315	>315 ~ 500
	R_a/μm		
IT6 级孔用量规	≤0.025	≤0.05	≤0.1
IT6 ~ IT9 级轴用量规 IT7 ~ IT9 级孔用量规	≤0.05	≤0.1	≤0.2
IT10 ~ IT12 级孔、轴用量规	≤0.1	≤0.2	≤0.4
IT13 ~ IT16 级孔、轴用量规	≤0.2	≤0.4	≤0.4

（3）形位公差　国标规定量规工作部位的形位公差不大于尺寸公差的 50%，当量规的尺寸公差小于 0.002mm 时，由于制造和测量都比较困难，形位公差规定都取为 0.001mm。

（4）其他要求　在塞规和卡规的规定部位作尺寸标记，如“ϕ40H7”或“ϕ40f6”，并在通端标“T”，止端标“Z”。

4. **应用举例**

例　设计检验 ϕ40H7/f6 配合中孔和轴用的工作量规。

解：

（1）由表 2-1、表 2-4 中查出孔与轴的极限偏差为

ϕ40H7　ES = +0.025mm，　EI = 0

ϕ40f6　es = −0.025mm，　ei = −0.041mm

（2）由表 6-1 查出工作量规制造公差 T 和位置要素 Z 值，并确定形位公差。

塞规：制造公差 $T = 3\mu m$，位置要素 $Z = 4\mu m$，形位公差值 $= T/2 = 1.5\mu m$

卡规：制造公差 $T = 2.4\mu m$，位置要素 $Z = 2.8\mu m$，形位公差值 $= T/2 = 1.2\mu m$

（3）画出工件和量规的公差带图，如图 6-4 所示。

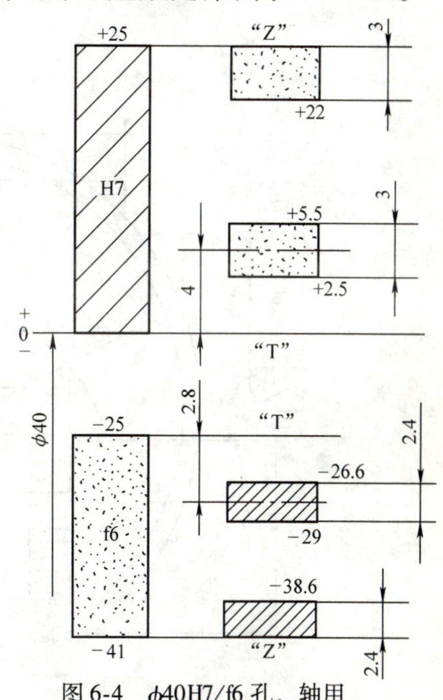

图 6-4　ϕ40H7/f6 孔、轴用工作量规公差带图

（4）计算量规的极限偏差：

1）ϕ40H7 孔用塞规

通规（T） 上偏差 = EI + Z + $T/2$ = (0 + 0.004 + 0.0015) mm = +0.0055mm

下偏差 = EI + Z − $T/2$ = (0 + 0.004 − 0.0015) mm = +0.0025mm

磨损极限偏差 = EI = 0

止规（Z）：上偏差 = ES = +0.025mm

下偏差 = ES − T = (+0.025 − 0.003) mm = +0.022mm

2）ϕ40f7 轴用卡规

通规（T）：上偏差 = es − Z + $T/2$ = (−0.025 − 0.0028 + 0.0012) mm = −0.0266mm

下偏差 = es − Z − $T/2$ = (−0.025 − 0.0028 − 0.0012) mm = −0.029mm

磨损极限偏差 = es = −0.025mm

止规（Z）：上偏差 = ei + T = (−0.041 + 0.0024) mm = −0.0386mm

下偏差 = ei = −0.041mm

（5）塞规工作图如图 6-5 所示，卡规工作图如图 6-6 所示。

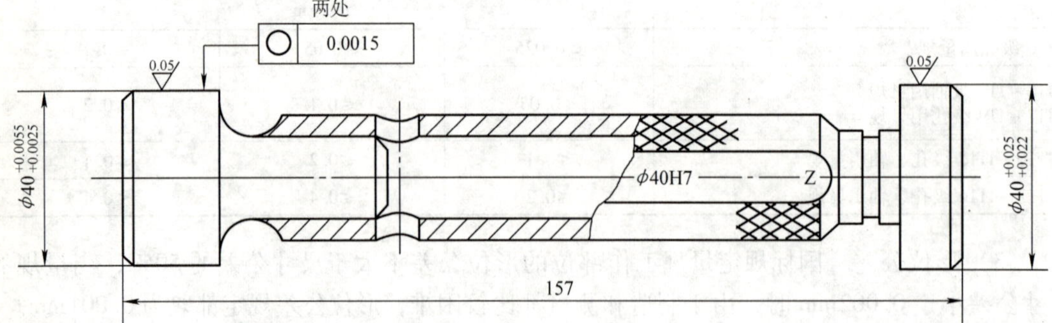

图 6-5 塞规工作图

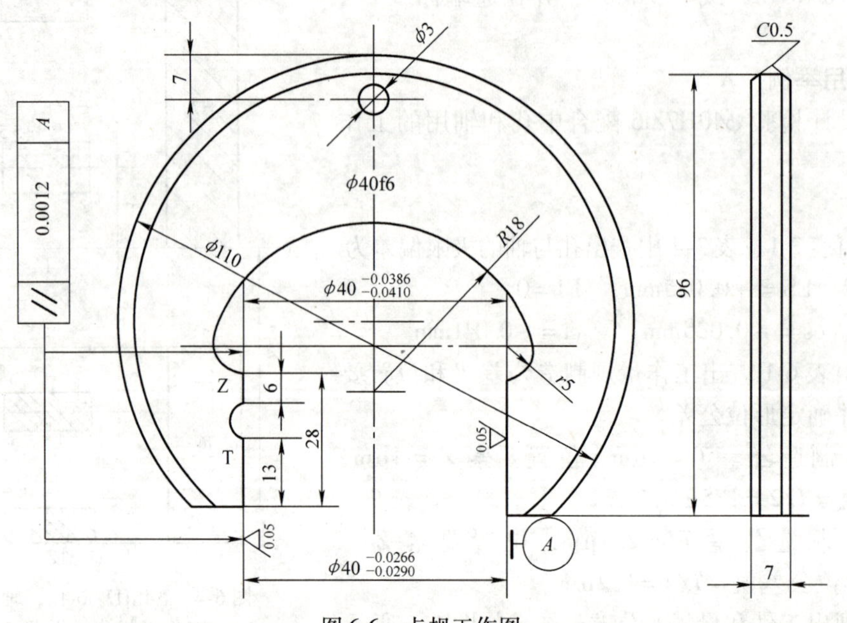

图 6-6 卡规工作图

习 题 6

6-1 什么是光滑极限量规？它在生产中有何用途？可分为哪几类 ？

6-2 光滑极限量规的设计原理是什么？量规的通规和止规分别控制工件的什么尺寸？

6-3 用量规检测工件时，为什么总是成对使用？被检验工件合格的标志是什么？

6-4 量规的通规除制造公差外，为什么要规定允许的最小磨损量与磨损极限？

6-5 欲检验工件 $\phi 35\text{f}8\left(^{-0.025}_{-0.064}\right)$，试计算光滑极限量规的工作尺寸和磨损极限尺寸，并绘制公差带图。

6-6 试设计检验 $\phi 30\text{F}7/\text{h}6$ 配合中孔和轴用的工作量规。

第 7 章　圆锥公差与检测

圆锥配合是常用的典型结构，它具有同轴度高、间隙和过盈调整方便、密封性好、能以较小的过盈量传递较大转矩等优点，在机器、仪表和工具中应用广泛。与圆柱配合相比较，圆锥配合影响互换性的因素多，所以圆锥配合的加工和检验要复杂一些。

关于圆锥公差与配合的现行国家标准主要有：GB/T 157—2001《产品几何量技术规范（GPS）　圆锥的锥度与锥角系列》、GB 11334—2005《产品几何量技术规范（GPS）　圆锥公差》、GB 12360—2005《产品几何量技术规范（GPS）　圆锥配合》、GB/T 15754—1995《技术制图　圆锥的尺寸和公差注法》。本章将结合上述标准介绍关于圆锥公差与检测的主要内容。

7.1　基本术语及定义

7.1.1　圆锥的主要几何参数

圆锥分为内圆锥（圆锥孔）和外圆锥（圆锥轴）两种。属内圆锥的在其代号右下脚附上 i，属外圆锥的附上 e，如图 7-1 所示。

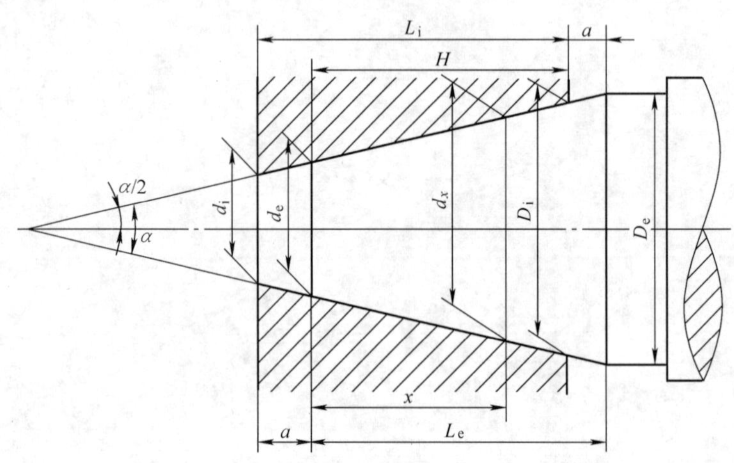

图 7-1　圆锥的主要几何参数

1. 圆锥角与圆锥素线角

在通过圆锥轴线的截面内，两条素线间的夹角称为圆锥角，用 α 表示。圆锥素线与轴线的夹角称为圆锥素线角，用 $\alpha/2$ 表示。

2. 圆锥直径

与圆锥轴线垂直的截面内的直径称为圆锥直径。包括内、外圆锥的最大直径 D_i、D_e；内、外圆锥的最小直径 d_i、d_e；给定截面直径 d_x。

3. 圆锥长度

指最大圆锥直径 D 截面与最小圆锥直径 d 截面之间的轴向距离，用 L_i、L_e 表示。

4．锥度

两个垂直圆锥轴线截面的圆锥直径 D 和 d 之差与该两截面的轴向距离之比，称为锥度，用 C 表示，$C=(D-d)/L=2\tan\alpha/2$。锥度常用比例或分数表示，如 $C=1:3$ 或 $C=1/3$。

7.1.2 圆锥公差与配合的术语及定义

1．基本圆锥

基本圆锥是指设计给定的理想形状的圆锥。它可以由一个基本圆锥直径、基本圆锥长度、基本圆锥角或基本锥度确定。

2．极限圆锥

极限圆锥是指与基本圆锥共轴且圆锥角相等，直径分别为最大极限尺寸和最小极限尺寸的两个圆锥。在垂直圆锥轴线的任一截面上，这两个圆锥的直径差都相等。

极限圆锥所对应的尺寸参数为相应的极限尺寸，如：极限圆锥直径、极限圆锥角等。

3．圆锥直径公差

圆锥直径公差是圆锥直径的允许变动量，用 T_D 表示。是适用于圆锥全长的任意径向截面直径的最大允许值和最小允许值之差。

4．圆锥角公差 *AT*

圆锥角公差是圆锥角的允许变动量，用 AT（AT_α 或 AT_D）表示。

圆锥直径公差与圆锥角公差的相关术语如图7-2、图7-3所示。

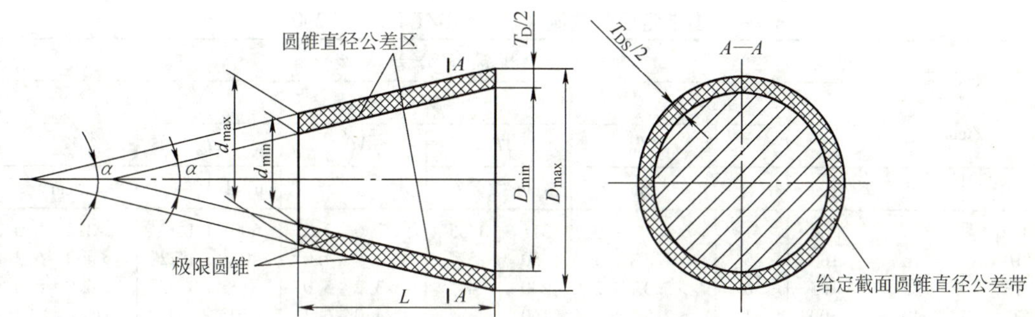

图7-2 极限圆锥和圆锥直径公差带

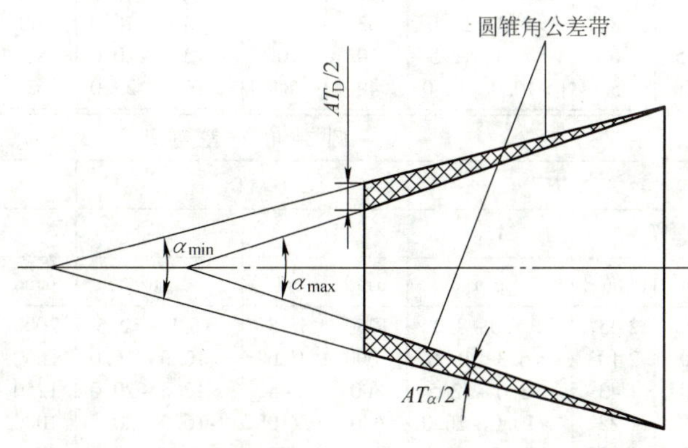

图7-3 极限圆锥角和圆锥角公差带

7.2 圆锥公差与配合

7.2.1 圆锥公差项目

1. 圆锥直径公差 T_D

设计时，一般取最大圆锥直径 D 为基本尺寸。

在图 7-2 中，两个极限圆锥所限定的区域就是圆锥直径公差带，所有实际圆锥都应在该区域中才为合格。

直径公差带的标准公差和基本偏差的取值可按 GB/T 1800.3—1998《极限与配合》规定的标准选取。

2. 圆锥角公差 *AT*

当以弧度或角度为单位是用 AT_α 表示，以长度为单位时用或 AT_D 表示。二者关系为

$$AT_D = AT_\alpha \times L \times 10^{-3}$$

式中，AT_D 单位为 μm；AT_α 单位为 μrad；L 单位为 mm。

圆锥角公差带是两个极限圆锥角所限定的区域，如图 7-3 所示。

圆锥角公差 AT 共分 12 个公差等级，由高等级到低等级依次用 AT1，AT2，…，AT12 表示，各级圆锥角公差数值见表 7-1。

表 7-1 圆锥角公差数值（摘自 GB/T 11334—2005）

公称圆锥长度 L /mm		圆锥角公差等级								
		AT4			AT5			AT6		
		AT_α		AT_D	AT_α		AT_D	AT_α		AT_D
大于	至	μrad	(″)	μm	μrad	(′)(″)	μm	μrad	(′)(″)	μm
自 6	10	200	41	>1.3~2.0	315	1′05″	>2.0~3.2	500	1′43″	>3.2~5.0
10	16	160	33	>1.6~2.5	250	52″	>2.5~4.0	400	1′22″	>4.0~6.3
16	25	125	26	>2.0~3.2	200	41″	>3.2~5.0	315	1′05″	>5.0~8.0
25	40	100	21	>2.5~4.0	160	33″	>4.0~6.3	250	52″	>6.3~10.0
40	63	80	16	>3.2~5.0	125	26″	>5.0~8.0	200	41″	>8.0~12.5
63	100	63	13	>4.0~6.3	100	21″	>6.3~10.0	160	33″	>10.0~16.0
100	160	50	10	>5.0~8.0	80	16″	>8.0~12.5	125	26″	>12.5~20.0
160	250	40	8	>6.3~10.0	63	13″	>10.0~16.0	100	21″	>16.0~25.0
250	400	31.5	6	>8.0~12.5	50	10″	>12.5~20.0	80	16″	>20.0~32.0
400	630	25	5	>10.0~16.0	40	8″	>16.0~25.0	63	13″	>25.0~40.0

公称圆锥长度 L /mm		圆锥角公差等级								
		AT7			AT8			AT9		
		AT_α		AT_D	AT_α		AT_D	AT_α		AT_D
大于	至	μrad	(′)(″)	μm	μrad	(′)(″)	μm	μrad	(′)(″)	μm
自 6	10	800	2′45″	>5.0~8.0	1250	4′18″	>8.0~12.5	2000	6′52″	>12.5~20
10	16	630	2′10″	>6.3~10.0	1000	3′26″	>10.0~16.0	1600	5′30″	>16~25
16	25	500	1′43″	>8.0~12.5	800	2′45″	>12.5~20.0	1250	4′18″	>20~32
25	40	400	1′22″	>10.0~16.0	630	2′10″	>16.0~20.5	1000	3′26″	>25~40
40	63	315	1′05″	>12.5~20.0	500	1′43″	>20.0~32.0	800	2′45″	>32~50
63	100	250	52″	>16.0~25.0	400	1′22″	>25.0~40.0	630	2′10″	>40~63

（续）

公称圆锥长度 L /mm		圆锥角公差等级								
		AT7			AT8			AT9		
		AT_α		AT_D	AT_α		AT_D	AT_α		AT_D
大于	至	μrad	(′)(″)	μm	μrad	(′)(″)	μm	μrad	(′)(″)	μm
100	160	200	41″	>20.0~32.0	315	1′05″	>32.0~50.0	500	1′43″	>50~80
160	250	160	33″	>25.0~40.0	250	52″	>40.0~63.0	400	1′22″	>63~100
250	400	125	26″	>32.0~50.0	200	41″	>50.0~80.0	315	1′05″	>80~125
400	630	100	21″	>40.0~63.0	160	33″	>63.0~100.0	250	52″	>100~160

圆锥角的极限偏差可按单向或双向取值。为保证内、外圆锥接触均匀性，圆锥角公差通常采用对称于基本圆锥角分布。

3. 圆锥的形状公差

圆锥的形状公差 T_F，包括素线直线度公差和径向截面圆度公差，数值推荐从 GB/T 1184—1996 中选取。

7.2.2 圆锥公差的给定方法

尽管圆锥的公差项目有四项，但对具体圆锥工件，并不都需要全部标注出来，而是应根据该圆锥的功能要求和圆锥加工的经济性等方面进行综合考虑。GB/T 11334—2005 规定了圆锥公差的两种给定方法。

方法一，给出圆锥的基本圆锥角 α（或锥度 C）和圆锥直径公差 T_D，由 T_D 确定两个极限圆锥。此时，圆锥角误差和圆锥形状误差均应控制在极限圆锥所限定的区域内。

当对圆锥角公差和形状公差有更高的要求时，可再给出圆锥角公差 AT 和圆锥的形状公差 T_F。但此时 AT 和 T_F 只能占用圆锥直径公差的一部分。

方法一适用于有配合要求的内、外圆锥。

方法二，给出给定截面圆锥直径公差 T_{DS}和圆锥角公差 AT。此时，这两项公差独立控制在各自差范围，应当分别满足。

当对圆锥的形状精度有更高的要求时，可再给出圆锥的形状公差 T_F。

方法二适用于对圆锥截面直径有较高要求，使圆锥配合在给定截面上有良好接触，以保证密封性的场合，如某些阀类零件的公差给定就是这种情况。但是，大多数圆锥零件公差的给定不采用这种方法。

7.2.3 圆锥公差的标注

圆锥公差在标注时有以下三种方法。

1. 面轮廓度法

GB/T 15754—1995 规定，通常圆锥公差应按面轮廓度法标注，如图 7-4a 所示。图 7-4b 为对应的公差带。

2. 基本锥度法

该标注方法与 GB/T 11334—1989 规定的第一种圆锥公差给定方法一致，如图 7-5a 所示。图 7-5b 为对应的公差带。

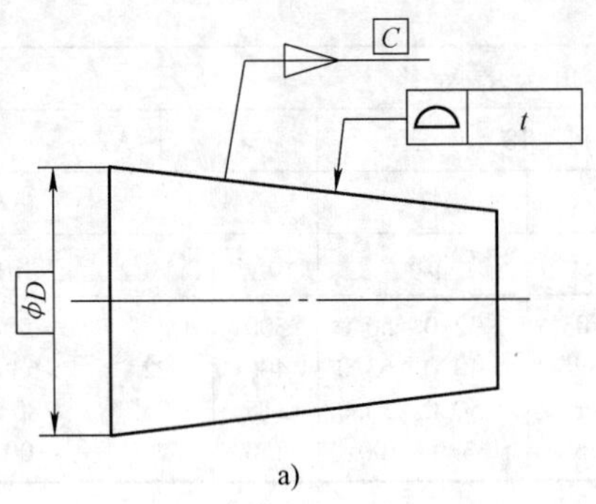

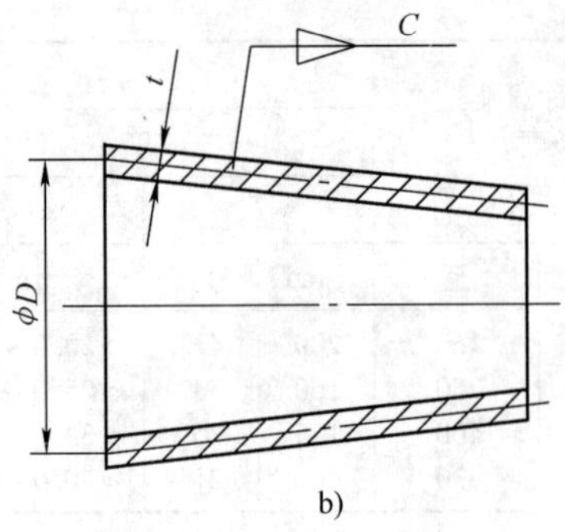

图 7-4　面轮廓度法标注锥度公差

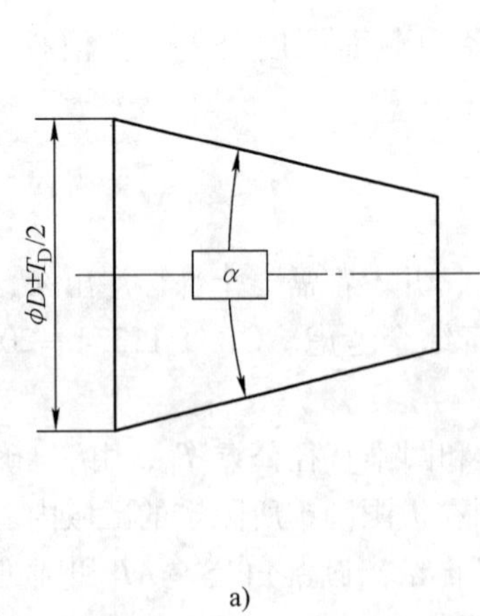

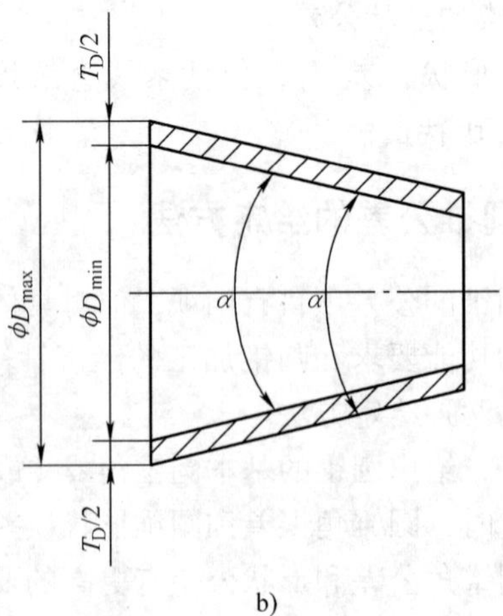

图 7-5　基本锥度法标注锥度公差

3．公差锥度法

该标注方法与 GB/T 11334—1989 规定的第二种圆锥公差给定方法一致，如图 7-6a 所示。图 7-6b 为对应的公差带情况。

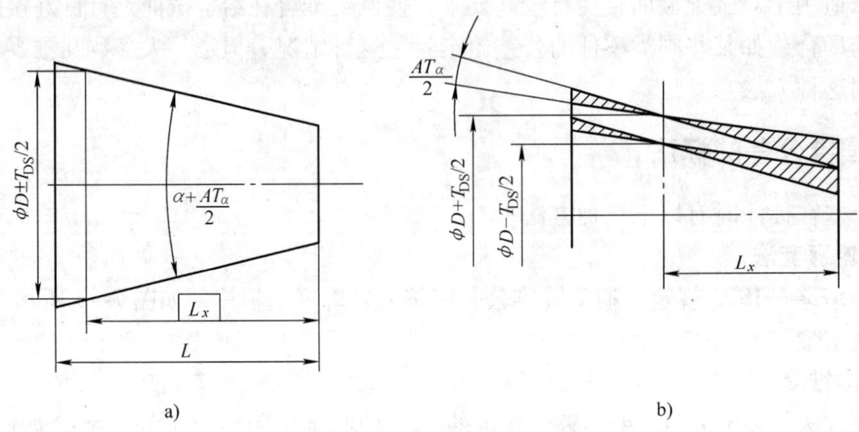

图 7-6　公差锥度法标注圆锥公差

7.2.4　圆锥配合

圆锥配合的间隙或过盈的大小可通过改变内、外圆锥间的轴向相对位置来调整。按确定配合圆锥轴向位置的方法，圆锥配合的形式有两大类四种方式。

1. 结构型圆锥配合

1）由内、外圆锥的结构确定装配的最终位置而形成配合。这种方式可得到间隙配合、过渡配合和过盈配合，如图7-7a所示。

2）由内、外圆锥基准平面之间的尺寸确定装配的最终位置而形成配合，这种方式可得到间隙配合、过渡配合和过盈配合，如图7-7b所示。

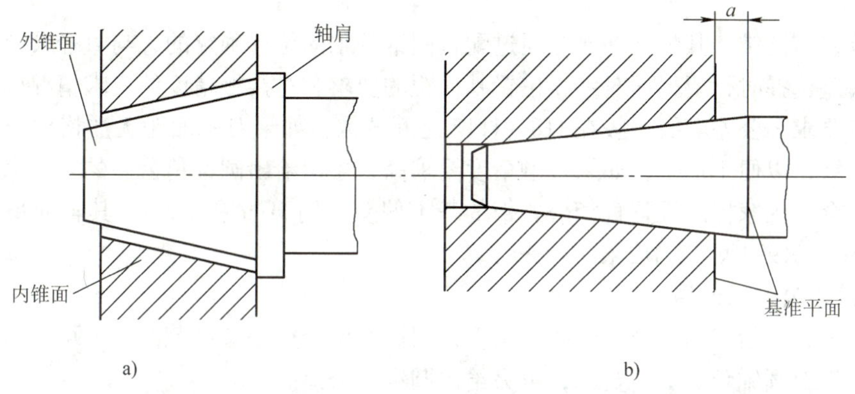

图7-7　结构型圆锥配合

2. 位移型圆锥配合

1）由内、外圆锥实际初始位置 P_a 开始，作一定的相对轴向位移 E_a 而形成配合。这种方式可得到间隙配合和过盈配合。如图7-8a所示。

2）由内、外圆锥实际初始位置开始 P_a 开始，施加一定的装配力产生轴向位移而形成配合。这种方式只能得到过盈配合，如图7-8b所示。

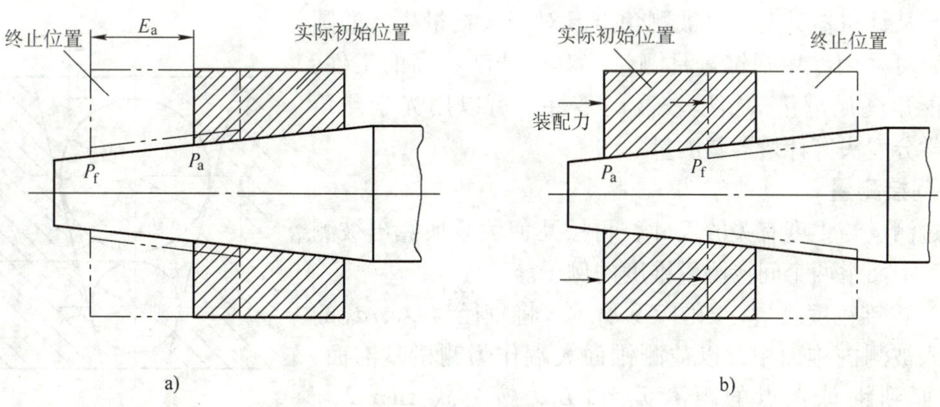

图7-8　位移型圆锥配合

7.2.5 圆锥公差的选择

有配合要求的圆锥公差通常采用第一种方法给定，即给出理论正确圆锥角 α（或锥度 C）和圆锥直径公差 T_D。这里，主要介绍这种方法下圆锥公差的选择。

1. 直径公差的选用

对于结构型圆锥，直径误差主要影响实际配合的间隙或过盈。选用时，是根据配合公差来确定内、外圆锥的直径公差。

结构型圆锥配合国家标准推荐采用基孔制，外圆锥直径基本偏差一般在 d ~ zc 中选取。内、外圆锥直径公差带及配合按 GB/T 1801—1999 选取。如果 GB/T 1801—1999 给出的常用配合仍不能满足需要，可按 GB/T 1800. 3—1998 规定的基本偏差和标准公差组成所需要的配合。

对于位移型圆锥，其配合性质是通过配合圆锥的轴向位移确定的，与直径公差无关。在圆锥直径公差选择时，要根据对终止位置基面距的要求和对接触精度的要求情况确定。如果对基面距有要求，公差等级一般在 IT8 ~ IT12 之间选取；如果对基面距无严格要求，可选较低的公差等级，以便于加工；如果接触精度要求高，可用给出圆锥角公差的方法来满足。位移型圆锥配合，国家标准推荐直径公差带的基本偏差选用 H/h 和 JS/js。其轴向位移极限值按 GB/T 1801—1999 规定的极限过盈来计算。

2. 圆锥角公差的选用

按第一种方法给定圆锥公差，圆锥角误差限制在两个极限圆锥范围内，可不另给出圆锥角公差。如果对圆锥角有更高要求，可另给出圆锥角公差。

国家标准规定的 *AT* 的 12 个公差等级中，*AT*4 ~ *AT*12 的应用较广泛。*AT*4 ~ *AT*6 等级精度较高，常用于高精度的圆锥量规和角度样板；*AT*7 ~ *AT*9 用于工具圆锥、圆锥锁及传递大转矩的摩擦圆锥；*AT*10 ~ *AT*11 用于圆锥套、锥齿轮等中等精度零件；*AT*12 用于对精度要求不高的低精度圆锥零件。

7.3 圆锥的检测

1. 直接测量

直接从计量器具上读出被测角度。对于大批量生产的圆锥零件，可采用专用圆锥量具测量。对于精度不高的工件，常用万能角度尺测量；精度较高的零件，可以用光学测角仪、光学分度头等计量器具测量。

2. 间接测量

通过测量与锥度有关的尺寸，再按几何关系换算出被测的锥度。下面举两个间接测量锥度的例子。

（1）内锥锥度测量　如图 7-9 所示，将直径为 D_0、d_0 的钢球放入被测内锥面中，以被测锥面大端作为测量基准面，测得基面到钢球顶点的距离 L_1 和 L_2，按公式 $\sin\alpha/2 = (D_0 - d_0) / (2L_2 - 2L_1 + d_0 - D_0)$ 求解圆锥半角 $\alpha/2$。

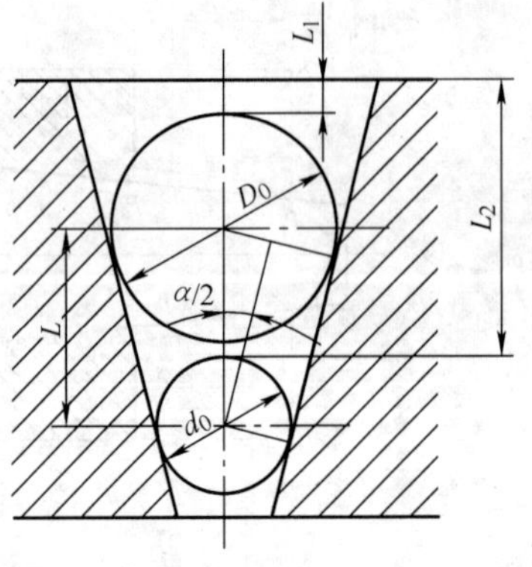

图 7-9　内锥角测量方法示例

（2）外锥锥度测量　外锥角测量的经典方法是正弦规测锥度。如图 7-10a 所示，测量前先按 $h = L\sin\alpha$ 计算并组合量块高度 h，α 为公称圆锥角，L 为正弦规两圆柱中心距。按图示方式测量，读取指示表在 a、b 两点的读数 h_a，h_b，工件偏差即为 $\Delta C = (h_a - h_b)/l$，l 为 a、b 两点间的距离。

此外，还可以用如图 7-10b 的方法，将待测外锥置于平板上，半径为 R 的两个圆柱放在圆锥小端两侧，测出尺寸 m 后，将这两个圆柱放在高为 H 的量块上，测得尺寸 M，按公式 $\tan\alpha/2 = (M - m)/2H$ 求解圆锥半角 $\alpha/2$。

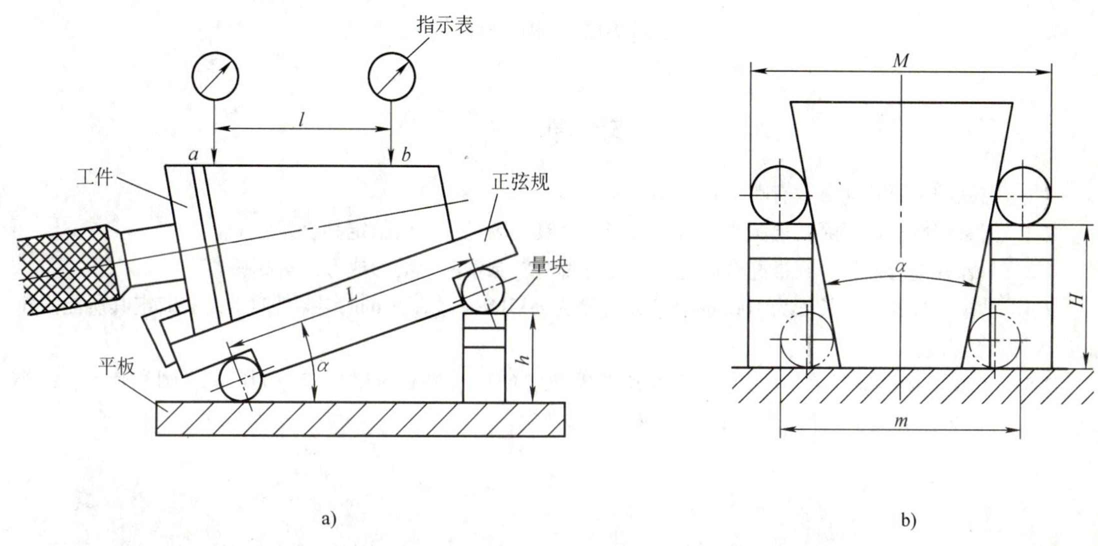

图 7-10　外锥角测量方法示例

3. 用锥度样板测量

锥度样板根据被测锥度的极限值制造，有通端和止端。被测工件在通端，光隙由锥顶到锥底逐渐增大；在止端，光隙由锥顶到锥底逐渐减少，则被测锥度在极限范围内，锥度合格，如图 7-11 所示。

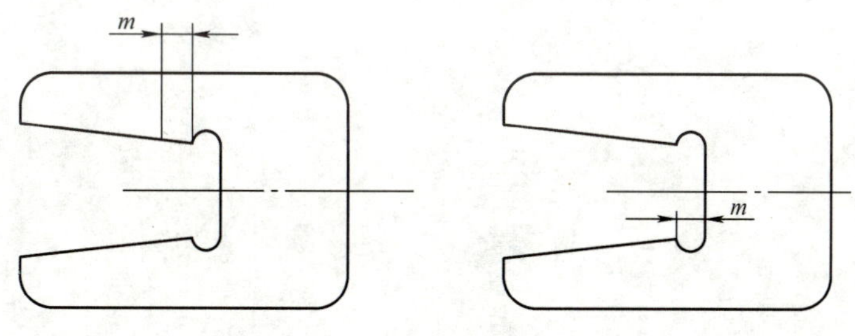

图 7-11　锥度样板

4. 用圆锥量规测量

圆锥量规可以用来检验圆锥工件的锥度和直径偏差。检测内圆锥用的量规是塞规，检测外圆锥用的量规是环规，如图 7-12 所示。

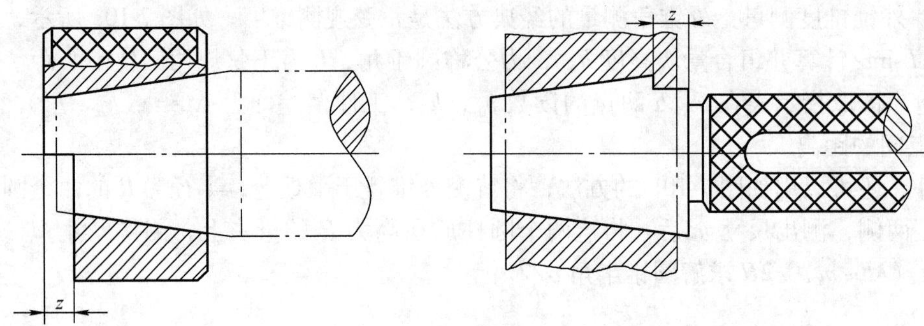

图 7-12　圆锥量规

习　题　7

7-1　圆锥的主要几何参数有哪些？

7-2　国家标准规定了哪几项圆锥公差？对于一个具体圆锥，如何给定其公差？

7-3　与圆柱配合比较，圆锥配合的主要特点有哪些？圆锥配合的形成方式有哪些？

7-4　已知一外圆锥，长度为100mm，最大直径为 $\phi 35h8\left(\begin{smallmatrix}0\\-0.039\end{smallmatrix}\right)$ mm，锥度 1:5，试确定其所能限定的最大圆锥角误差。

7-5　C620 车床尾座顶尖套与顶针结合采用莫氏锥度 NO.4，顶针圆锥长度为 118mm，圆锥角度公差等级为 9 级。试查出其圆锥角和锥度，以及圆锥角公差数值。

第 8 章　常用联接件的公差与检测

在各种机械中，键、普通螺纹、滚动轴承应用广泛。本章主要讨论普通平键、矩形花键、普通螺纹、滚动轴承联接的公差与检测，并介绍相关的国家标准。

8.1　键联接的公差与检测

键和花键联接广泛用于轴和轴上传动件，如齿轮、带轮、手轮和联轴节等之间的可拆卸联接，用于传递转矩；也可用作轴上传动件的导向，如变速箱中变速齿轮花键孔与花键轴的联接。

单键通常称键，分为平键、半圆键和楔键等几种，平键分为普通平键与导向平键，前者用于固定联接，后者用于可移动的联接。花键分为矩形花键和渐开线花键两种。其中普通平键和矩形花键应用比较广泛。相关的国家标准有 GB/T1095—2003《平键　键槽的剖面尺寸》、GB/T1144—2001《矩形花键　尺寸、公差和检验》等。

8.1.1　普通平键联接的公差与检测

1. 普通平键联接的几何参数

普通平键联接是通过键和键槽的侧面来传递转矩的，键的上表面和轮毂键槽间留有一定的间隙，结构如图 8-1 所示。因此，键和键槽宽度 b 是平键联接的主要配合尺寸。在设计平键联接时，轴径 d 确定后，平键的规格参数根据轴径 d 而确定。

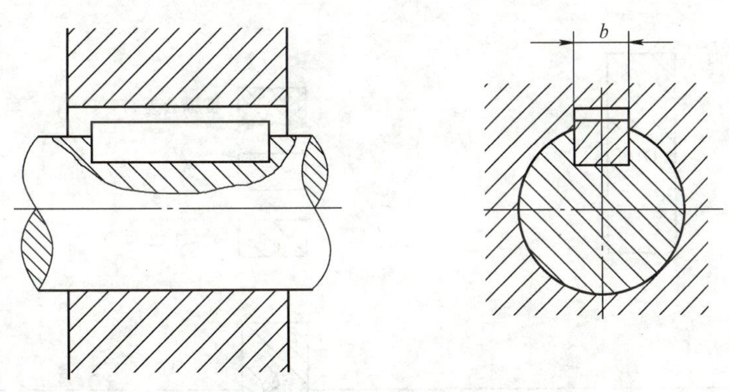

图 8-1　普通平键联接

键和键槽的断面尺寸及普通平键的型式尺寸在 GB/T1095—2003 中做了规定，如图 8-2 所示。

2. 普通平键联接的尺寸公差与配合

键是标准件，相当于极限配合中的轴。因此，键宽和键槽宽采用基轴制配合。国家标准

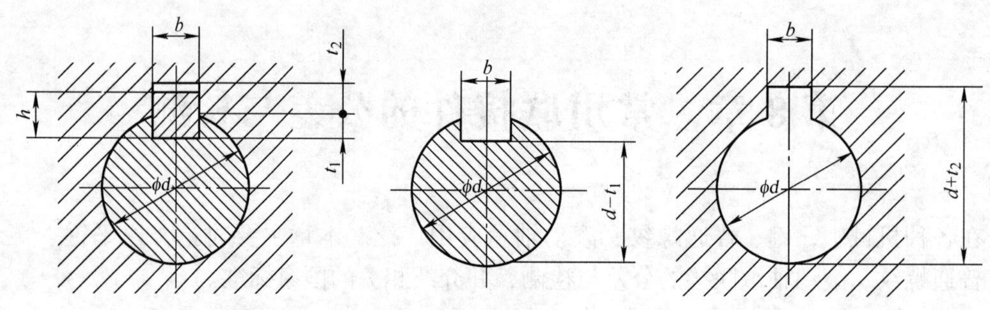

图 8-2　键和键槽断面尺寸

对键宽规定一种公差带，对轴和轮毂的键槽宽各规定三种公差带，构成三组配合，以满足各种不同用途的需要。平键联接的三种配合及应用见表 8-1。

表 8-1　平键联接的三种配合及应用

配合种类	尺寸 b 的公差			配合性质及应用
	键	轴槽	轮毂槽	
较松联接	h9	H9	D10	键在轴上及轮毂上均匀滑动。主要用于导向平键，轮毂可在轴上作轴向移动
一般联接		N9	Js9	键在轴上及轮毂上均固定。用于载荷不大的场合
较紧联接		P9	P9	键在轴上及轮毂上均固定，而比上一种配合更紧。主要用于载荷较大、载荷具有冲击性以及双向传递转矩的场合

图 8-3 所示为键宽、键槽宽、轮毂槽宽 b 的公差带图。平键键槽断面尺寸及公差见表 8-2。

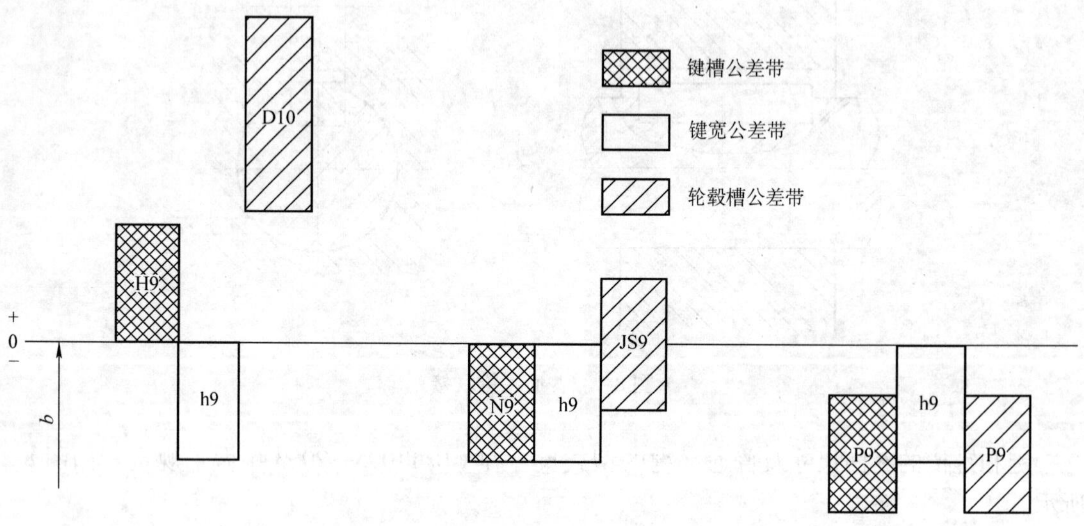

图 8-3　平键联接的键宽、槽宽公差带图

表 8-2　普通平键键槽的尺寸与极限偏差（摘自 GB1095—2003）　（单位：mm）

轴	键	键槽									
		宽度 b						深度			
公称直径 d	公称尺寸 $b \times h$	公称尺寸 b	偏差					轴 t_1		毂 t_2	
			松联接		正常联接		紧密联接				
			轴 H9	毂 D10	轴 N9	毂 JS9	轴和毂 P9	公称	偏差	公称	偏差
>10 ~ 12	4 × 4	4	+0.030 0	+0.078 +0.030	0 -0.030	±0.015	-0.012 -0.042	2.5	+0.1 0	1.8	+0.1 0
>12 ~ 17	5 × 5	5						3.0		2.3	
>17 ~ 22	6 × 6	6						3.5		2.8	
>22 ~ 30	8 × 7	8	+0.036 0	+0.098 +0.040	0 -0.036	±0.018	-0.015 -0.051	4.0	+0.2 0	3.3	+0.2 0
>30 ~ 38	10 × 8	10						5.0		3.3	
>38 ~ 44	12 × 8	12	+0.043 0	+0.120 +0.050	0 -0.043	±0.0215	-0.018 -0.061	5.0		3.3	
>44 ~ 50	14 × 9	14						5.5		3.8	
>50 ~ 58	16 × 10	16						6.0		4.3	
>58 ~ 65	18 × 11	18						7.0		4.4	

3. 普通平键联接的形位公差与表面粗糙度

1）为保证键侧与键槽侧面之间有足够的接触面积和避免装配困难，应分别规定轴槽和轮毂槽的对称度公差。对称度公差按 GB/T 1184—1996《形状和位置公差 未注公差值》确定，一般取 7 ~ 9 级。查键槽的对称度公差表时，公称尺寸是指键宽 b。

2）键槽配合面的表面粗糙度参数 R_a 的上限值一般取 1.6 ~ 3.2μm，非配合面 R_a 的上限值取 6.3μm。

4. 普通平键键槽的检测

单件、小批量生产时，键槽深度和宽度一般用游标卡尺、千分尺等通用量具测量；大批大量生产时，则用如图 8-4 所示专用量具检验。

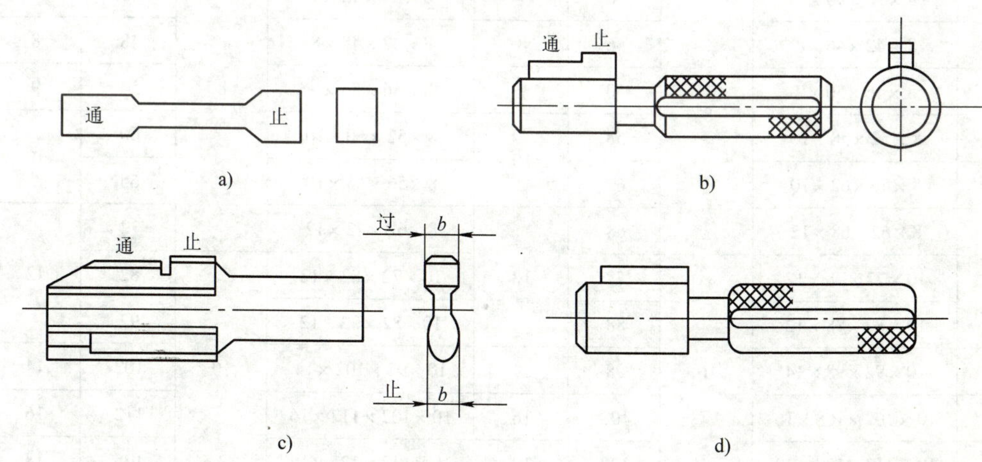

图 8-4　检验键槽的量规

a）检验键槽宽用的极限量规　b）检验轮毂槽深用的极限量规
c）检验轮毂槽宽和深度的键槽复合量规　d）检验轮毂槽对称度的量规

8.1.2 矩形花键联接的公差与检测

1. 矩形花键联接的几何参数和定心方式

1）矩形花键联接的几何参数有大径 D、小径 d、键数 N、键槽宽 B，如图 8-5 所示。国家标准规定了矩形花键联接的尺寸系列，见表 8-3。为了便于加工和测量，矩形花键的键数 N 为偶数，有 6、8、10 三种。按承载能力的大小，矩形花键分为中、轻两个系列。

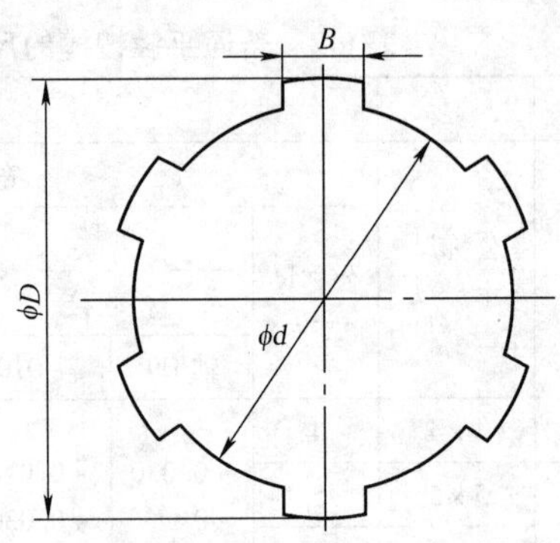

图 8-5 矩形花键的主要参数

表 8-3 矩形花键基本尺寸系列（摘自 GB/T1144—2001）（单位：mm）

<table>
<tr><th rowspan="2">小径
d</th><th colspan="4">轻系列</th><th colspan="4">中系列</th></tr>
<tr><th>规格
N×d×D×B</th><th>键数
N</th><th>大径
D</th><th>键宽
B</th><th>规格
N×d×D×B</th><th>键数
N</th><th>大径
D</th><th>键宽
B</th></tr>
<tr><td>11</td><td rowspan="5">—</td><td rowspan="5">—</td><td rowspan="5">—</td><td rowspan="5">—</td><td>6×11×14×3</td><td rowspan="9">6</td><td>14</td><td>3</td></tr>
<tr><td>13</td><td>6×13×16×3.5</td><td>16</td><td>3.5</td></tr>
<tr><td>16</td><td>6×16×20×4</td><td>20</td><td>4</td></tr>
<tr><td>18</td><td>6×18×22×5</td><td>22</td><td rowspan="2">5</td></tr>
<tr><td>21</td><td>6×21×25×5</td><td>25</td></tr>
<tr><td>23</td><td>6×23×26×6</td><td rowspan="4">6</td><td>26</td><td rowspan="2">6</td><td>6×23×28×6</td><td>28</td><td rowspan="2">6</td></tr>
<tr><td>26</td><td>6×26×30×6</td><td>30</td><td>6×26×32×6</td><td>32</td></tr>
<tr><td>28</td><td>6×28×32×7</td><td>32</td><td>7</td><td>6×28×34×7</td><td>34</td><td>7</td></tr>
<tr><td>32</td><td>6×32×36×6</td><td>36</td><td>6</td><td>8×32×38×6</td><td>38</td><td>6</td></tr>
<tr><td>36</td><td>8×36×40×7</td><td rowspan="6">8</td><td>40</td><td>7</td><td>8×36×42×7</td><td rowspan="6">8</td><td>42</td><td>7</td></tr>
<tr><td>42</td><td>8×42×46×8</td><td>46</td><td>8</td><td>8×42×48×8</td><td>48</td><td>8</td></tr>
<tr><td>46</td><td>8×46×50×9</td><td>50</td><td>9</td><td>8×46×54×9</td><td>54</td><td>9</td></tr>
<tr><td>52</td><td>8×52×58×10</td><td>58</td><td rowspan="2">10</td><td>8×52×60×10</td><td>60</td><td rowspan="2">10</td></tr>
<tr><td>56</td><td>8×56×62×10</td><td>62</td><td>8×56×65×10</td><td>65</td></tr>
<tr><td>62</td><td>8×62×68×12</td><td>68</td><td rowspan="3">12</td><td>8×62×72×12</td><td>72</td><td rowspan="3">12</td></tr>
<tr><td>72</td><td>10×72×78×12</td><td rowspan="5">10</td><td>78</td><td>10×72×82×12</td><td rowspan="5">10</td><td>82</td></tr>
<tr><td>82</td><td>10×82×88×12</td><td>88</td><td>10×82×92×12</td><td>92</td></tr>
<tr><td>92</td><td>10×92×98×14</td><td>98</td><td>14</td><td>10×92×102×14</td><td>102</td><td>14</td></tr>
<tr><td>102</td><td>10×102×108×16</td><td>108</td><td>16</td><td>10×102×112×16</td><td>112</td><td>16</td></tr>
<tr><td>112</td><td>10×112×120×18</td><td>120</td><td>18</td><td>10×112×125×18</td><td>125</td><td>18</td></tr>
</table>

2）花键联接的主要使用要求是保证内、外花键的同轴度及键侧面与键槽侧面接触均匀

性，保证传递一定的转矩。花键联接有三个结合面，即大径、小径和键侧面，要保证三个结合面同时达到高精度的配合是很困难的，也没有必要。确定配合性质的结合面称为定心表面，因为小径能用磨削的方法消除热处理变形，可提高定心直径的制造精度，GB/T1144—2001 中规定普通机械中矩形花键以小径的结合面为定心表面。对小径 d 有较高的精度要求，对大径 D 的精度要求较低，且有较大的间隙。对非定心的键和键槽侧面也要求有足够的精度，以传递转矩和起导向作用，如图 8-6 所示。

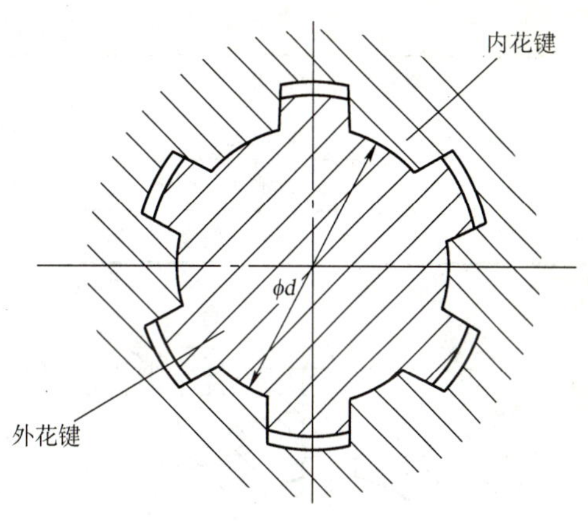

图 8-6　矩形花键的小径定心方式

2. 矩形花键联接的尺寸公差与配合

矩形花键的极限与配合分为一般用途和精密传动两种。内、外花键的尺寸公差带见表 8-4。

表 8-4　矩形内、外花键的尺寸公差带（摘自 GB/T1144—2001）

内花键				外花键			装配形式
d	D	B 拉削后不热处理	B 拉削后热处理	d	D	B	
一般用							
H7	H10	H9	H11	f7	a11	d10	滑动
				g7		f9	紧滑动
				h7		h10	固定
精密传动用							
H5	H10	H7、H9		f5	a11	d8	滑动
				g5		f7	紧滑动
				h5		h8	固定
H6				f6		d8	滑动
				g6		f7	紧滑动
				h6		h8	固定

注：1. 精密传动使用的内花键，当需要控制键侧配合间隙时，键槽宽 B 可选用 H7，一般情况下可选用 H9。

2. 小径 d 的公差带为 H6 Ⓔ或 H7 Ⓔ的内花键，允许与提高一级的外花键配合。

3. 矩形花键联接的形位公差与表面粗糙度

矩形花键联接表面复杂，键的长宽比值较大，形位误差对装配性能、传递扭矩以及运动性能影响很大，是影响花键联接质量的重要因素，因而对其形位误差要加以控制，选用时考虑以下五点：

1）矩形内、外花键小径定心表面的形状公差和尺寸公差的关系遵守包容要求。

2）对于花键的分度误差，一般用位置度公差来控制，并采用最大实体原则。位置度公差规定见表 8-5，标注如图 8-7 所示。

表 8-5　矩形花键位置度公差（摘自 GB/T1144—2001）　　（单位：mm）

键槽宽或键宽 B			3	3.5～6	7～10	12～18
t_1	键槽宽		0.010	0.015	0.020	0.025
	键宽	滑动、固定	0.010	0.015	0.020	0.025
		紧滑动	0.006	0.010	0.013	0.016

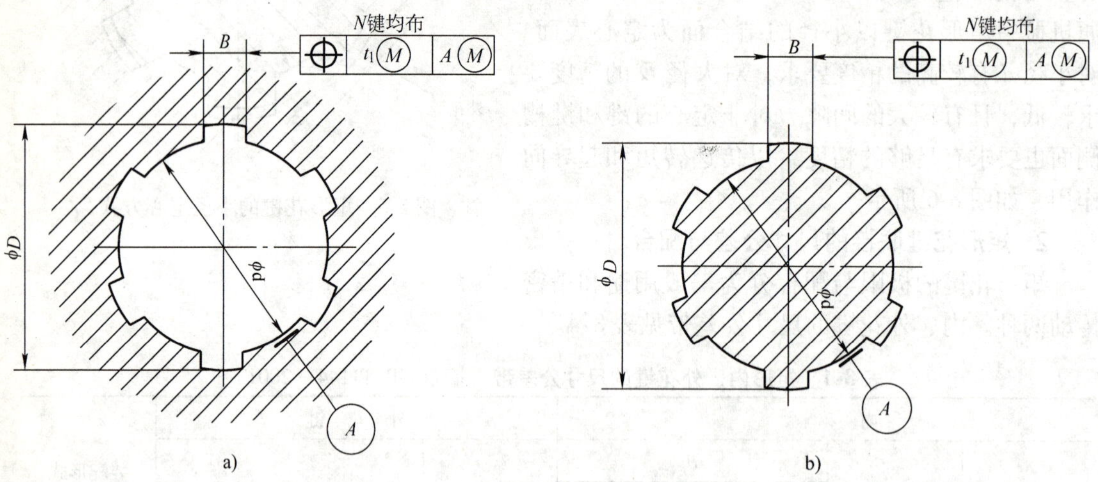

图 8-7　矩形花键位置度公差标注
a）内花键　b）外花键

3）在单件小批生产时，一般规定键或键槽两侧面的中心平面对定心表面轴线的对称度公差和花键等分度公差，并遵守独立原则。此时，应将图 8-7 中的位置度公差改成对称度公差。对称度公差值见表 8-6，等分度公差值等于其对称度公差值。键槽宽或键宽的对称度公差标注见图 8-8。

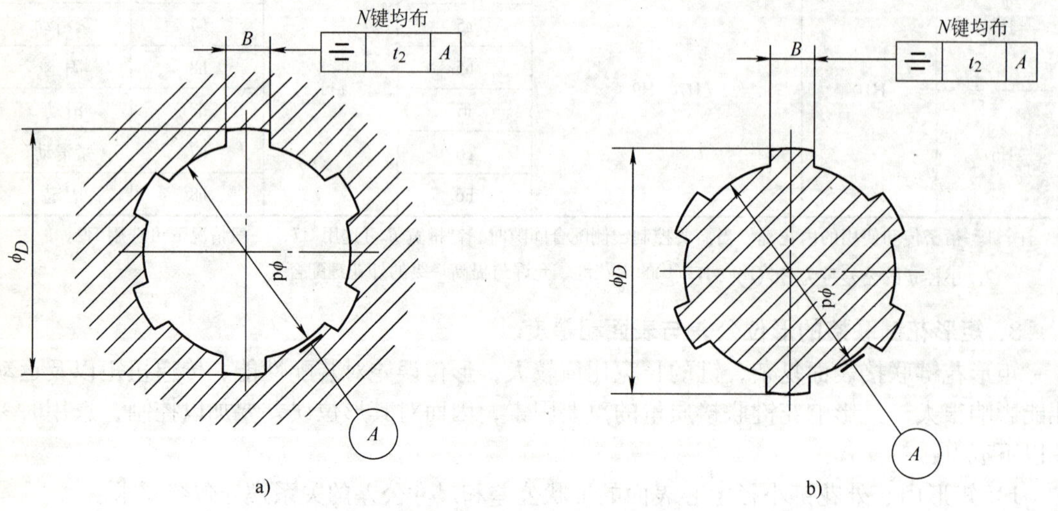

图 8-8　矩形花键对称度公差标注
a）内花键　b）外花键

表8-6 矩形花键对称度公差（摘自GB/T1144—2001） （单位：mm）

键槽宽或键宽 B		3	3.5～6	7～10	12～18
t_2	一般用	0.010	0.012	0.015	0.018
	精密传动用	0.006	0.008	0.009	0.011

4）对于较长的花键，应规定内、外花键各键槽侧面对定心表面轴线的平行度公差，公差值根据产品性能自行确定。

5）矩形花键表面粗糙度数值见表8-7。

表8-7 矩形花键表面粗糙度推荐值 （单位：μm）

加工表面	内花键	外花键
	R_a 不大于	
小径	1.6	0.8
大径	6.3	3.2
键侧	6.3	1.6

4．矩形花键联接的标注

矩形花键在图样上标注的内容有键数 N、小径 d、键宽 B，其各自的公差带代号和精度等级可根据需要标注在各自的基本尺寸之后，并注明矩形花键标准号GB/T1144—2001。示例：

花键 $N=6$；$d=23\frac{\mathrm{H7}}{\mathrm{f7}}$；$D=26\frac{\mathrm{H10}}{\mathrm{a11}}$；$B=6\frac{\mathrm{H11}}{\mathrm{d10}}$

花键规格：$N\times d\times D\times B$

$6\times 23\times 26\times 6$

花键副：$6\times 23\frac{\mathrm{H7}}{\mathrm{f7}}\times 26\frac{\mathrm{H10}}{\mathrm{a11}}\times 6\frac{\mathrm{H11}}{\mathrm{d10}}$ GB/T1144—2001

内花键：$6\times 23\ \mathrm{H7}\times 26\ \mathrm{H10}\times 6\ \mathrm{H11}$ GB/T1144—2001

外花键：$6\times 23\ \mathrm{f7}\times 26\ \mathrm{a11}\times 6\ \mathrm{d10}$ GB/T1144—2001

5．矩形花键的检测

对单件小批生产的内、外花键可用通用量具按独立原则对尺寸 d、D、B 进行尺寸误差单项测量；对键及键槽的对称度及等分度分别进行形位误差测量。对大批大量生产的内、外花键可采用综合量规测量，如图8-9所示。

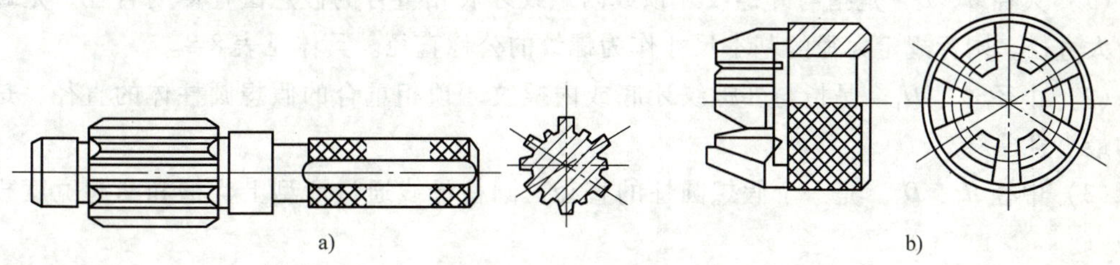

图8-9 花键综合量规

a）花键塞规 b）花键环规

8.2 普通螺纹的公差与检测

螺纹在机器制造中应用广泛，为保证其互换性，我国发布了相关的国家标准，主要有：GB/T192—2003《普通螺纹　基本牙型》、GB/T193—2003《普通螺纹　直径与螺距系列》、GB/T196—2003《普通螺纹　基本尺寸》、GB/T197—2003《普通螺纹　公差》等。

8.2.1 概述

1. 螺纹的种类和使用要求

按用途不同，螺纹主要分为紧固螺纹和传动螺纹两大类。普通螺纹是最常用的紧固螺纹，分为粗牙和细牙两种，用于可拆卸联接，如螺栓联接、螺钉联接等。对这类螺纹要求有良好的可旋入性和联接的可靠性。

2. 普通螺纹的主要几何参数

GB/T192—2003 规定普通螺纹的基本牙型是指在螺纹轴向剖面内，截去等边三角形的顶部和底部而形成的螺纹牙型，如图 8-10 所示。

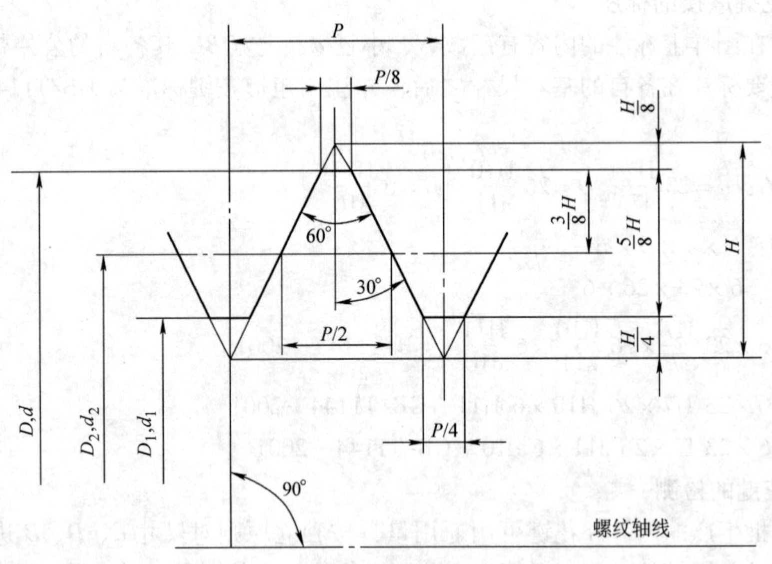

图 8-10　普通螺纹的基本牙型

(1) 大径 d、D　是指与外螺纹牙顶或内螺纹牙底相重合的假想圆柱体的直径，是螺纹的最大直径。国标规定大径的基本尺寸作为螺纹的公称直径。具体见表 8-8。

(2) 小径 d_1、D_1　是指与外螺纹牙底或内螺纹牙顶相重合的假想圆柱体的直径，是螺纹的最小直径。

(3) 中径 d_2、D_2　是一个假想圆柱的直径，圆柱母线通过牙型上沟槽和凸起宽度相等的地方。

(4) 单一中径 d_{2a}、D_{2a}　是一个假想圆柱的直径，该圆柱的母线通过牙型上沟槽宽度等于基本螺距一半的地方。当螺距无误差时，中径就是单一中径，当螺距有误差时，两者不相等。单一中径用三针法测量，通常近似看作螺纹实际中径尺寸。

（5）螺距 P　是指螺纹相邻两牙在中径线上对应两点间的轴向距离。螺距应按 GB/T193—2003 规定的系列选取，见表 8-9。

（6）牙型角 α 和牙侧角 α_1、α_2　牙型角是指在螺纹牙型上相邻两牙侧间的夹角，普通螺纹牙型角为 60°。牙型角的一半称为牙型半角。

牙侧角是指在螺纹牙型上，牙侧与螺纹轴线垂线间的夹角。左、右牙侧角分别用 α_1、α_2 表示。

（7）螺纹接触高度　是指在两个相互配合的牙型上，牙侧重合部分在垂直于螺纹轴线方向上的距离。

（8）螺纹旋合长度　是指两个相配合螺纹沿螺纹轴线方向相互旋合部分的长度。

表 8-8　普通螺纹的基本尺寸（摘自 GB/T196—2003）　　（单位：mm）

公称直径 D、d	螺距 P	中径 D_2 或 d_2	小径 D_1 或 d_1	公称直径 D、d	螺距 P	中径 D_2 或 d_2	小径 D_1 或 d_1
20	2.5	18.376	17.294	30	3.5	37.727	26.211
	2	18.701	17.835		2	28.701	27.835
	1.5	19.026	18.376		1.5	29.026	28.376
	1	19.350	18.917		1	29.350	28.917
24	3	22.051	20.752	36	4	33.402	31.670
	2	22.701	21.835		3	34.051	32.752
	1.5	23.026	22.376		2	34.701	33.835
	1	23.350	22.917		1.5	35.026	34.376

表 8-9　普通螺纹的公称直径和螺距（摘自 GB/T193—2003）　　（单位：mm）

公称直径 D、d			螺距 P					
第一系列	第二系列	第三系列	粗　牙	细　牙				
10			1.5	1.25	1	0.75	(0.5)	
		11	(1.5)		1	0.75	(0.5)	
12			1.75	1.5	1.25	1	(0.75)	(0.5)
	14		2	1.5	1.25	1	(0.75)	(0.5)
		15		1.5		(1)		
16			2	1.5		1	(0.75)	(0.5)
		17		1.5		(1)		
	18		2.5	2	1.5	1	(0.75)	(0.5)
20			2.5	2	1.5	1	(0.75)	(0.5)
	22		2.5	2	1.5	1	(0.75)	(0.5)
24			3	2	1.5	1	(0.75)	
	27		3	2	1.5	1	(0.75)	
30			3.5	(3)	2	1.5	1	(0.75)

注：优先选用第一系列，括号内螺距尽量不用。

8.2.2 普通螺纹几何参数误差对互换性的影响

螺纹联接的互换性是指相同规格的内、外螺纹装配过程的可旋合性及使用过程中联接的可靠性。影响螺纹互换性的几何参数有五个：大径、中径、小径、螺距和牙侧角。由于标准规定螺纹的大径及小径处均留有一定的间隙，因此影响螺纹互换性的主要参数是螺距、中径和牙侧角。为保证有足够的联接强度，对顶径也提出了一定的精度要求。

1. 螺距误差的影响

螺距误差包括与旋合长度有关的螺距累积误差 ΔP_{Σ} 和与旋合长度无关的螺距偏差 ΔP（单个螺距的实际尺寸与基本尺寸的代数差），螺距累积误差是主要影响因素。

如图 8-11 所示，假定内螺纹具有理想牙型，外螺纹仅有螺距误差，螺纹产生干涉无法旋合。为了使具有螺距误差的外螺纹旋入具有理想牙型的内螺纹，把外螺纹的中径减小一个数值 f_{P}。同理，当内螺纹有螺距误差时，为了保证可旋合性，应把内螺纹的中径加大一个数值 F_{P}。这个 $f_{P}(F_{P})$ 就是为补偿螺距误差而折算到中径上的数值，称为螺距误差的中径当量。

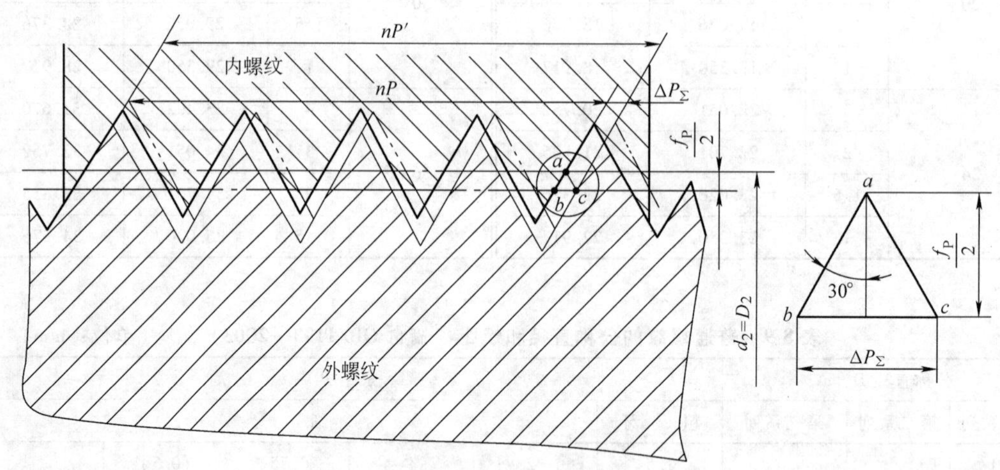

图 8-11 螺距误差对互换性的影响

从 Δabc 中可求出

$$f_{P}(F_{P}) = 1.732\,|\Delta P_{\Sigma}| \tag{8-1}$$

2. 中径误差的影响

在制造螺纹时，中径不可避免地会出现误差。当外螺纹的中径大于内螺纹的中径时，会影响旋合性；反之，若外螺纹中径比内螺纹中径小得多，则配合太松，牙侧接触不好，影响联接的可靠性。因此，对螺纹中径应加以限制。

3. 牙侧角偏差的影响

牙侧角偏差包括螺纹牙侧的形状误差和牙侧相对于螺纹轴线的垂线的位置误差。

牙侧角偏差可使内、外螺纹结合时发生干涉，影响旋合性，并使螺纹接触面积减少，磨损加快，降低联接的可靠性，应加以限制。

如图 8-12 所示，假定内螺纹是理想牙型，外螺纹仅有牙侧角偏差，在小径或大径牙侧处会产生干涉不能旋合。为了消除干涉区，可将外螺纹中径减少一个数值f_α。同理，当内螺纹有牙侧角偏差时，为了保证可旋合性，应把内螺纹中径加大一个数值F_α，这个$f_\alpha(F_\alpha)$就是为补偿牙侧角偏差而折算到中径上的数值，称为牙侧角偏差的中径当量。

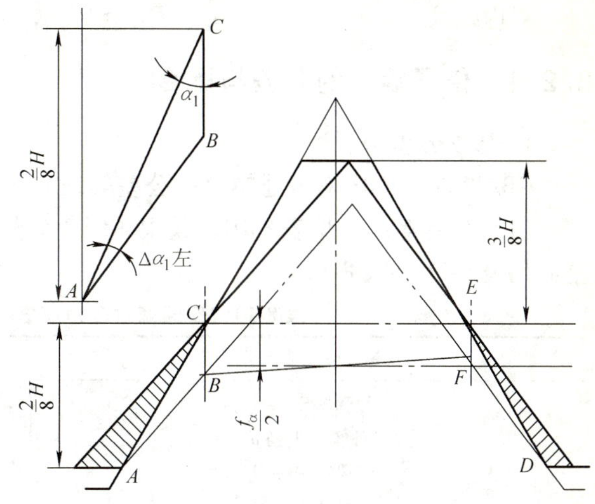

图8-12　牙侧角偏差对互换性的影响

根据任意三角形的正弦定理可推导出f_α（F_α）（μm）为

$$f_\alpha(F_\alpha)=0.073P(K_1|\Delta\alpha_1|+K_2|\Delta\alpha_2|) \tag{8-2}$$

式中　　P——螺距公称值（mm）；

$\Delta\alpha_1$、$\Delta\alpha_2$——左、右牙侧角偏差（′）。

K_1、K_2——左、右牙侧角偏差补偿系数。对外螺纹，当$\Delta\alpha_1$、$\Delta\alpha_2$为正值时，K_1、K_2为2；当$\Delta\alpha_1$、$\Delta\alpha_2$为负值时，K_1、K_2为3。对内螺纹，当$\Delta\alpha_1$、$\Delta\alpha_2$为正值时，K_1、K_2为3；当$\Delta\alpha_1$、$\Delta\alpha_2$为负值时，K_1、K_2为2。

上述的f_P（F_P）与f_α（F_α）值的计算是从理论上推导出来的，内、外螺纹的结合的实际情况是比较复杂的，彼此间的真实关系有待于进一步研究。

8.2.3　保证普通螺纹互换性的条件

1. 作用中径的概念

作用中径是指螺纹配合中实际起作用的中径。当有螺距累积误差、牙侧角偏差的外螺纹与具有理想牙型的内螺纹旋合时，旋合变紧，其效果好像外螺纹的中径增大了，这个增大了的假想中径是与内螺纹旋合时起作用的中径，称为外螺纹的作用中径，以d_{2m}表示。它等于外螺纹的单一中径与螺距累积误差、牙侧角偏差中径当量之和，即

$$d_{2m}=d_{2a}+f_P+f_\alpha \tag{8-3}$$

同理，当有螺距累积误差和牙侧角偏差的内螺纹与具有理想牙型的外螺纹旋合时，旋合也变紧了，其效果好像内螺纹中径减小了。这个减小了的假想中径是与外螺纹旋合时起作用的中径，称为内螺纹的作用中径，以D_{2m}表示。它等于内螺纹的单一中径与螺距累积误差、牙侧角偏差中径当量之差，即

$$D_{2m}=D_{2a}-F_P-F_\alpha \tag{8-4}$$

2. 保证螺纹互换性的条件

螺距累积误差和牙侧角偏差的影响均可折算为中径当量值，因此要实现螺纹结合的互换性，螺纹中径必须合格。

判断螺纹中径是否合格应遵循泰勒原则，即一方面螺纹作用中径不能超出最大实体牙型的中径；另一方面，为了保证螺纹联接的可靠性，还应保证任一部位的单一中径不能超出最小实体牙型的中径。

用公式表示如下：

对外螺纹

$$d_{2m}\leqslant d_{2\max},\ d_{2a}\geqslant d_{\min} \tag{8-5}$$

对内螺纹 $D_{2m} \geqslant D_{2min}$，$D_{2a} \leqslant D_{2max}$ (8-6)

8.2.4 普通螺纹的公差与配合

1. 螺纹公差带

GB/T197—2003 对普通螺纹的公差等级和基本偏差做了规定。

(1) 公差等级　见表 8-10，其中 3 级等级最高，6 级为基本级，9 级等级最低。各级公差值见表 8-11 和表 8-12。

表 8-10　普通螺纹公差等级（摘自 GB/T197—2003）

螺　纹　直　径	公　差　等　级
外螺纹中径 d_2	3，4，5，6，7，8，9
外螺纹大径 d	4，6，8
内螺纹中径 D_2	4，5，6，7，8
内螺纹小径 D_1	4，5，6，7，8

表 8-11　普通螺纹中径公差（摘自 GB/T197—2003）　　（单位：μm）

公称直径 D（d）/mm		螺距	内螺纹中径公差 T_{D2}					外螺纹中径公差 T_{d2}						
			公差等级					公差等级						
>	≤	P/mm	4	5	6	7	8	3	4	5	6	7	8	9
5.6	11.2	0.75	85	106	132	170	—	50	63	80	100	120	—	—
		1	95	118	150	190	236	56	71	95	112	140	180	224
		1.25	100	125	160	200	250	60	75	95	118	150	190	236
		1.5	112	140	180	224	280	67	85	106	132	170	212	295
11.2	22.4	1	100	125	160	200	250	60	75	95	118	150	190	236
		1.25	112	140	180	224	280	67	85	106	132	170	212	265
		1.5	118	150	190	236	300	71	90	112	140	180	224	280
		1.75	125	160	200	250	315	75	95	118	150	190	236	300
		2	132	170	212	—	63	80	100	125	160	200	250	315
		2.5	140	180	224	280	355	85	106	132	170	212	265	335
22.4	45	1	106	132	170	212	—	63	80	100	125	160	200	250
		1.5	125	160	200	250	315	75	95	118	150	190	236	300
		2	140	180	224	280	355	85	106	132	170	212	265	335
		3	170	212	265	335	425	100	125	160	200	250	315	400
		3.5	180	224	280	355	450	106	132	170	212	265	335	425
		4	190	236	300	375	415	112	140	180	224	280	355	450
		4.5	200	250	315	400	500	118	150	190	236	300	375	475

(2) 基本偏差　国标对内螺纹规定了两种基本偏差，其代号为 G、H，如图 8-13 所示。对外螺纹规定了四种基本偏差，其代号为 e、f、g、h，如图 8-14 所示。基本偏差值见表 8-12。

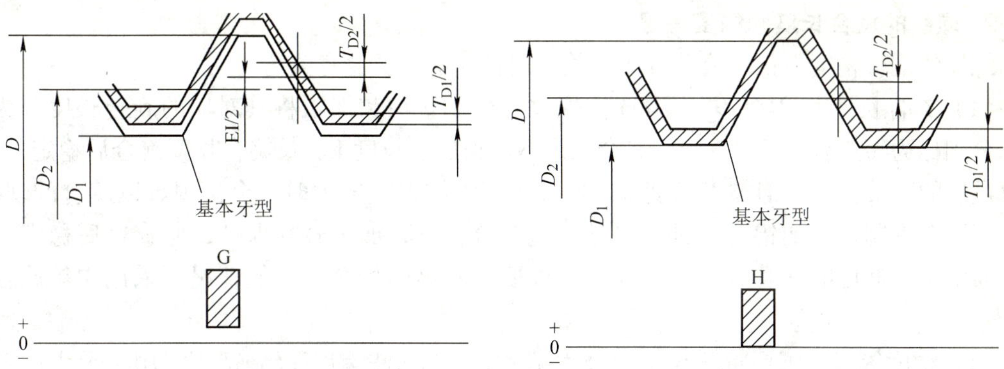

图 8-13　内螺纹的基本偏差

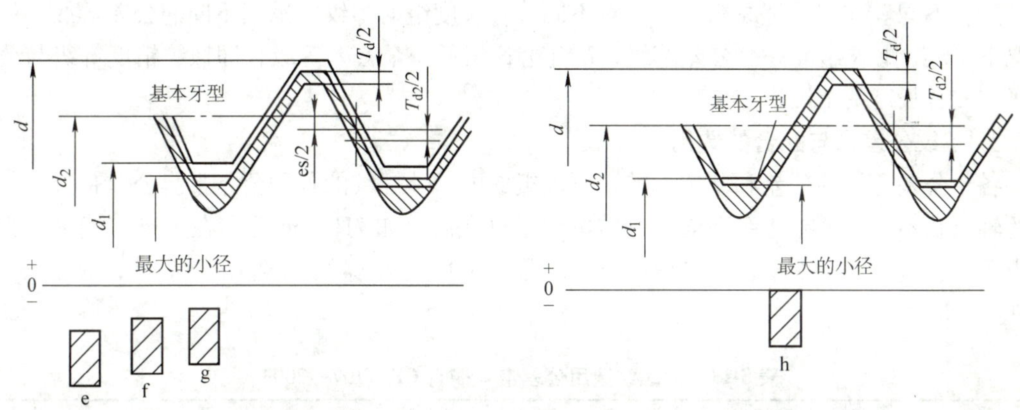

图 8-14　外螺纹的基本偏差

表 8-12　普通螺纹基本偏差和顶径公差（摘自 GB/T197—2003）　（单位：μm）

螺距 P /mm	内螺纹的基本偏差 EI		外螺纹的基本偏差 es				内螺纹小径公差 T_{D1} 公差等级					外螺纹大径公差 T_d 公差等级		
	G	H	e	f	g	h	4	5	6	7	8	4	6	8
0.75	+22		−56	−38	−22		118	150	190	236	—	90	140	—
0.8	+24		−60	−38	−24		125	160	200	250	315	95	150	236
1	+26		−60	−40	−26		150	190	236	300	375	112	180	280
1.25	+28		−63	−42	−28		170	212	265	335	425	132	212	335
1.5	+32		−67	−45	−32		190	236	300	375	475	150	236	375
1.75	+34	0	−71	−48	−34	0	212	265	335	425	530	170	265	425
2	+38		−71	−52	−38		236	300	375	475	600	180	280	450
2.5	+42		−80	−58	−42		280	355	450	560	710	212	335	530
3	+48		−85	−63	−48		315	400	500	630	800	236	375	600
3.5	+53		−90	−70	−53		355	450	560	710	900	265	425	670
4	+60		−95	−75	−60		375	475	600	750	950	300	475	750

2．螺纹的旋合长度和精度等级

螺纹的配合精度不仅与公差等级有关，而且与旋合长度有关。

（1）旋合长度　GB/T197—2003 按螺纹的公称直径和螺距将其对应的旋合长度分为三种，分别称为短旋合长度 S、中等旋合长度 N、长旋合长度 L。长旋合长度旋合后稳定性好，且有足够的联接强度，但加工精度难以保证，当螺纹误差较大时，会出现难以旋合的现象，多用于软金属制件，如铝合金件的联接。短旋合长度，加工容易保证，但旋合后稳定性较差，通常用于低压电器及防护罩等联接强度要求不高的场合。一般情况下采用中等旋合长度。

（2）精度等级　国标将螺纹精度分为精密、中等和粗糙三级。精密级用于要求配合性质变动小的地方，中等级用于一般机械，粗糙级用于精度要求不高或加工比较困难的螺纹。螺纹的精度与公差等级在概念上是不同的。同一公差等级的螺纹，若旋合长度不同，则螺纹的精度就不同。在同一螺纹精度下，对不同旋合长度组的螺纹应采用不同的公差等级。一般情况下，S 组比 N 组高一个公差等级，L 组比 N 组低一个公差等级，即螺纹精度等级与公差等级和旋合长度两个因素有关。

3．螺纹公差带与配合的选用

各个公差等级的公差和基本偏差，可以组成内、外螺纹的各种公差带。公差带代号与光滑的轴、孔不同，公差等级在前，基本偏差字母在后，如 7H、6e 等。在生产实践中，为了减少刀具、量具的数量，GB/T197—2003 规定了内、外螺纹的选用公差带，见表 8-13、8-14。

表 8-13　内螺纹选用公差带（摘自 GB/T197—2003）

精度	公差带位置 G			公差带位置 H		
	S	N	L	S	N	L
精密				4H	5H	6H
中等	(5G)	*6G	(7G)	*5H	[*6H]	*7H
粗糙		(7G)	(8G)		7H	8H

注：1．大量生产的精制紧固件螺纹，推荐采用带方框的公差带；

2．带 * 的公差带应优先选用，不带 * 的公差带其次，加括号的公差带尽可能不用。

表 8-14　外螺纹选用公差带（摘自 GB/T197—2003）

精度	公差带位置 e			公差带位置 f			公差带位置 g			公差带位置 h		
	S	N	L	S	N	L	S	N	L	S	N	L
精密								(4g)	(5g4g)	(3h4h)	*4h	(5h4h)
中等		*6e	(7e6e)		*6f		(5g6g)	[*6g]	(7g6g)	(5h6h)	*6h	(7h6h)
粗糙		(8e)	(9e8e)					8g	(9g8g)			

注：1．大量生产的精制紧固件螺纹，推荐采用带方框的公差带；

2．带 * 的公差带应优先选用，不带 * 的公差带其次，加括号的公差带尽可能不用。

为了保证足够的接触高度，完工后螺纹最好组成 H/h、H/g、G/h 的配合。对于需要涂镀的外螺纹，镀层厚度为 10μm 时可采用 g，镀层厚度为 20μm 时采用 f，镀层厚度为 30μm 时采用 e。当内、外螺纹均需要涂镀时，则采用 G/e 或 G/f 的配合。

4．螺纹在图样上的标注

螺纹的完整标注由螺纹特征代号、尺寸代号、公差带代号和其他有关信息四部分组成。各部分用“－”隔开。

普通螺纹特征代号用 M 表示；尺寸代号包括公称直径（大径）、螺距，对粗牙螺纹，可省略标注螺距；螺纹公差带代号包括中径公差带代号和顶径公差带代号，若中径和顶径公差带代号相同，则只标注一个；其他有关信息包括螺纹的旋合长度和旋向，中等旋合长度可省略标注，而长、短旋合长度要注出“L”或“S”，右旋螺纹不标注旋向，而左旋螺纹应注出“LH”。

表示内、外螺纹配合时，内螺纹公差带代号在前，外螺纹公差带代号在后，中间用斜线分开。

（1）零件图上标注示例

M24×2－6H－LH

表示公称直径为 24mm 的普通细牙内螺纹，螺距为 2mm，中径和顶径公差带代号为 6H，中等旋合长度，左旋。

（2）装配图上标注示例

M20－6H/5g6g

表示互相配合的普通粗牙内、外螺纹，公称直径为 20mm，内螺纹的中径和顶径公差带代号均为 6H，外螺纹中径公差带代号为 5g，顶径公差带代号为 6g，中等旋合长度，右旋。

5．应用举例

例 8-1　螺纹 M24－6h 的测量结果为：$d_{2a}=21.95\text{mm}$，$\Delta P_{\Sigma}=-50\mu\text{m}$，$\Delta\alpha_1=-80'$，$\Delta\alpha_2=+60'$。试求该外螺纹的作用中径，问此外螺纹是否合格，能否旋入具有基本牙型的内螺纹中。

解：

（1）确定中径极限尺寸

查表 8-8 得：$d_2=22.051\text{mm}$。查表 8-12 得：中径上偏差 es＝0。查表 8-11 得：$T_{d2}=200\mu\text{m}$。

中径的极限尺寸 $d_{2\max}=22.051\text{mm}$，$d_{2\min}=21.851\text{mm}$

（2）计算作用中径

$$f_p=1.732|\Delta P_{\Sigma}|=1.732\times50\mu\text{m}=86.6\mu\text{m}=0.0866\text{mm}$$

$$\begin{aligned}f_\alpha&=0.073P(K_1|\Delta\alpha_1|+K_2|\Delta\alpha_2|)\mu\text{m}\\&=0.073\times3\times(3\times80+2\times60)\mu\text{m}=78.8\mu\text{m}=0.0788\text{mm}\end{aligned}$$

$$d_{2m}=d_{2a}+f_p+f_\alpha=(21.95+0.0866+0.0788)\text{mm}=22.115\text{mm}$$

（3）判别螺纹合格与否

$d_{2m}=22.115\text{mm}>d_{2\max}=22.051\text{mm}$，依据泰勒原则，该螺纹不合格，不能旋入具有基本牙型的内螺纹中。公差带图如图 8-15 所示。

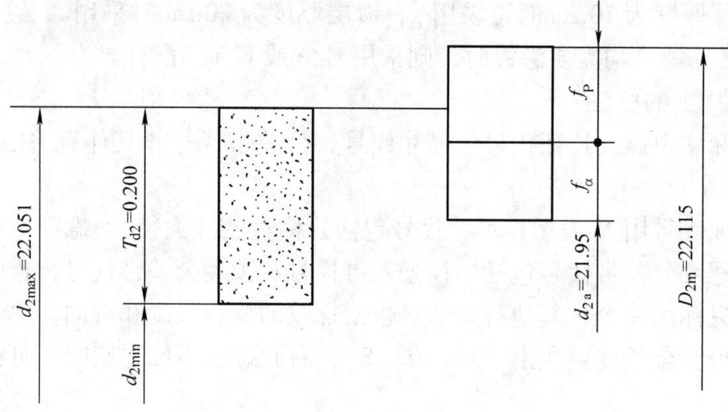

图 8-15 例 8-1 图

8.2.5 普通螺纹的检测

普通螺纹的测量方法分为综合检验和单项测量。

1. 单项测量

分别测量螺纹的各个几何参数，常用于螺纹工件的工艺分析、螺纹量规、螺纹刀具及精密螺纹的检测。常用的方法有：

（1）三针法测量外螺纹单一中径 将三根直径相同的量针，如图 8-16 所示放在螺纹牙型沟槽中间，用指示量仪测出三根量针外母线之间的跨距 M，根据已知的螺距 P，牙型半角 $\alpha/2$ 及量针直径 d_0 的数值算出被测螺纹的单一中径 d_{2a}。计算公式如下：

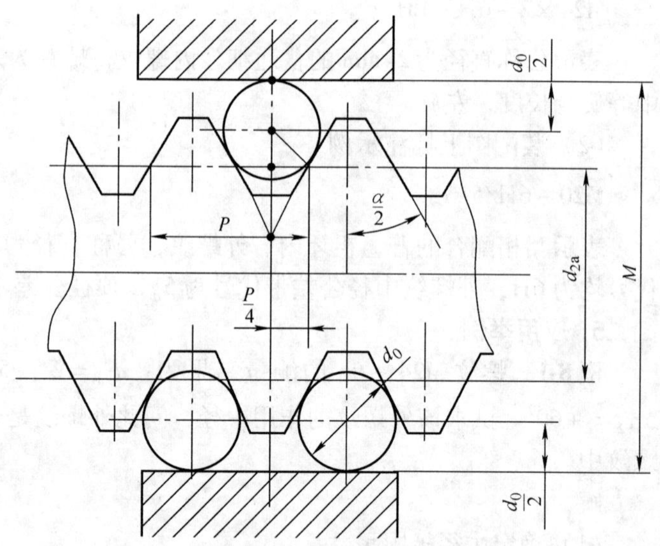

图 8-16 三针法测量螺纹单一中径

$$d_{2a} = M - d_0\left(1 + \frac{1}{\sin(\alpha/2)}\right) + \frac{P}{2}\cot(\alpha/2) \tag{8-7}$$

对于米制普通螺纹，$\alpha = 60°$，则

$$d_{2a} = M - 3d_0 + 0.866P \tag{8-8}$$

从上述公式可知，用三针法的测量精度，除所选量仪的示值误差和量针本身的误差外，还与被测螺纹的螺距误差和牙侧角偏差有关。

为了消除牙侧角偏差对测量结果的影响，应选最佳量针直径，使它与螺纹牙型侧面的接触点，恰好在中径线上，如图 8-17 所示。

此时最佳量针直径为

$$d_{0最佳} = \frac{P}{2\cos(\alpha/2)} \tag{8-9}$$

(2) 影像法测量螺纹各参数 用工具显微镜将被测螺纹的牙型轮廓放大成像，按影像测量其螺距、牙侧角和中径，是一种在实际生产中应用普遍的测量方法。

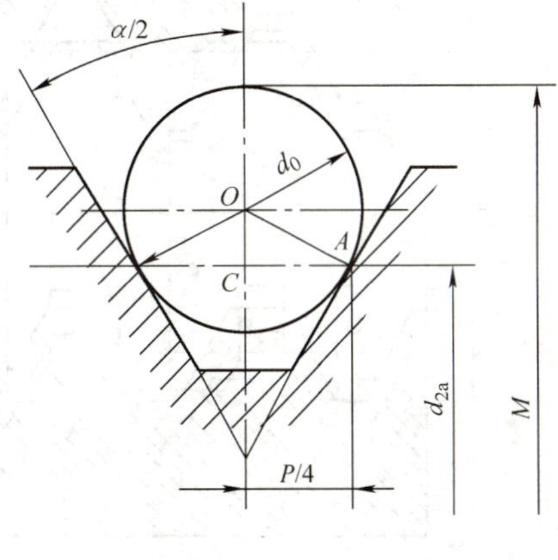

图 8-17 最佳量针

2. 综合测量

综合测量是指采用按照泰勒原则设计的螺纹量规和光滑极限量规对螺纹进行综合检验。螺纹量规均由通规（通端）和止规（止端）组成。这种方法不能测出螺纹参数的具体数值，但检验效率高，适用于批量生产的中等精度的螺纹。

通规模拟最大实体牙型，检验被测螺纹的作用中径是否超出其最大实体牙型的中径，被测螺纹的底径实际尺寸是否超出最大实体尺寸。因此，通规具有完整牙型，其螺纹长度等于被测螺纹的旋合长度。

止规用于检验被测螺纹的单一中径是否超出其最小实体牙型的中径，因此，止规采用截短牙型，只有 2~3 个螺距的螺纹长度，以减少牙侧角偏差和螺距误差对检验结果的影响。

光滑极限量规用于检验被测螺纹顶径的实际尺寸。

用螺纹量规检验时，若通规能够旋合通过整个被测螺纹，则旋合性合格，否则不合格；若止规不能旋入或不能完全旋入被测螺纹，则联接强度合格，否则不合格。

螺纹量规分为螺纹塞规和螺纹环规。用螺纹环规检验外螺纹如图 8-18 所示，用螺纹塞规检验内螺纹如图 8-19 所示。

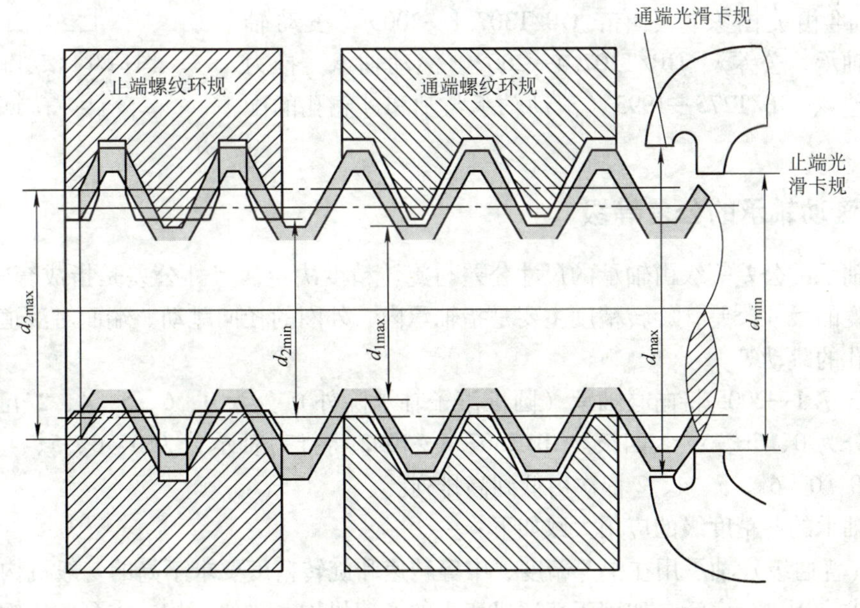

图 8-18 用环规检验外螺纹

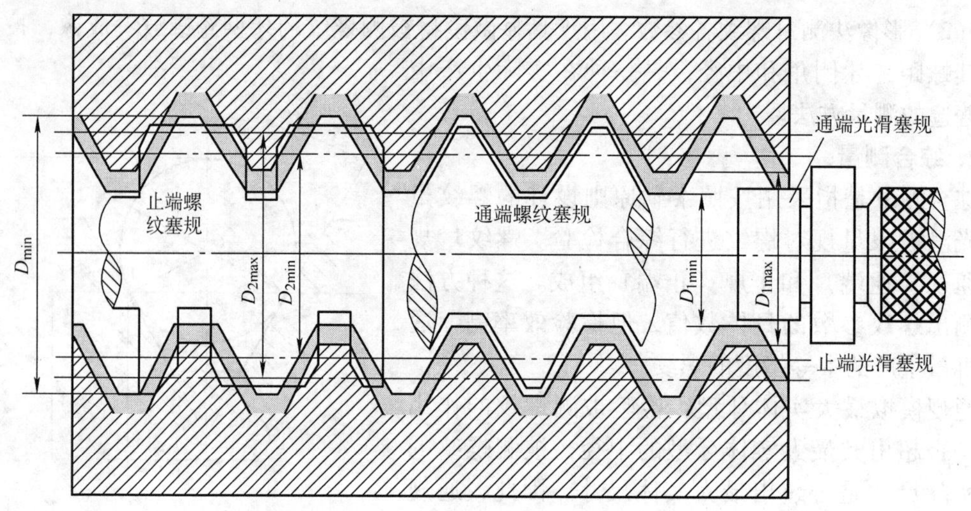

图 8-19 用塞规检验内螺纹

8.3 滚动轴承的公差与配合

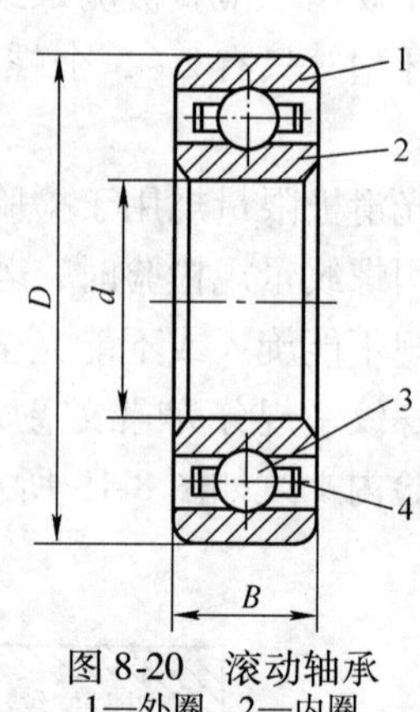

图 8-20 滚动轴承
1—外圈 2—内圈
3—滚动体 4—保持架

滚动轴承是一种支承轴的部件，具有结构紧凑，摩擦力小等优点，是在机器中被广泛采用的标准件，一般由外圈、内圈、滚动体和保持架组成，如图 8-20 所示。滚动轴承工作时，要求运转平稳，旋转精度高，噪声小。为了保证工作性能，除了轴承本身的制造精度外，还要正确选择轴和外壳孔与轴承的配合、尺寸精度、形位公差和表面粗糙度等。我国发布的相关国家标准有：GB/T307.1—2005《滚动轴承 向心轴承 公差》、GB/T307.4—2002《滚动轴承 推力轴承 公差》、GB/T275—1993《滚动轴承与轴和外壳孔的配合》等。

8.3.1 滚动轴承的公差等级

滚动轴承的公差等级由轴承的尺寸公差与旋转精度决定。尺寸公差是指成套轴承的内、外径和宽度的尺寸公差；旋转精度主要是指轴承内、外圈的径向跳动、端面对滚道的跳动和端面对内孔的跳动等。

GB/T307.1—2005 将向心轴承（圆锥滚子轴承除外）分为 0、6、5、4、2 五级，圆锥滚子轴承分为 0、6x、5、4 四级。GB/T307.4—2002 将推力轴承分为 0、6、5、4 四级。公差等级按 0、6、6x、5、4、2 依次由低到高排列。

滚动轴承的各精度级的应用大致如下：

0 级（普通级）轴承用在中等精度、中等转速和旋转精度要求不高的一般机构中，它在机械产品中应用十分广泛。如用于普通机床中的变速机构、进给机构、水泵、压缩机等一般通用机器的旋转机构中等。

6、6x 级（中等级）轴承用于旋转精度和转速较高的旋转机构中。如普通机床的主轴后轴承、精密机床传动轴使用的轴承。

5、4 级（精密级）轴承应用于旋转精度和转速高的旋转机构中。如精密机床的主轴轴承、精密仪器和机械使用的轴承。普通机床主轴的前轴承精度等级通常比主轴后轴承高一级，即用 5 级。

2 级（超精级）轴承应用于旋转精度和转速很高的旋转机构中。如坐标镗床的主轴轴承、高精度仪器和高转速机构中使用的轴承。

8.3.2 滚动轴承内外径及相配合轴径、外壳孔的公差带

1. 滚动轴承内、外径的公差带

滚动轴承的内圈和外圈都是薄壁零件，在制造和保管过程中容易变形，但当轴承内圈与轴、外圈与外壳孔装配后，这种微量的变形又能得到一定的矫正。因此，国家标准对轴承内径和外径尺寸公差做了两种规定：①规定了内、外径尺寸的最大值和最小值所允许的极限，即单一内、外径偏差，主要目的是为了限制自由状态下的变形量。②规定内、外径实际量得的最大值和最小值的平均值偏差，即单一平面平均内、外径偏差，目的是控制配合状态下的变形量。

轴承内、外径尺寸公差的特点是采用单向制，所有公差等级的公差带都单向配置在零线下侧，即上偏差为零，下偏差为负值，如图 8-21 所示。

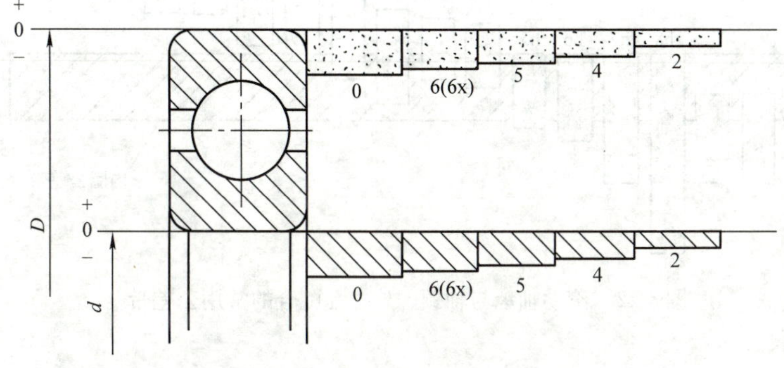

图 8-21 滚动轴承内、外径公差带

滚动轴承内圈与轴颈配合采用基孔制，外圈与外壳孔配合采用基轴制。在国家标准《极限与配合》中，基准孔的公差带在零线之上，而轴承内孔虽然也是基准孔，但其所有公差等级的公差带都在零线之下。因此，轴承内圈与轴颈配合，比《极限与配合》中基孔制同名配合要紧一些。轴承外径的公差带与《极限与配合》基轴制的基准轴基本偏差相同，但两者的公差数值不同。因此，轴承外圈与外壳孔配合基本保持了《极限与配合》中同名配合的配合性质。

2. 与滚动轴承配合的轴颈、外壳孔公差带

GB/T275—1993 规定，滚动轴承与轴颈、外壳孔配合的常用公差带图如图 8-22 所示。

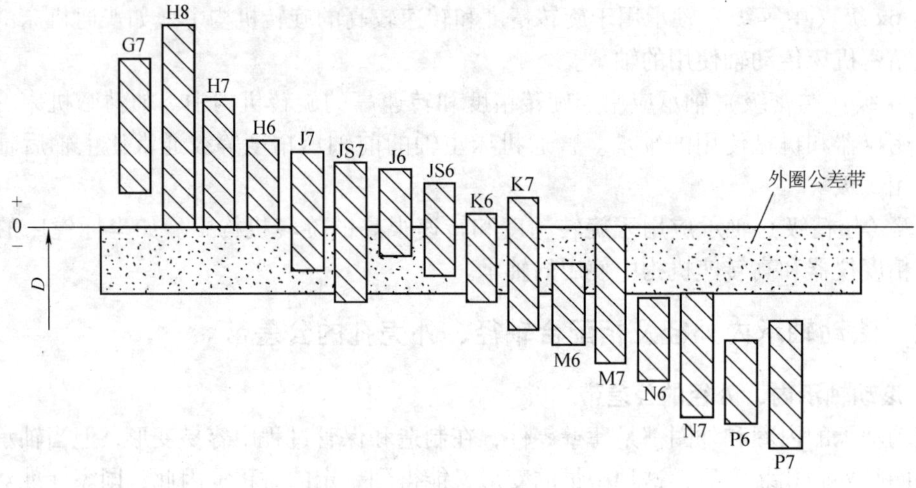

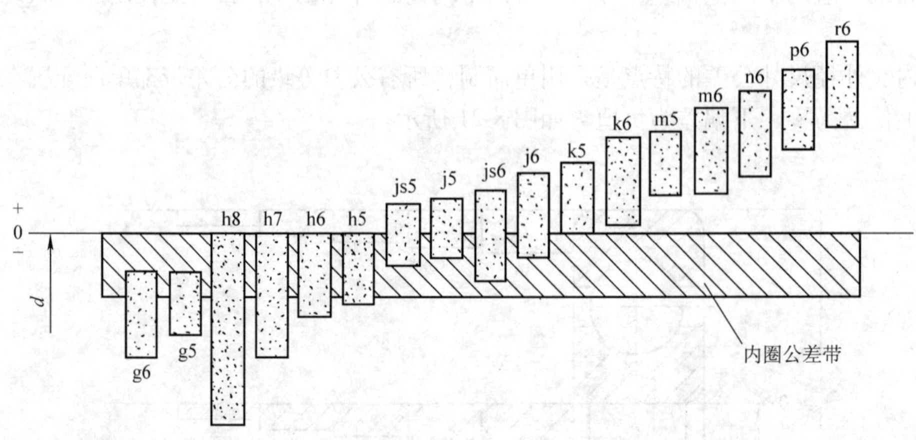

图 8-22　滚动轴承与轴颈、外壳孔配合的常用公差带

8.3.3　选择滚动轴承配合时应考虑的因素

正确合理地选用滚动轴承与轴颈和外壳孔的配合，对保证机器正常运转、延长轴承的使用寿命、发挥其承载能力有很大关系。因此，选用轴颈与外壳孔公差带时，主要考虑以下因素：

1. 负荷类型

对各种工作情况下的滚动轴承进行受力分析，可知轴承套圈（内、外圈统称）承受三种类型负荷，如图 8-23 所示。

（1）定向负荷　作用于轴承上的合成径向负荷与套圈相对静止，方向不变地作用在该套圈的局部滚道上，如一般机械固定套圈承受的负荷。

（2）旋转负荷　作用于轴承上的合成径向负荷与套圈相对旋转，并顺次作用在该套圈的整个圆周滚道上，如一般机械上与旋转件结合的套圈所承受的负荷。

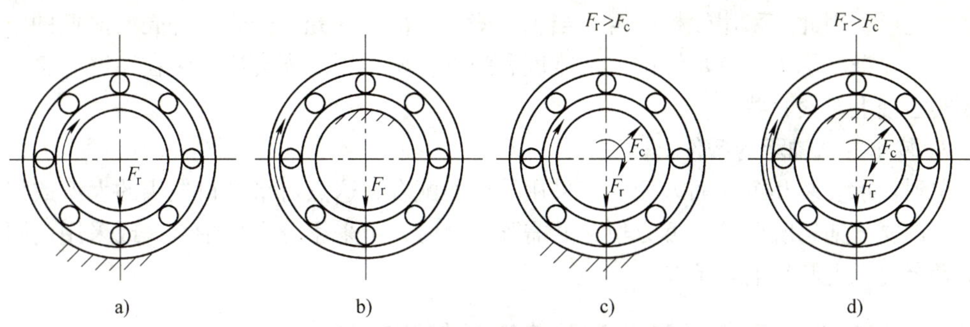

图 8-23 轴承套圈承受的负荷类型

a) 内圈：旋转负荷 外圈：定向负荷　b) 内圈：定向负荷 外圈：旋转负荷　c) 内圈：旋转负荷 外圈：摆动负荷　d) 内圈：摆动负荷 外圈：旋转负荷

（3）摆动负荷　大小和方向按一定规律变化的合成径向负荷依次往复地作用在套圈滚道的一段区域上，如振动筛与振动料斗使用的轴承。

当套圈受定向负荷时，配合一般应选得松些，甚至可有不大的间隙，以便在滚动体摩擦力矩的作用下，使套圈有可能产生少许转动，从而改变受力状态，使滚道磨损均匀，延长轴承的使用寿命。一般选用过渡配合或具有极小间隙的间隙配合。

当套圈受旋转负荷时，为了防止套圈在轴颈上或外壳孔的配合表面上打滑，引起配合表面发热、磨损，配合应选得紧些，可选过盈量较小的过盈配合或过盈量较大的过渡配合。

当套圈受摆动负荷时，一般与受旋转负荷的配合相同或稍松些。

2. 负荷大小

滚动轴承套圈与轴颈或外壳孔的最小过盈量取决于负荷的大小。当受冲击负荷或重负荷时，一般应选择比正常、轻负荷更紧密的配合。国标对向心轴承负荷的大小用径向当量动负荷 P_r 与径向额定动负荷 C_r 的比值区分，具体见表 8-15。

表 8-15　滚动轴承负荷大小

负荷大小	P_r/C_r
轻负荷	≤0.07
正常负荷	>0.07～0.15
重负荷	>0.15

3. 工作条件

（1）工作温度的影响　轴承运转时，由于摩擦发热和散热条件不同等原因，轴承套圈的温度往往高于与其配合的零件的温度，这样，内圈与轴的配合可能松动，外圈与孔的配合可能变紧，所以在考虑轴承的配合时，需要考虑工作温度的影响。

（2）旋转精度和旋转速度的影响　机器要求有较高的旋转精度时，相应地要选用较高精度等级的轴承，因此，与轴承配合的轴和壳体孔，也要选择较高精度的标准公差等级。对于承受负荷较大且要求较高旋转精度的轴承，为了消除弹性变形和振动的影响，应避免采用间隙配合。而对一些精密机床的轻负荷轴承，为了避免孔和轴的形状误差对轴承精度的影响，常采用有间隙的配合。

4. 轴和外壳孔的结构与材料

为了装卸方便，可选用剖分式外壳。如果剖分式外壳与外圈采用的配合较紧，会使外圈产生椭圆变形，因此宜采用较松配合。当轴承安装在薄壁外壳、轻合金外壳或薄壁的空心轴上时，为了保证轴承工作有足够的支承刚度和强度，所采用的配合应比装在厚壁外壳、铸铁外壳或实心轴上时紧一些。

5．安装和拆卸轴承的条件

考虑到轴承安装和拆卸的方便，宜采用较松的配合，这点对重型机械用的大型或特大型轴承尤为重要。如果既要求装拆方便，又需紧配合时，可采用分离型轴承，或采用内圈带锥孔、带紧定套和退卸套的轴承。

8.3.4 与滚动轴承配合的轴颈和外壳孔的精度确定

1．与滚动轴承配合的孔、轴尺寸公差带

影响滚动轴承配合选用的因素较多，在实际生产中常用类比法确定。GB/T 275—1993规定的向心轴承与轴颈、外壳孔配合的公差带见表8-16和表8-17，可供参考。

表8-16 向心轴承和轴的配合 轴公差带代号（摘自GB/T 275—1993）

圆柱孔轴承						
运转状态		负荷状态	深沟球轴承、调心球轴承和角接触球轴承	圆柱滚子轴承和圆锥滚子轴承	调心滚子轴承	公差带
说明	举例		轴承公称内径/mm			
旋转的内圈负荷及摆动负荷	一般通用机械、电动机、机床主轴、泵、内燃机、直齿轮传动装置、铁路机车车辆油箱、破碎机等	轻负荷	≤18 >18～100 >100～200 —	— ≤40 >40～140 >140～200	— ≤40 >40～100 >100～200	h5 j6① k6① m6①
		正常负荷	≤18 >18～100 >100～140 >140～200 >200～280 — —	— ≤40 >40～100 >100～140 >140～200 >200～400 —	— ≤40 >40～65 >65～100 >100～140 >140～280 >280～500	j5、js5 k5② m5② m6 n6 p6 r6
		重负荷		>50～140 >140～200 >200 —	>50～100 >100～140 >140～200 >200	n6 p6③ r6 r7
固定的内圈负荷	静止轴上的各种轮子、张紧轮绳轮、振动筛、惯性振动器	所有负荷	所有尺寸			f6 g6① h6 j6
仅有轴向负荷		所有尺寸				j6、js6
圆锥孔轴承						
所有负荷	铁路机车车辆轴箱	装在退卸套上的所有尺寸				h8（IT6）⑤④
	一般机械传动	装在紧定套上的所有尺寸				h9（IT7）⑤④

① 凡对精度有较高要求的场合，应用j5、j6代替j6、k6……。
② 圆锥滚子轴承、角接触球轴承配合对游隙影响不大，可用k6、m6代替k5、m5。
③ 重负荷下轴承游隙应选大于0组。
④ 凡有较高精度或转速要求的场合，应选用h7（IT5）代替h8（IT6）等。
⑤ IT6、IT7表示圆柱度公差数值。

表 8-17　向心轴承和外壳孔的配合　孔公差带代号（摘自 GB/T 275—1993）

运转状态		负荷状态	其他状态	公差带①	
说明	举例			球轴承	滚子轴承
固定的外圈负荷	一般机械、铁路机车车辆轴箱、电动机、泵、曲轴主轴承	轻、正常、重	轴向易移动，可采用剖分式外壳	H7、G7②	
		冲击	轴向能移动，可采用整体或剖分式外壳	J7、JS7	
摆动负荷		轻、正常			
		正常、重	轴向不移动，采用整体式外壳	K7	
		冲击		M7	
旋转的外圈负荷	张紧滑轮、轮毂轴承	轻		J7	K7
		正常		K7、M7	M7、N7
		重		—	N7、P7

① 并列公差带随尺寸的增大从左至右选择，对旋转精度有较高要求时，可相应提高一个公差等级。

② 不适用于剖分式外壳。

2. 配合表面的其他要求

GB/T 275—1993 规定了与轴承配合的轴颈和外壳孔表面的圆柱度公差、轴肩及外壳孔端面的端面圆跳动公差、各表面的表面粗糙度要求等，见表 8-18 和 表 8-19。

表 8-18　轴和外壳的形位公差（摘自 GB/T 275—1993）

基本尺寸/mm		圆柱度 t				端面圆跳动 t_1			
		轴颈		外壳孔		轴肩		外壳孔肩	
		轴承公差等级							
		0	6（6x）	0	6（6x）	0	6（6x）	0	6（6x）
大于	至	公差值/μm							
	6	2.5	1.5	4	2.5	5	3	8	5
6	10	2.5	1.5	4	2.5	6	4	10	6
10	18	3.0	2.0	5	3.0	8	5	12	8
18	30	4.0	2.5	6	4.0	10	6	15	10
30	50	4.0	2.5	7	4.0	12	8	20	12
50	80	5.0	3.0	8	5.0	15	10	25	15
80	120	6.0	4.0	10	6.0	15	10	25	15
120	180	8.0	5.0	12	8.0	20	12	30	20
180	250	10.0	7.0	14	10.0	20	12	30	20
250	315	12.0	8.0	16	12.0	25	15	40	25
315	400	13.0	9.0	18	13.0	25	15	40	25
400	500	15.0	10.0	20	15.0	25	15	40	25

表 8-19　配合面的表面粗糙度（摘自 GB/T 275—1993）

轴或轴承座直径/mm		轴或外壳配合表面直径公差等级								
		IT7			IT6			IT5		
		表面粗糙度/μm								
大于	至	R_z	R_a		R_z	R_a		R_z	R_a	
			磨	车		磨	车		磨	车
	80	10	1.6	3.2	6.3	0.8	1.6	4	0.4	0.8
80	500	16	1.6	3.2	10	1.6	3.2	6.3	0.8	1.6
端面		25	3.2	6.3	25	3.2	6.3	10	1.6	3.2

8.3.5　滚动轴承配合选用举例

例 8-2　已知减速器的功率为 5kW，从动轴转速为 83r/min，其两端的轴承为 6211 深沟球轴承（$d=55$mm，$D=100$mm），轴上安装齿轮的模数为 3，齿数为 79。试确定轴颈和外壳孔的公差带、形位公差值和表面粗糙度值，并标注在图样上（已知 $P_r/C_r=0.01$）。

解：

（1）减速器属于一般机械，转速不高，应选用 0 级轴承。

（2）齿轮传动时，轴承内圈与轴一起旋转，承受旋转负荷，应选较紧的配合，外圈相对于载荷方向静止，承受定向负荷，应选较松配合。由表 8-15 可知，$P_r/C_r=0.01$，轴承属于轻负荷。查表 8-16、表 8-17，选轴颈公差带为 ϕ55j6，外壳孔公差带为 ϕ100J7。

（3）形位公差查表 8-18，轴颈圆柱度公差为 0.005mm，轴肩端面圆跳动公差为 0.015mm，外壳孔圆柱度公差为 0.01mm。

（4）表面粗糙度值查表 8-19，轴颈 R_a 的上限值为 0.8μm，轴肩 R_a 的上限值为 3.2μm，外壳孔 R_a 的上限值为 1.6μm。

（5）标注如图 8-24 所示，滚动轴承是标准件，装配图上只需注出轴颈和外壳孔的公差带代号。

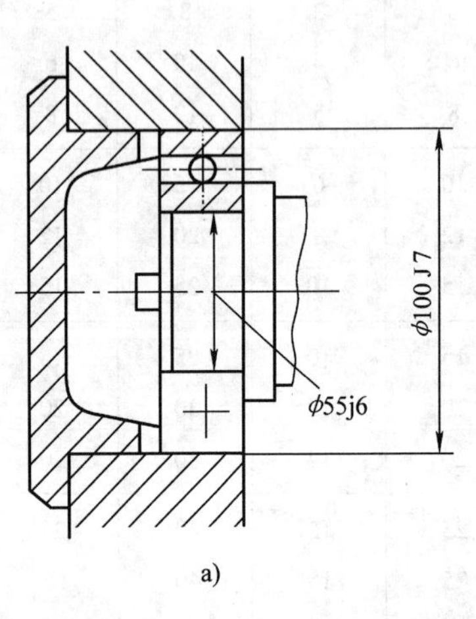

a)

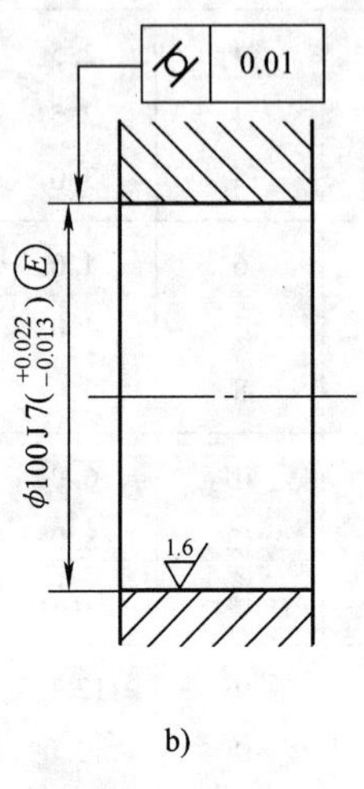

b)

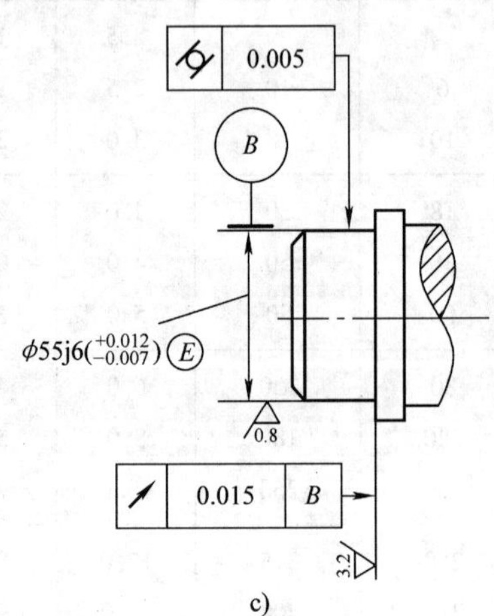

c)

图 8-24　例 8-2 图

习 题 8

8-1 普通平键联接为什么只对键（键槽）宽规定较严的公差？

8-2 普通平键联接的配合采用何种配合制？花键联接采用何种配合制？

8-3 平键与键槽的配合有哪几种？各适用于何种场合？

8-4 矩形花键的主要参数有哪些？定心方式有哪几种？国家标准规定采用哪种定心方式？为什么？

8-5 某机床变速箱中有 6 级精度齿轮的花键孔与花键轴联接，花键规格 6×26×30×6，花键孔长 30mm，花键轴长 75mm，齿轮花键孔经常需要相对花键轴做轴向移动，要求定心精度较高，试确定齿轮花键孔和花键轴的公差带代号，计算小径、大径、键（键槽）宽的极限尺寸，分别写出在装配图上和零件图上的标记。

8-6 螺纹中径的含义是什么？为什么说普通螺纹的中径公差是一种综合公差？

8-7 查表确定 M20×2—6H/5g6g 普通内、外螺纹中径、大径和小径的极限偏差和极限尺寸。

8-8 有一内螺纹 M20—7H，测得其单一中径 $D_{2a}=18.61\text{mm}$，螺距累积误差为 $\Delta P_{\Sigma}=40\mu\text{m}$，左牙侧角误差 $\Delta\alpha_1=-50'$，右牙侧角误差 $\Delta\alpha_2=+30'$。试计算该内螺纹的作用中径，并判断此内螺纹是否合格。

8-9 解释下列螺纹代号。

(1) M20—5H　　(2) M36×2—5g6g—20

(3) M30×1—6H/5g6g　　(4) M10—7H—L—LH

8-10 滚动轴承的精度有哪几个等级？哪个等级应用最广泛？

8-11 滚动轴承与轴颈、外壳孔配合分别采用何种配合制？

8-12 选择轴承与轴颈、外壳孔配合时主要考虑哪些因素？

8-13 滚动轴承内圈与轴颈的配合同国家标准《极限与配合》中基孔制同名配合相比，在配合性质上有何变化？为什么？

8-14 某单级直齿圆柱齿轮减速器输入轴上安装两个 0 级 6208 深沟球轴承（内径为 40mm，外径为 80mm），其径向额定动负荷为 22800N，工作时内圈旋转，外圈固定，承受的径向当量动负荷为 1800N。试确定：(1) 与内圈和外圈分别配合的轴径和外壳孔的公差带代号；(2) 轴径和外壳孔的极限偏差、形位公差值和表面粗糙度参数值。

第 9 章　渐开线圆柱齿轮的公差与检测

在各种机器和仪器的传动装置中，齿轮传动的应用非常广泛。齿轮的精度在一定程度上影响着整台机器和仪器的工作性能和使用寿命。为了保证齿轮传动的精度和互换性，我国发布了相应的国家标准，它们分别是 GB/T10095.1—2001《轮齿同侧齿面偏差的定义和允许值》、GB/T10095.2—2001《径向综合偏差与径向跳动的定义和允许值》和 GB/Z18620.1—2002《轮齿同侧齿面的检验》、GB/Z18620.2—2002《径向综合偏差、径向跳动、齿厚和侧隙的检验》、GB/Z18620.3—2002《齿轮坯、轴中心距和轴线平行度》、GB/Z18620.4—2002《表面结构和轮齿接触斑点的检验》。下面结合这些标准，介绍渐开线圆柱齿轮的误差、评定指标及测量等有关知识。

9.1　对齿轮传动的使用要求

现代工业中的各种机器和仪器对齿轮传动提出了多方面的要求，归纳起来主要有下面几点：

1. 传递运动的准确性

齿轮传动理论上应按设计规定的传动比来传递运动，即主动轮转过一个角度时，从动轮应按传动比关系转过一个相应的角度。但由于齿轮存在加工误差和安装误差，实际齿轮传动中要保持恒定的传动比是不可能的，因而使得从动轮的实际转角产生了转角误差。传递运动的准确性就是要求齿轮在一转范围内传动比变化尽量小，其最大转角误差应限制在一定范围内，以保证从动轮与主动轮的运动协调。

2. 传动的平稳性

齿轮任一瞬时传动比的变化，都会使从动轮转速不断变化，从而产生瞬时加速度和惯性冲击力，引起齿轮传动中的冲击、振动和噪声。传动的平稳性就是要求齿轮回转过程中瞬时传动比变化尽量小，也就是要求齿轮在一个齿距角内的最大转角误差要限制在一定的范围内。

3. 载荷分布的均匀性

齿轮在啮合时，若工作齿面载荷分布不均匀，将会产生应力集中，引起齿面的磨损加剧、点蚀甚至轮齿折断。载荷分布的均匀性就是要求齿轮在啮合过程中，工作齿面沿全齿宽和全齿长上保持均匀接触，并具有尽可能大的接触面积比，以使轮齿承载均匀，从而提高轮齿的承载能力和使用寿命。

4. 侧隙的合理性

侧隙即齿侧间隙，是指一对齿轮啮合时，非工作齿面之间形成的间隙。

在齿轮传动中，为了储存润滑油，补偿热变形和弹性变形以及齿轮制造和安装误差，相互啮合轮齿的非工作面之间应留有一定的齿侧间隙，否则齿轮传动过程中可能会出现卡死或烧伤的现象。但该齿侧间隙也不能过大，尤其是对于经常需要正反转的传动齿轮，齿侧间隙过大，会产生空程，引起换向冲击。因此，应合理地确定齿侧间隙的数值。

为了保证齿轮传动具有较好的工作性能，对上述四个方面均要有一定的要求。但用途和工作条件不同时，应有不同的侧重。

例如，精密机床的分度机构、测量仪器的读数机构和自动控制系统等的齿轮，在齿轮一转中的转角误差不应超过1′~2′，甚至几秒。这时，齿轮传递运动准确性是主要的要求。这类齿轮一般传力小，模数、齿宽也较小，因此对载荷分布均匀性的要求不高。如需要正反转时，还应尽量减小齿侧间隙，以减小反转时的空程误差。

对一般机器的动力齿轮，如汽车、拖拉机，通用减速器中的齿轮和机床的变速齿轮，主要的要求是传动的平稳性和载荷分布的均匀性，而对传递运动的准确性要求可低一些。

对于高速、大功率传动装置中的齿轮，如汽轮机减速器上的齿轮，由于圆周速度高，传递功率大，对传动平稳性有严格的要求。对传递运动准确性和载荷分布均匀性也有较高的要求，而且要求有较大的齿侧间隙，以便润滑油畅通，避免齿轮因温度升高而出现卡死现象。

对低速、重载的传动齿轮，如轧钢机、矿山机械和起重机械中低速、重载的齿轮，由于模数大、齿面宽、受力大，因此载荷分布均匀性是主要的要求。齿侧间隙也应足够大。而对传递运动准确性和传动平稳性的要求则可降低一些。

齿轮传动是齿轮、轴、轴承和箱体等零部件的总和，这些零部件的制造和安装误差都将影响对齿轮传动的四项使用要求，其中齿轮加工误差和齿轮副安装误差的影响极大。

下面阐述直齿圆柱齿轮上影响上述四项使用要求的主要误差、精度和齿侧间隙的评定指标以及公差和极限偏差项目等。

9.2　齿轮传递运动准确性的误差根源与评定指标

9.2.1　影响传递运动准确性的主要误差

影响齿轮传递运动准确性的误差，是指由于齿轮齿距分布不均匀而产生的以齿轮一转为周期的误差。渐开线齿轮的加工方法很多，如滚齿、插齿、剃齿、磨齿等。下面以应用较广的滚齿来分析齿轮加工误差。

1．几何偏心

几何偏心是齿坯在机床上安装时，齿坯基准轴线$O'O'$与工作台回转轴线OO不重合形成的偏心e_g，如图9-1所示。加工时，如图9-2所示，滚刀轴线O_1O_1与OO的距离A保持不变，但与$O'O'$的距离A'不断变化（最大变化量为$2e_g$），从而切出的齿槽深浅不一，使齿距在以OO为中心的圆周上均匀分布，而在以齿轮基准中心$O'O'$为中心的圆周上，齿距呈不均匀分布（由小到大再由大到小变化）。这时基圆中心为O，而齿轮基准中心为O'，从而形成基圆偏心，工作时产生以一转为周期的转角误差，使传动比不断改变。

几何偏心使齿面位置相对于齿轮基准中心在径向发生了变化，故其引起的误差称为径向误差。即几何偏心使齿轮产生径向误差。

2．运动偏心

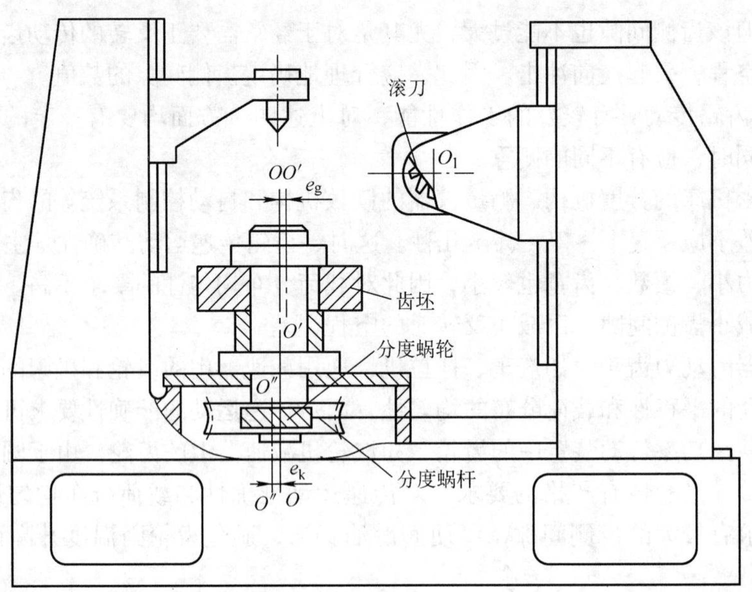

图 9-1 滚齿加工示意图

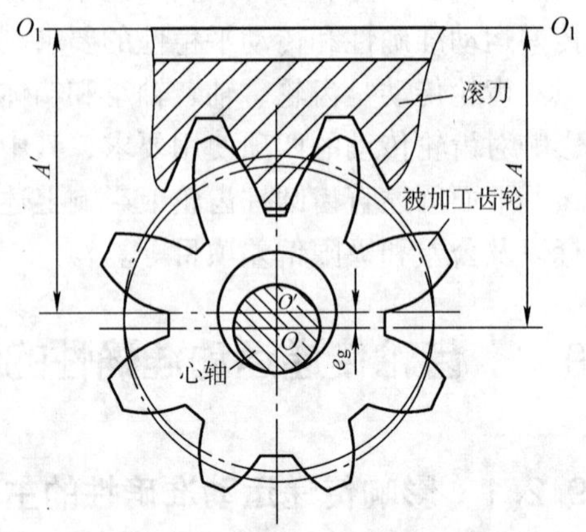

图 9-2 几何偏心的影响

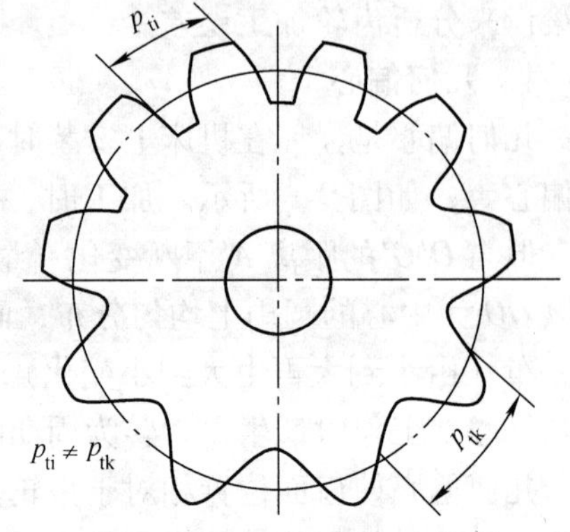

图 9-3 运动偏心的影响

滚齿时，机床分度蜗轮的安装偏心会反映给被加工齿轮，使齿轮产生运动偏心。如图 9-1 所示，$O''O''$为机床分度蜗轮的轴线，它与机床心轴的轴线 OO 不重合，形成安装偏心 e_k。这时尽管螺杆匀速旋转，蜗杆与蜗轮啮合节点的线速度相同，但由于蜗轮上啮合节点的半径不断改变，从而使蜗轮和齿坯产生不匀速回转，角速度在$(\omega+\Delta\omega)$和$(\omega-\Delta\omega)$之间，以一转为周期变化。齿坯的不均匀回转使齿廓沿切向位移和变形，使齿距分布不均匀，任意齿距 $p_{ti} \neq p_{tk}$，如图 9-3 所示；同时，齿坯的不均匀回转引起齿坯与滚刀啮合节点的不断变化，使基圆半径和渐开线形状随之变化。当齿坯转速高时，节点半径减小，因而基圆半径减小，渐开线曲率增大，相当于基圆有了偏心。这种由于齿坯角速度变化引起的基圆偏心称为运动偏心，其数值为基圆半径最大值与最小值之差的一半。由以上分析可知，由于齿距不均匀和基圆偏心的存在，从而引起齿轮工作时传动比将以一转为周期变化。

不难看出，运动偏心没有使齿坯相对于滚刀产生径向位移，但使被加工齿轮沿其分度圆切线方向产生额外的切向位移，因而使所切各个齿轮的齿距在分度圆上分布不均匀（这些齿距的大小呈正弦规律变化）。运动偏心使齿轮产生切向误差。

实际上，以上两种偏心常常同时存在，且两者造成的齿距分布不均匀皆以齿轮一转为周期，可以叠加，也可以抵消。齿轮传递运动的准确性可以用这两种偏心的综合结果来评定，也可以同时用这两种偏心的大小来评定。

9.2.2 传递运动准确性的评定指标及其检测

1. 必检指标

齿距累积总偏差（ΔF_p）及齿距累积偏差（ΔF_{pk}）。

齿距累积总偏差 ΔF_p 是指齿轮端平面上，在接近齿高中部的一个与齿轮轴线同心的圆上，任意两个同侧齿面间的实际弧长与理论弧长之差的最大绝对值，如图9-4所示。图9-4a中虚线为轮齿的理论位置，粗实线为轮齿的实际位置，轮齿3与轮齿7之间的实际弧长 L 与理论弧长 L_0 差值最大，该差值即为 ΔF_p，齿距偏差曲线如图9-4b所示，横坐标为齿序，纵坐标为齿距偏差。

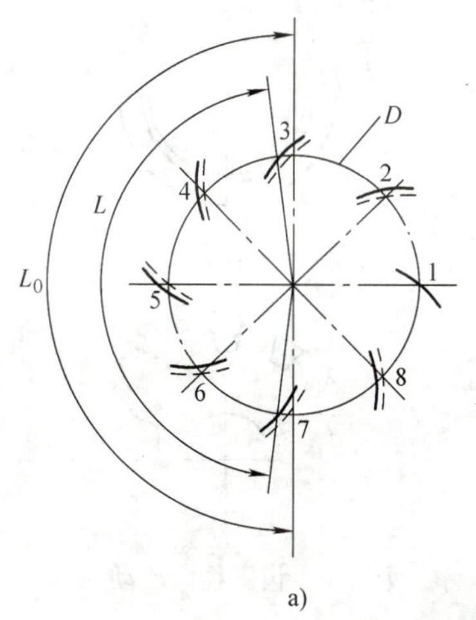

a)

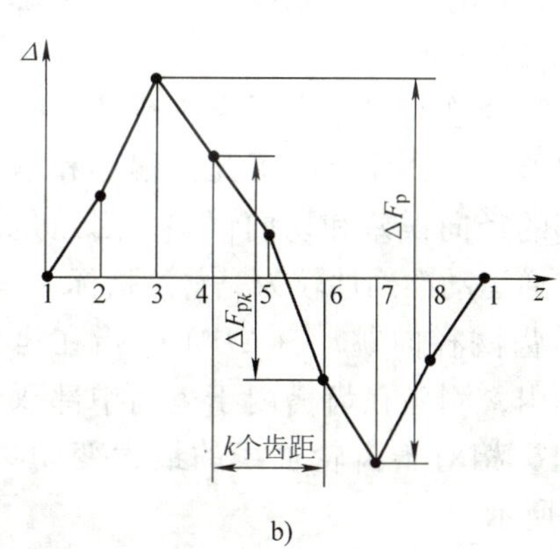

b)

图9-4 齿距累积总偏差
a）齿距分布 b）齿距偏差曲线

对齿数较多且精度很高的齿轮、非圆整齿轮或高速齿轮，要求评定一段齿范围内（k 个齿距范围内）的齿距累积偏差 ΔF_{pk}。ΔF_{pk} 是指齿轮端平面上，在接近齿高中部的一个与齿轮轴线同心的圆上，任意 k 个齿距间的实际弧长与理论弧长之差的最大绝对值，ΔF_{pk} 值一般限定在不大于1/8的圆周上评定，因此，k 为2到 $z/8$ 的整数（z 为齿轮齿数），通常取 $k=z/8$。

ΔF_p 和 ΔF_{pk} 的测量方法有相对法和绝对法两种。相对法测量常用齿距仪或万能测齿仪，首先以被测齿轮上任一实际齿距作为基准，将仪器指示表调零，然后依次测出其余各齿距相对于基准齿距的偏差，按圆周封闭性进行数据处理得出结论。绝对法测量通常利用分度装置（分度头、分度盘等）来完成，测量时，把实际齿距与理论齿距比较，以获得其偏差，这些偏差经数据处理即得出结论。

ΔF_p 和 ΔF_{pk} 的合格条件是：ΔF_p 不大于齿距累积总公差 F_p，即 $\Delta F_p \leqslant F_p$；所有的 ΔF_{pk} 都在齿距累积极限偏差 $\pm\Delta F_{pk}$ 的范围内，即 $-F_{pk} \leqslant \Delta F_{pk} \leqslant +F_{pk}$。

齿距累积总偏差反映了一转内任意两个齿距的最大变化，它直接反映齿轮的转角误差，是几何偏心和运动偏心的综合结果，因而可以较为全面地反映齿轮的传递运动准确性。

2．可用指标

当用某种方法加工第一批齿轮时，若按必检指标检测合格，在工艺条件不变的情况下继续生产同样的齿轮及作分析研究时，可用下列指标评定齿轮传递运动的准确性。

（1）切向综合总偏差（$\Delta F_i'$） 指被测齿轮与测量齿轮单面啮合时，在被测齿轮一转内，被测齿轮分度圆上实际圆周位移与理论圆周位移的最大差值。测量记录图如图 9-5 所示。

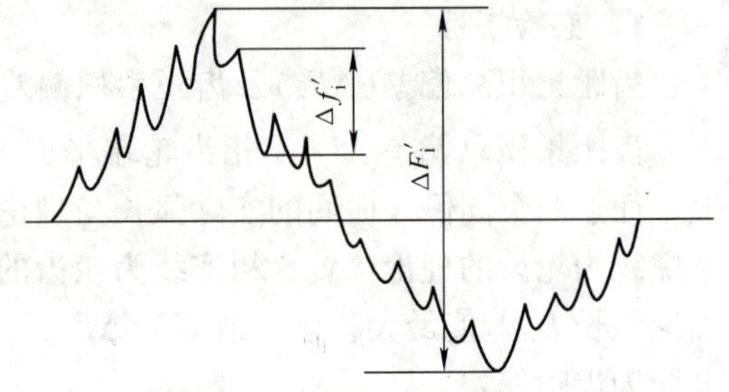

图 9-5 切向综合总偏差

$\Delta F_i'$通常用齿轮单面啮合综合测量仪（简称单啮仪）来测量，其测量状态与齿轮的工作状态非常接近，测量结果能较全面反映齿轮传递运动准确性的要求。单啮仪结构复杂，价格较高，在生产车间很少使用。

$\Delta F_i'$的合格条件是它不大于切向综合总公差 F_i'，即 $\Delta F_i' \leqslant F_i'$。

切向综合总偏差体现了齿轮一转中的最大转角误差，综合地反映了几何偏心和运动偏心引起的径向误差和切向误差，因而是评定齿轮传递运动准确性较为完善的指标。

（2）齿圈径向跳动（ΔF_r） 指在齿轮一转范围内，测头在齿槽内于齿高中部双面接触，测头相对于齿轮轴线的最大变动量，如图 9-6 所示。

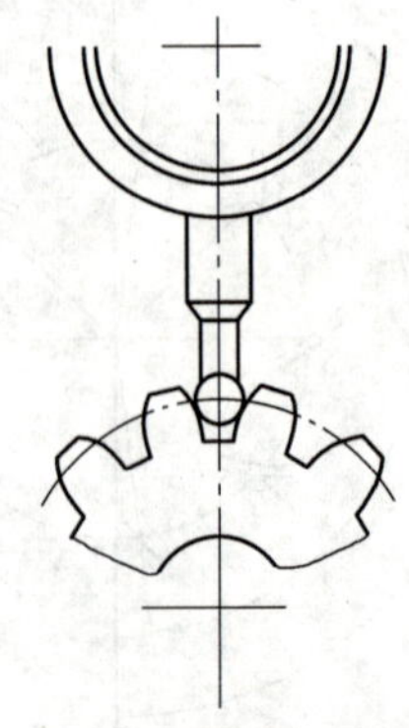
图 9-6 齿圈径向跳动

ΔF_r 可用齿圈径向跳动检查仪测量，测头可用球形或锥形的。

ΔF_r 的合格条件是它不大于齿轮径向跳动公差 F_r，即 $\Delta F_r \leqslant F_r$。

齿圈径向跳动可以反映由几何偏心影响引起的径向误差，它大体由两倍几何偏心组成，即当几何偏心为 e 时，ΔF_r 约为 $2e$。

（3）径向综合总偏差（$\Delta F_i''$） 指被测齿轮与测量齿轮双面啮合时，在被测齿轮一转内，双啮中心距的最大变动量，测量记录图如图 9-7 所示。

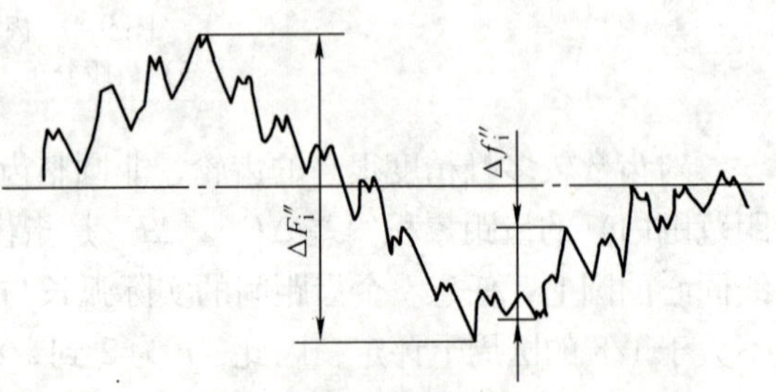

图 9-7 径向综合总偏差

$\Delta F_i''$用齿轮双面啮合综合测量仪（简称双啮仪）进行测量。所谓双面啮合就是两齿轮左右齿廓面都始终接触啮合，即无侧隙传动。用双啮仪测量时，测量状态与齿轮的工作状态不一致，不能全面反映齿轮传递运动准确性的要求，但由于其测量时的啮合情况与切齿时的啮合情况相似，能够反映齿轮坯和刀具安装调整误差。测量所用仪器远比单啮仪简单，操作方便，测量效率高，故在大批量生产中应用很普遍。$\Delta F''_i$的测量效果相当于测量齿轮径向跳动 ΔF_r。

$\Delta F''_i$的合格条件是它不大于径向综合总公差 F''_i，即 $\Delta F''_i \leqslant F''_i$。

径向综合总偏差主要反映由几何偏心引起的径向误差，而不能反映切向误差，所以它不能确切和充分地评定传递运动的准确性。

*** 3. 参考指标**

公法线长度变动（ΔF_w）

说明：该指标为旧国标 GB/T 10095—1989 中定义的评定标准，GB/T 10095.1—2001 和 GB/T 10095.2—2001 均无此定义。但考虑到该评定指标的实用性和科研需要，仍有必要对其加以介绍。

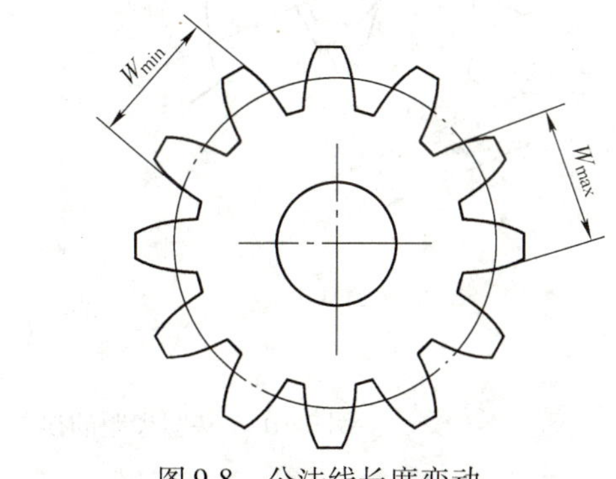

图 9-8　公法线长度变动

公法线长度 W 是指齿轮上跨 k 个轮齿的两异侧齿廓间所包含的一段基圆圆弧，即基圆切线在两异侧齿廓间的距离。公法线长度变动 ΔF_w 是指在被测齿轮一周范围内，实际公法线长度的最大值与最小值之差，即 $\Delta F_w = W_{max} - W_{min}$，如图 9-8所示。

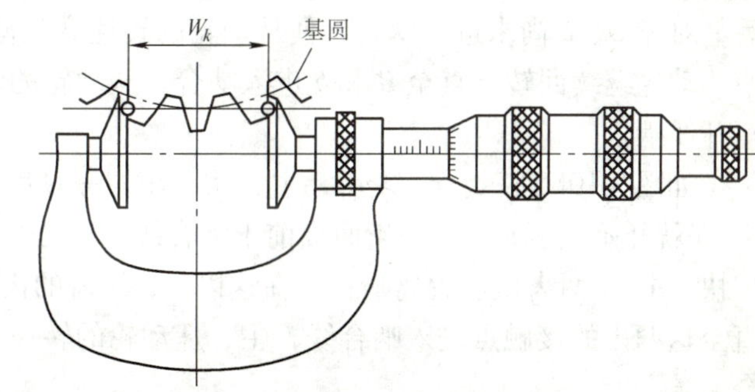

图 9-9　用公法线千分尺测量公法线长度

ΔF_w 可用公法线千分尺来测量，如图 9-9 所示。对于标准直齿轮，测量所跨的齿数 k 应按下式计算：

$$k = \frac{z}{9} + 0.5 \tag{9-1}$$

式中，z 为齿数。

ΔF_w 的合格条件是它不大于公法线长度变动公差 F_w，即 $\Delta F_w \leqslant F_w$。

公法线长度的变动说明齿廓沿基圆切线方向有误差，因此公法线长度变动可以反映滚齿时由运动偏心影响引起的切向误差。其实质是轮齿在齿圈上分布疏密不均。

9.3　齿轮传动平稳性的误差根源与评定指标

9.3.1　影响传动平稳性的主要误差

影响齿轮传动平稳性的主要误差是基圆齿距的误差和齿廓的形状误差，主要来源于滚刀和分度蜗杆的制造误差和安装误差。

1. 基圆齿距的误差

根据渐开线齿轮啮合原理，两齿轮正确啮合的条件之一是它们的基圆齿距相等。当相互啮合齿轮的基圆齿距不相等时，齿轮在进入或退出啮合时将产生瞬时传动比变化，引起冲击和振动。如图 9-10a 所示，设主动轮 1 的实际基圆齿距为 p_{b1}，从动轮 2 的实际基圆齿距为

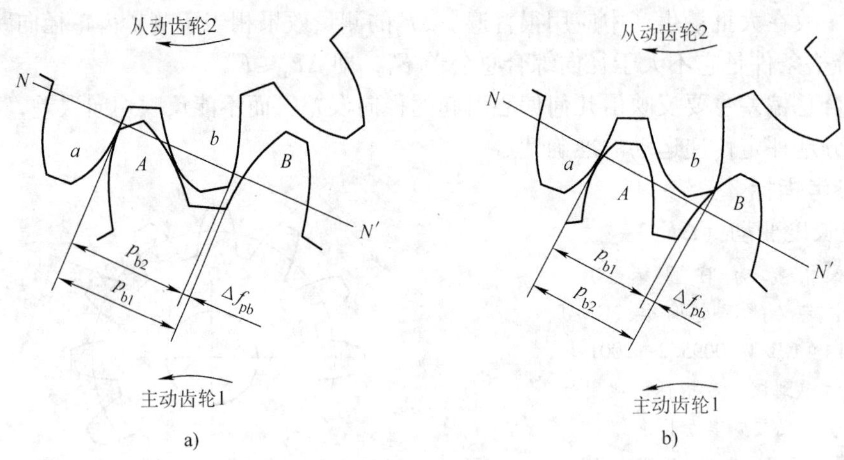

图 9-10　基圆齿距的误差对传动平稳性的影响

p_{b2}，$p_{b2}<p_{b1}$，若不考虑其他因素的影响，主、从动轮的一对齿 A、a 正常啮合完毕，它们的后一对齿 B、b 尚未进入啮合，使从动轮的转速突然减慢，A 齿以其齿顶边推动 a 齿的齿面使从动轮继续回转，直至 B 和 b 进入啮合，从动轮的转速突然加快到正常，主、从动轮进行渐开线啮合。

如图 9-10b 所示，$p_{b2}>p_{b1}$，主、从动轮的一对齿 A、a 尚未啮合完毕，它们的后一对齿 B、b 就开始接触，B 齿的齿面提前于啮合线 NN' 之外撞上 b 齿的齿顶，使从动轮的转速突然加快，A、a 两齿提前脱离啮合，在这以后，B 齿的齿面和 b 齿的齿顶边接触，从动轮降速，直至这两齿的接触点进入啮合线，主、从动轮的转速才恢复正常，主、从动轮进行渐开线啮合。

由于齿轮各相邻轮齿间的基圆齿距存在不同程度的误差，在齿轮每转一个齿距的过程中上述情况会重复出现，因而引起瞬时传动比不断变化，产生振动和噪声，影响传动平稳性。主、从动轮实际基圆齿距的误差越大，引起的振动和噪声也就越大。

2. 齿廓的形状误差

齿廓的形状误差称为齿廓偏差，它是指在齿轮端平面上实际齿廓相对理论渐开线的形状误差。由齿廓啮合基本定律可知，渐开线齿廓为共轭齿廓，可以保证齿轮在啮合过程中传动比恒定。但在实际生产中，由于各种因素的影响，加工出来的齿廓不可能为理论渐开线，即实际齿廓偏离了理论渐开线，如图 9-11 所示，由于 A_2 轮齿存在齿廓形状误差，使得 A_1 和 A_2 的实际啮合点由 a 变到 a'，偏离了啮合线，这种情况在一对轮齿啮合过程中多次发生时，将导致齿轮工作时瞬时传动比不断变化，从而引起振动、噪声，影响齿轮传动平稳性。

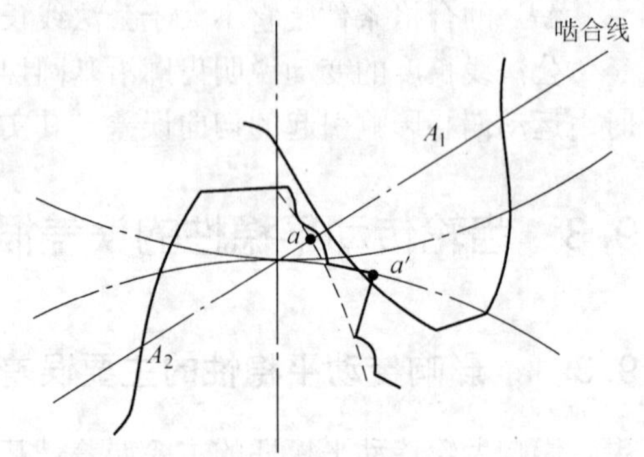

图 9-11　齿廓形状误差对传动平稳性的影响

应该指出，基圆齿距的误差影响一对齿开始啮合或啮合终了瞬间的传动比变化，而齿廓的形状误差则影响一对齿从开始啮合到啮合终了整个过程中的传动比变化。

9.3.2　传动平稳性的评定指标及其检测

1. 必检指标

（1）单个齿距偏差（Δf_{pt}）　指在端平面上，在接近齿高中部的一个与齿轮轴线同心的圆上，实际齿距与理论齿距的代数差，如图9-12所示。

Δf_{pt}可在测量齿距累积总偏差ΔF_p时得到。Δf_{pt}用相对法测量时，理论齿距是按所有实际齿距的平均值计算，并取绝对值最大的数值Δf_{ptmax}作为评定值。事实上，用来计算Δf_{pt}和ΔF_p的原始数据是在同一仪器上一次测量获得的。

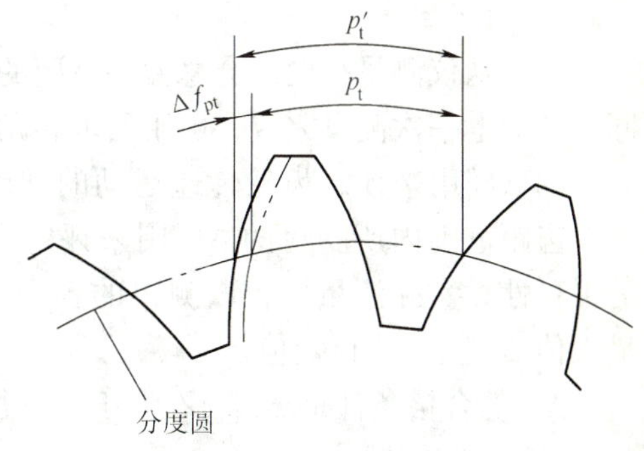

图9-12　单个齿距偏差
p_t'—实际齿距　p_t—理论齿距

Δf_{pt}的合格条件是：所有的单个齿距偏差Δf_{pt}都在单个齿距极限偏差$\pm f_{pt}$的范围内，即$-f_{pt} \leqslant \Delta f_{pt} \leqslant +f_{pt}$。

（2）齿廓总偏差（ΔF_α）　指实际齿廓对设计齿廓的偏离量，它在端平面内且以垂直于渐开线齿廓的方向计值。

凡符合设计规定的齿廓都是设计齿廓，一般指端面齿廓。近代齿轮设计中，设计齿廓通常为渐开线，但考虑到制造误差和齿轮受载后的弹性变形，为了降低噪声和减小动载荷的影响，也可采用以渐开线为基础的修形齿廓，如凸齿轮、修缘齿轮等。所谓设计齿廓也包括这样的修形齿廓。

齿廓总偏差ΔF_α是指包容实际齿廓工作部分且距离为最小的两条设计齿廓之间的法向距离，如图9-13所示。

ΔF_α通常在专用的渐开线检查仪上进行测量。其原理是：根据渐开线的形成规律，利用精密机构产生正确的渐开线，与实际齿廓进行比较，以确定齿廓总偏差。

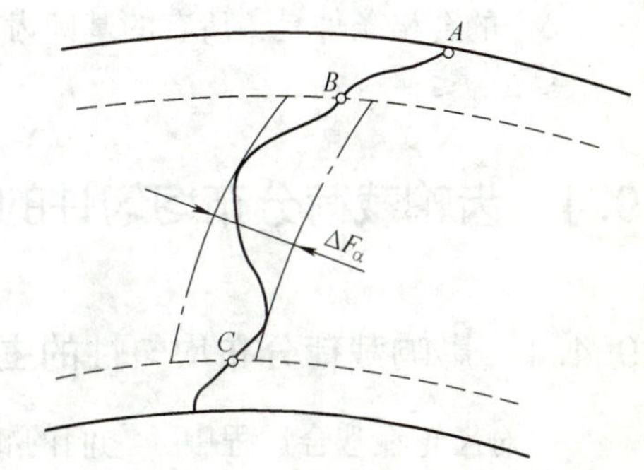

图9-13　齿廓总偏差
AB—倒棱部分　BC—工作部分

评定齿轮传动平稳性的精度时，应在被测齿轮圆周上测量均匀分布的三个轮齿或更多的轮齿左、右齿面的齿廓总偏差，取其中的最大值$\Delta F_{\alpha max}$作为评定值。如果$\Delta F_{\alpha max}$不大于齿廓总公差F_α，即$\Delta F_{\alpha max} \leqslant F_\alpha$，则合格。

2. 可用指标

当用某种方法加工第一批齿轮时，若按必检指标检测合格，在工艺条件不变的情况下继续生产同样的齿轮及作分析研究时，可用下列指标评定齿轮传动的平稳性。

（1）一齿切向综合偏差（$\Delta f_i'$）　指被测齿轮与测量齿轮单面啮合时，在被测齿轮一个齿距范围内，其分度圆上实际圆周位移与理论圆周位移的最大差值。测量记录图如图9-5所示。

用单啮仪测量切向综合总偏差$\Delta F_i'$的同时，可以测出$\Delta f_i'$。即$\Delta F_i'$和$\Delta f_i'$的测量是在同一仪器上一次测量完成，由于所取转角范围不同，评定指标的作用也不同。在2π范围内获

得的 $\Delta F'_i$ 用来评定齿轮传递运动的准确性，在一个齿距范围内所获得的 $\Delta f'_i$ 用来评定齿轮传动的平稳性。实际测量中，取测得的各个 $\Delta f'_i$ 中的最大值 $\Delta f'_{imax}$ 作为评定值。

$\Delta f'_i$ 的合格条件是 $\Delta f'_{imax}$ 不大于一齿切向综合公差 f'_i，即 $\Delta f'_{imax} \leqslant f'_i$。

（2）一齿径向综合偏差（$\Delta f''_i$） 指被测齿轮与测量齿轮双面啮合（无侧隙紧密啮合）时，在被测齿轮一个齿距范围内，双啮中心距的最大变动量。测量记录图如图 9-7 所示。

用双啮仪测量径向综合总偏差 $\Delta F''_i$ 的同时，可以测量出 $\Delta f''_i$。即 $\Delta F''_i$ 和 $\Delta f''_i$ 的测量是在同一仪器上一次测量完成，由于所取转角范围不同，评定指标的作用也不同。在 2π 范围内获得的 $\Delta F''_i$ 用来评定齿轮传递运动的准确性，在一个齿距范围内所获得的 $\Delta f''_i$ 用来评定齿轮传动的平稳性。实际测量中，取测得的各个 $\Delta f''_i$ 中的最大值 $\Delta f''_{imax}$ 作为评定值。

$\Delta f''_i$ 的合格条件是 $\Delta f''_{imax}$ 不大于一齿径向综合公差 f''_i，即 $\Delta f''_{imax} \leqslant f''_i$。

（3）基圆齿距偏差（Δf_{pb}） 指实际基圆齿距与公称基圆齿距的代数差，如图 9-14 所示。实际基圆齿距是指基圆柱切平面所截的两相邻同侧齿面交线之间的法向距离。

Δf_{pb} 可用基圆齿距检查仪、万能测齿仪等进行测量。

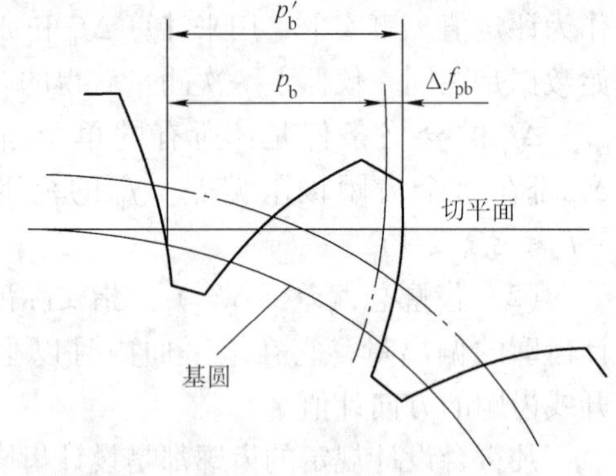

图 9-14 基圆齿距偏差

p'_b—实际基圆齿距 p_b—公称基圆齿距

Δf_{pb} 的合格条件是：所有的基圆齿距偏差 Δf_{pb} 都在基圆齿距极限偏差 $\pm f_{pb}$ 的范围内，即 $-f_{pb} \leqslant \Delta f_{pb} \leqslant +f_{pb}$。

9.4 齿轮载荷分布均匀性的误差根源与评定指标

9.4.1 影响载荷分布均匀性的主要误差

一对齿轮在啮合过程中，它们的轮齿从齿根到齿顶或从齿顶到齿根，在齿高上依次接触，每一瞬间相互啮合的两个轮齿的接触线为直线，且平行于齿轮基准轴线。齿轮啮合时，齿面接触不良会影响载荷分布的均匀性。影响齿宽方向载荷分布均匀性的主要误差是实际螺旋线对理想螺旋线的偏离量，即螺旋线偏差；影响齿高方向载荷分布均匀性的主要误差是齿廓偏差。

滚齿过程中，刀架导轨相对于工作台回转轴线的平行度误差、齿坯基准端面对其定位孔基准轴线的垂直度误差、心轴轴线相对于工作台回转轴线歪斜等，都会使被加工轮齿在齿宽方向产生螺旋线偏差。刀架导轨在齿坯径向平面内的倾斜会使被加工齿轮左、右齿面产生大小相等而方向相反的螺旋线偏差，在精确装配条件下，这样的齿轮与无螺旋线偏差的配偶齿轮安装后形成单边接触斑点，如图 9-15a 所示。刀架导轨在齿坯切向平面内的倾斜会使被加工齿轮左、右齿面产生大小相等而方向相同的螺旋线偏差，这样的齿轮与无螺旋线偏差的配偶齿轮安装后形成对角接触斑点，如图 9-15b 所示。齿坯基准端面对其定位孔基准轴线的垂直度误差也会使被加工齿轮产生螺旋线偏差，这样的齿轮与无螺旋线偏差的配偶齿轮安装后形成的接触斑点的位置是游动的，如图 9-16 所示。

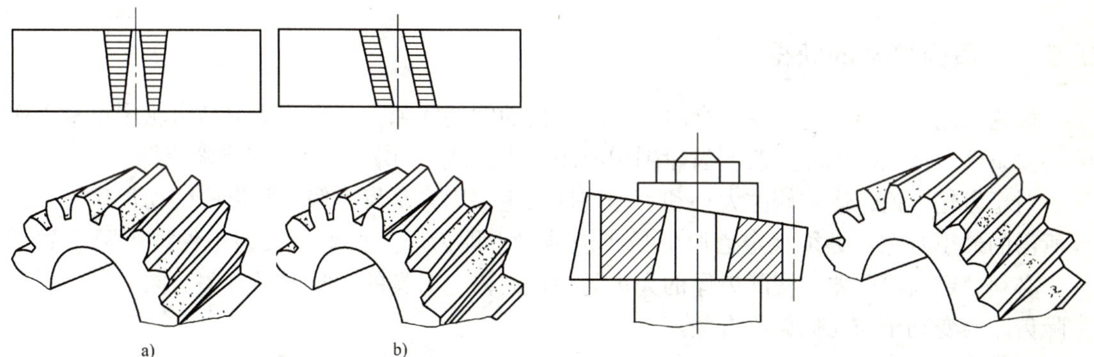

图 9-15　刀架导轨倾斜产生的螺旋线偏差
a）刀架导轨径向倾斜　b）刀架导轨切向倾斜

图 9-16　齿坯基准端面的垂直度误差产生的螺旋线偏差

9.4.2　载荷分布均匀性的评定指标及其检测

齿轮载荷分布均匀性在齿高方向用传动平稳性的指标来评定，在齿宽方向用螺旋线总偏差来评定。

对于直齿轮，螺旋线总偏差 ΔF_{β} 是指在基圆柱的切平面内，齿宽工作部分（轮齿两端倒角或修圆部分除外）范围内，包容实际螺旋线且距离为最小的两条设计螺旋线之间的法向距离，如图 9-17 所示。通常，直齿轮的设计螺旋线为一条直线，如图 9-17a 所示。为了补偿齿轮的制造误差和安装误差以及齿轮在受载下的变形量，提高齿轮的承载能力，像齿廓中修正理论渐开线那样，也可以对螺旋线进行修正，如将轮齿制成鼓形齿，如图 9-17b 所示，或将轮齿两端修薄，如图 9-17c 所示。

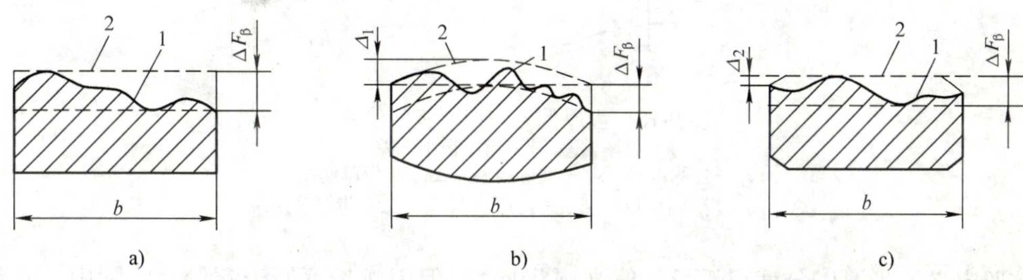

图 9-17　螺旋线总偏差
a）直齿　b）鼓形齿　c）两端修薄齿
1—实际螺旋线　2—设计螺旋线　Δ_1—鼓形量　Δ_2—齿端修薄量　b—齿宽

ΔF_{β} 允许在齿高中部测量，一般用专门的螺旋线偏差检查仪进行测量。

在评定齿轮载荷分布均匀性时，应在被测齿轮圆周上测量均匀分布的三个轮齿或更多的轮齿左、右齿面的螺旋线总偏差，取其中的最大值 $\Delta F_{\beta max}$ 作为评定值。如果 $\Delta F_{\beta max}$ 不大于螺旋线总公差 F_{β}，即 $\Delta F_{\beta max} \leqslant F_{\beta}$，则合格。

9.5 齿轮副侧隙的评定指标

9.5.1 适当侧隙的获得

齿轮副侧隙是指一对齿轮啮合时，非工作齿面间的间隙。适当的侧隙是齿轮副正常工作的必要条件。适当的侧隙用改变齿轮副中心距的大小或（和）把轮齿切薄来获得。

对于齿轮来说，影响侧隙大小和不均匀性的主要因素是齿厚偏差及齿厚变动量。为了保证所需的最小侧隙，必须规定齿厚的最小减薄量，即齿厚上偏差；又为了保证侧隙不致过大，必须规定齿厚公差。实际齿厚的大小与切齿时齿轮刀具的背吃刀量有关，同一齿轮各齿实际齿厚的变动量与几何偏心有关。

9.5.2 侧隙评定指标及其检测

1. 齿厚偏差（ΔE_{sn}）

齿厚偏差 ΔE_{sn}是指在齿轮分度圆柱面上，齿厚实际值与公称值之差，如图 9-18 所示。对于斜齿轮，齿厚指法向齿厚。

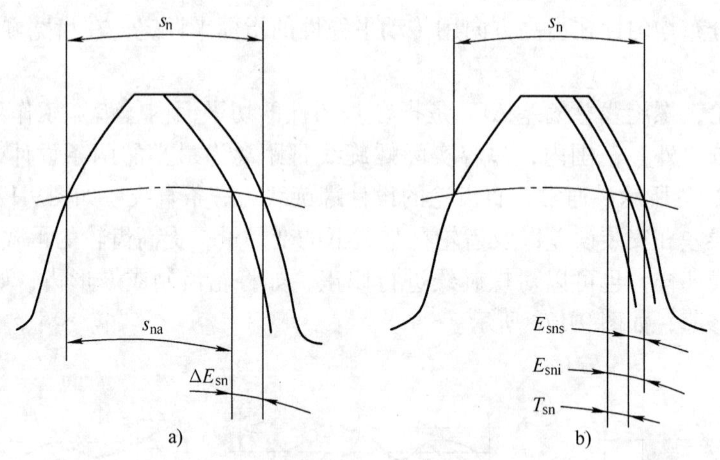

图 9-18 齿厚偏差与齿厚极限偏差
a）齿厚偏差 b）齿厚极限偏差
s_n—公称齿厚 s_{na}—实际齿厚 ΔE_{sn}—齿厚偏差
E_{sns}—齿厚上偏差 E_{sni}—齿厚下偏差 T_{sn}—齿厚公差

按照定义，齿厚以分度圆弧长计值（弧齿厚），但因弧长不便于测量，实际中，测量的是分度圆的弦齿厚。分度圆的弦齿厚通常用齿厚游标卡尺来测量，将其测得值与公称值比较即可得到齿厚偏差 ΔE_{sn}，如图 9-19 所示。

分度圆上的公称弦齿厚 $\bar{s}$ 与公称弦齿高 $\bar{h}$ 的计算公式为

$$\left.\begin{aligned}\bar{s} &= mz\sin\left(\frac{\pi+4x\tan\alpha}{2z}\right)\\ \bar{h} &= m\left\{1+\frac{z}{2}\left[1-\cos\left(\frac{\pi+4x\tan\alpha}{2z}\right)\right]\right\}\end{aligned}\right\} \tag{9-2}$$

式中，m、z、α、x 分别为齿轮的模数、齿数、标准压力角及变位系数。

分度圆弦齿厚测量时，以齿顶圆作为测量基准，考虑到齿顶圆可能存在加工误差，因此应根据齿顶圆半径的实测值对弦齿高进行修正，即

$$\overline{h}_{修正} = \overline{h} + (r'_a - r_a) \tag{9-3}$$

式中　r'_a——实际齿顶圆半径；

r_a——理论齿顶圆半径。

ΔE_{sn}的合格条件是：所测各齿的齿厚偏差 ΔE_{sn} 都在齿厚极限偏差范围内，即 $E_{sni} \leqslant \Delta E_{sn} \leqslant E_{sns}$。

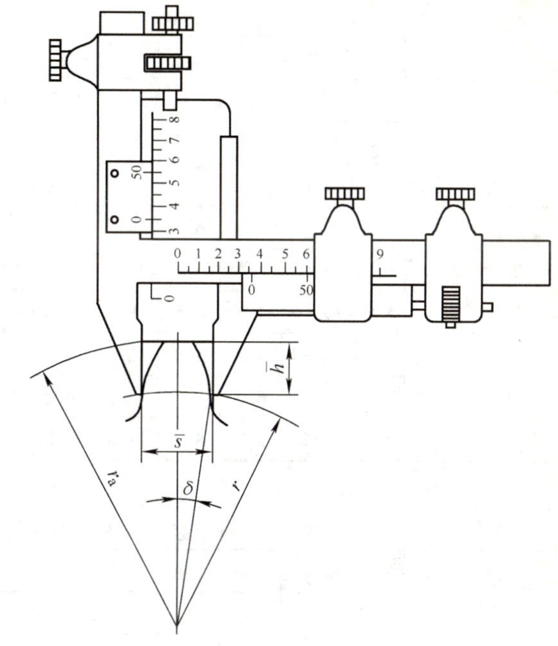

图 9-19　分度圆弦齿厚的测量

2. 公法线长度偏差（ΔE_w）

齿轮齿厚的变化必然引起公法线长度的变化，测量公法线长度同样可以控制齿侧间隙。

公法线长度偏差 ΔE_w 是指实际公法线长度 W_k 与公称公法线长度 W 之差，即 $\Delta E_w = W_k - W$。

直齿圆柱齿轮公法线长度的公称值 W 按下式计算：

$$W = m\cos\alpha[\pi(k-0.5) + z\mathrm{inv}\alpha] + 2x\sin\alpha \tag{9-4}$$

式中，m、z、α、x 分别为齿轮的模数、齿数、标准压力角及变位系数；$\mathrm{inv}\alpha$ 为渐开线函数，$\mathrm{inv}20° = 0.014904$；$k$ 为测量时的跨齿数。

ΔE_w 的测量与公法线长度变动的测量方法相同，通常用公法线千分尺进行测量，如图 9-9 所示。与齿厚测量比较，测量公法线长度不受齿顶圆误差的影响。

ΔE_w 的合格条件是：公法线长度偏差 ΔE_w 在公法线长度极限偏差范围内，即 $E_{wi} \leqslant \Delta E_w \leqslant E_{ws}$。

9.6　渐开线圆柱齿轮精度等级及应用

GB/T 10095.1—2001 规定了单个渐开线圆柱齿轮的精度，适用于齿轮基本齿廓符合 GB/T 1356—2001《通用机械和重型机械用圆柱齿轮　标准基本齿条齿廓》规定的内、外啮合的直齿、斜齿和人字齿圆柱齿轮。

9.6.1　精度等级

国家标准对单个齿轮精度指标的公差（F''_i、f''_i除外）分别规定了 0，1，2，…，12 共 13 个精度等级，其中 0 级精度最高，依次递降，12 级精度最低。对 F''_i 和 f''_i 分别规定了 4，5，6，…，12 共 9 个精度等级。5 级精度是各级精度中的基础级。

为了使用方便，国家标准给出了齿轮公差数值表，见表 9-1 ~ 表 9-8。

表 9-1 齿距累积总公差 F_p（摘自 GB/T 10095.1—2001） （单位：μm）

分度圆直径 d/mm	法向模数 m_n/mm	精度等级												
		0	1	2	3	4	5	6	7	8	9	10	11	12
$50<d\leqslant125$	$0.5\leqslant m_n\leqslant2$	3.3	4.6	6.5	9.0	13.0	18.0	26.0	37.0	52.0	74.0	104.0	147.0	208.0
	$2<m_n\leqslant3.5$	3.3	4.7	6.5	9.5	13.0	19.0	27.0	38.0	53.0	76.0	170.0	151.0	241.0
	$3.5<m_n\leqslant6$	3.4	4.9	7.0	9.5	14.0	19.0	28.0	39.0	55.0	78.0	110.0	156.0	220.0
$125<d\leqslant280$	$0.5\leqslant m_n\leqslant2$	4.3	6.0	8.5	12.0	17.0	24.0	35.0	49.0	69.0	98.0	138.0	195.0	276.0
	$2<m_n\leqslant3.5$	4.4	6.0	9.0	12.0	18.0	25.0	35.0	50.0	70.0	100.0	141.0	199.0	282.0
	$3.5<m_n\leqslant6$	4.5	6.5	9.0	13.0	18.0	25.0	36.0	51.0	72.0	102.0	144.0	204.0	288.0
$280<d\leqslant560$	$0.5\leqslant m_n\leqslant2$	5.5	8.0	11.0	16.0	23.0	32.0	46.0	64.0	91.0	129.0	182.0	257.0	364.0
	$2<m_n\leqslant3.5$	6.0	8.0	12.0	16.0	23.0	33.0	46.0	65.0	92.0	131.0	185.0	261.0	370.0
	$3.5<m_n\leqslant6$	6.0	8.5	12.0	17.0	24.0	33.0	47.0	66.0	94.0	133.0	188.0	266.0	376.0

表 9-2 单个齿距极限偏差 $\pm f_{pt}$（摘自 GB/T 10095.1—2001） （单位：μm）

分度圆直径 d/mm	法向模数 m_n/mm	精度等级												
		0	1	2	3	4	5	6	7	8	9	10	11	12
$50<d\leqslant125$	$0.5\leqslant m_n\leqslant2$	0.9	1.3	1.9	2.7	3.8	5.5	7.5	11.0	15.0	21.0	30.0	43.0	61.0
	$2<m_n\leqslant3.5$	1.0	1.5	2.1	2.9	4.1	6.0	8.5	12.0	17.0	23.0	33.0	47.0	66.0
	$3.5<m_n\leqslant6$	1.1	1.6	2.3	3.2	4.6	6.5	9.0	13.0	18.0	26.0	36.0	52.0	73.0
$125<d\leqslant280$	$0.5\leqslant m_n\leqslant2$	1.1	1.5	2.1	3.0	4.2	6.0	8.5	12.0	17.0	24.0	34.0	48.0	67.0
	$2<m_n\leqslant3.5$	1.1	1.6	2.3	3.2	4.6	6.5	9.0	13.0	18.0	26.0	36.0	51.0	73.0
	$3.5<m_n\leqslant6$	1.2	1.8	2.5	3.5	5.0	7.0	10.0	14.0	20.0	28.0	40.0	56.0	79.0
$280<d\leqslant560$	$0.5\leqslant m_n\leqslant2$	1.2	1.7	2.4	3.3	4.7	6.5	9.5	13.0	19.0	27.0	38.0	54.0	76.0
	$2<m_n\leqslant3.5$	1.3	1.8	2.5	3.6	5.0	7.0	10.0	14.0	20.0	29.0	41.0	57.0	81.0
	$3.5<m_n\leqslant6$	1.4	1.9	2.7	3.9	5.5	8.0	11.0	16.0	22.0	31.0	44.0	62.0	88.0

表 9-3 齿廓总公差 F_α 值（摘自 GB/T 10095.1—2001） （单位：μm）

分度圆直径 d/mm	法向模数 m_n/mm	精度等级												
		0	1	2	3	4	5	6	7	8	9	10	11	12
$50<d\leqslant125$	$0.5\leqslant m_n\leqslant2$	1.0	1.5	2.1	2.9	4.1	6.0	8.5	12.0	17.0	23.0	33.0	47.0	66.0
	$2<m_n\leqslant3.5$	1.4	2.0	2.8	3.9	5.5	8.0	11.0	16.0	22.0	31.0	44.0	63.0	89.0
	$3.5<m_n\leqslant6$	1.7	2.4	3.4	4.8	6.5	9.5	13.0	19.0	27.0	38.0	54.0	76.0	108.0
$125<d\leqslant280$	$0.5\leqslant m_n\leqslant2$	1.2	1.7	2.4	3.5	4.9	7.0	10.0	14.0	20.0	28.0	39.0	55.0	78.0
	$2<m_n\leqslant3.5$	1.6	2.2	3.2	4.5	6.5	9.0	13.0	18.0	25.0	36.0	50.0	71.0	101.0
	$3.5<m_n\leqslant6$	1.9	2.6	3.7	5.5	7.5	11.0	15.0	21.0	30.0	42.0	60.0	84.0	119.0
$280<d\leqslant560$	$0.5\leqslant m_n\leqslant2$	1.5	2.1	2.9	4.1	6.0	8.5	12.0	17.0	23.0	33.0	47.0	66.0	94.0
	$2<m_n\leqslant3.5$	1.8	2.6	3.6	5.1	7.5	10.0	15.0	21.0	29.0	41.0	58.0	82.0	116.0
	$3.5<m_n\leqslant6$	2.1	3.0	4.2	6.0	8.5	12.0	17.0	24.0	34.0	48.0	67.0	95.0	135.0

表 9-4 螺旋线总公差 F_β（摘自 GB/T 10095.1—2001） （单位：μm）

分度圆直径 d/mm	齿宽 b/mm	精度等级												
		0	1	2	3	4	5	6	7	8	9	10	11	12
50 < d ≤ 125	10 < b ≤ 20													
	20 < b ≤ 40	1.5	2.1	3.0	4.2	6.0	8.5	12.0	17.0	24.0	34.0	48.0	68.0	95.0
	40 < b ≤ 80	1.7	2.5	3.5	4.9	7.0	10.0	14.0	20.0	28.0	39.0	56.0	79.0	111.0
125 < d ≤ 280	10 < b ≤ 20													
	20 < b ≤ 40	1.6	2.2	3.2	4.5	6.5	9.0	13.0	18.0	25.0	36.0	50.0	71.0	101.0
	40 < b ≤ 80	1.8	2.6	3.6	5.0	7.5	10.0	15.0	21.0	29.0	41.0	58.0	82.0	117.0
280 < d ≤ 560	20 < b ≤ 40	1.7	2.4	3.4	4.8	6.5	9.5	13.0	19.0	27.0	38.0	54.0	76.0	108.0
	40 < b ≤ 80	1.9	2.7	3.9	5.5	7.5	11.0	15.0	22.0	31.0	44.0	62.0	87.0	124.0
	80 < b ≤ 160	2.3	3.2	4.6	6.5	9.0	13.0	18.0	26.0	36.0	52.0	73.0	103.0	146.0

表 9-5 f_i'/k 的比值（摘自 GB/T 10095.1—2001） （单位：μm）

分度圆直径 d/mm	法向模数 m_n/mm	精度等级												
		0	1	2	3	4	5	6	7	8	9	10	11	12
50 < d ≤ 125	0.5 ≤ m_n ≤ 2	2.7	3.9	5.5	8.0	11.0	16.0	22.0	31.0	44.0	62.0	88.0	124.0	176.0
	2 < m_n ≤ 3.5	3.2	4.5	6.5	9.0	13.0	18.0	25.0	36.0	51.0	72.0	102.0	144.0	204.0
	3.5 < m_n ≤ 6	3.6	5.0	7.0	10.0	14.0	20.0	29.0	40.0	57.0	81.0	115.0	162.0	229.0
125 < d ≤ 280	0.5 ≤ m_n ≤ 2	3.0	4.3	6.0	8.5	12.0	17.0	24.0	34.0	49.0	69.0	97.0	137.0	194.0
	2 < m_n ≤ 3.5	3.5	4.9	7.0	10.0	14.0	20.0	28.0	39.0	56.0	79.0	111.0	157.0	222.0
	3.5 < m_n ≤ 6	3.9	5.5	7.5	11.0	15.0	22.0	31.0	44.0	62.0	88.0	124.0	175.0	247.0
280 < d ≤ 560	0.5 ≤ m_n ≤ 2	3.4	4.8	7.0	9.5	14.0	19.0	27.0	39.0	54.0	77.0	109.0	154.0	218.0
	2 < m_n ≤ 3.5	3.8	5.5	7.5	11.0	14.0	22.0	31.0	44.0	62.0	87.0	123.0	174.0	246.0
	3.5 < m_n ≤ 6	4.2	6.0	8.5	12.0	17.0	24.0	34.0	48.0	68.0	96.0	136.0	192.0	271.0

表 9-6 径向跳动公差 F_r（摘自 GB/T 10095.2—2001） （单位：μm）

分度圆直径 d/mm	法向模数 m_n/mm	精度等级												
		0	1	2	3	4	5	6	7	8	9	10	11	12
50 < d ≤ 125	0.5 ≤ m_n ≤ 2	2.5	3.5	5.0	7.5	10	15	21	29	42	59	83	118	167
	2 < m_n ≤ 3.5	2.5	4.0	5.5	7.5	11	15	21	30	43	61	86	121	171
	3.5 < m_n ≤ 6	3.0	4.0	5.5	8.0	11	16	22	31	44	62	88	125	176
125 < d ≤ 280	0.5 ≤ m_n ≤ 2	3.5	5.0	7.0	10	14	20	28	39	55	78	110	156	221
	2 < m_n ≤ 3.5	3.5	5.0	7.0	10	14	20	28	40	56	80	113	159	225
	3.5 < m_n ≤ 6	3.5	5.0	7.0	10	14	20	29	41	58	82	115	163	231
280 < d ≤ 560	0.5 ≤ m_n ≤ 2	4.5	6.5	9.0	13	18	26	36	51	73	103	146	206	291
	2 < m_n ≤ 3.5	4.5	6.5	9.0	13	18	26	37	52	74	105	148	209	296
	3.5 < m_n ≤ 6	4.5	6.5	9.0	13	18	27	38	53	75	106	150	213	301

表 9-7 径向综合总公差 F''_i（摘自 GB/T 10095.2—2001） （单位：μm）

分度圆直径 d/mm	法向模数 m_n/mm	精度等级								
		4	5	6	7	8	9	10	11	12
$50<d\leqslant125$	$0.5\leqslant m_n\leqslant2$	15	22	31	43	61	86	122	173	244
	$2<m_n\leqslant3.5$	18	25	36	51	72	102	144	204	288
	$3.5<m_n\leqslant6$	22	31	44	62	88	124	176	248	351
$125<d\leqslant280$	$0.5\leqslant m_n\leqslant2$	19	26	37	53	75	106	149	211	299
	$2<m_n\leqslant3.5$	21	30	43	61	86	121	172	243	343
	$3.5<m_n\leqslant6$	25	36	51	72	102	144	203	287	406
$280<d\leqslant560$	$0.5\leqslant m_n\leqslant2$	23	33	46	65	92	131	185	262	370
	$2<m_n\leqslant3.5$	26	37	52	73	104	146	207	293	414
	$3.5<m_n\leqslant6$	30	42	60	84	119	169	239	337	477

表 9-8 一齿径向综合公差 f''_i（摘自 GB/T 10095.2—2001） （单位：μm）

分度圆直径 d/mm	法向模数 m_n/mm	精度等级								
		4	5	6	7	8	9	10	11	12
$50<d\leqslant125$	$0.5\leqslant m_n\leqslant2$	4.5	6.5	9.5	13	19	26	37	53	75
	$2<m_n\leqslant3.5$	7.0	10	14	20	29	41	58	82	116
	$3.5<m_n\leqslant6$	11	15	22	31	44	62	87	123	174
$125<d\leqslant280$	$0.5\leqslant m_n\leqslant2$	4.5	6.5	9.5	13	19	27	38	53	75
	$2<m_n\leqslant3.5$	7.5	10	15	21	29	41	58	82	116
	$3.5<m_n\leqslant6$	11	15	22	31	44	62	87	124	175
$280<d\leqslant560$	$0.5\leqslant m_n\leqslant2$	5.0	6.5	9.5	13	19	27	38	54	76
	$2<m_n\leqslant3.5$	7.5	10	15	21	29	41	59	83	117
	$3.5<m_n\leqslant6$	11	15	22	31	44	62	88	124	175

9.6.2 精度等级的选择

国家标准规定的 13 个精度等级中，0 ~ 2 级精度的齿轮对制造工艺和检测水平要求极高，属于有待发展的精度等级，目前我国只有极少数单位能够制造和检测 2 级精度齿轮；3 ~ 5级为高精度等级，6 ~ 9 级为中等精度等级，10 ~ 12 级为低精度等级。

齿轮的精度等级应根据齿轮的用途、使用要求、传递功率、圆周速度以及其他技术要求而定，同时考虑加工工艺和经济性。同一齿轮的三项精度要求，可以取相同的精度等级，也可以取不同的精度等级。精度等级的选择方法主要有计算法和类比法两种。

1．计算法

计算法是根据齿轮传动机构最终达到的精度要求，应用传动尺寸链的方法计算和分配各级齿轮副的传动精度，确定齿轮的精度等级。计算法主要用于精密齿轮传动系统。

2．类比法

类比法是根据以往产品设计、性能试验、使用过程中积累的经验以及实践中已证实的有关齿轮精度选择的技术资料，经过与所设计齿轮在用途、工作条件和技术性能上对比后，选定其精度等级。

表 9-9 列出了部分机械采用的齿轮精度等级，表 9-10 给出了齿轮某些精度等级的应用范围，供参考。

表 9-9　部分机械采用的齿轮精度等级

应用范围	精度等级	应用范围	精度等级
单啮仪、双啮仪	2 ~ 5	载重汽车	6 ~ 9
涡轮机减速器	3 ~ 5	通用减速器	6 ~ 8
金属切削机床	3 ~ 8	轧钢机	5 ~ 10
航空发动机	4 ~ 7	矿用绞车	6 ~ 10
内燃机车、电气机车	5 ~ 8	起重机	6 ~ 9
轻型汽车	5 ~ 8	拖拉机	6 ~ 10

表 9-10　齿轮精度等级的应用范围

精度等级	齿轮圆周速度 / $(\mathrm{m \cdot s^{-1}})$		应用范围
	直齿	斜齿	
4 级	<35	<70	极精密分度机构的齿轮，非常高速并要求平稳、无噪声的齿轮，高速涡轮机齿轮
5 级	<20	<40	精密分度机构的齿轮，高速并要求平稳、无噪声的齿轮，高速涡轮机齿轮
6 级	<15	<30	高速、平稳、无噪声、高效率齿轮，航空、汽车、机床中的重要齿轮，分度机构齿轮，读数机构齿轮
7 级	<10	<15	高速、动力小而需逆转的齿轮，机床中的进给齿轮，航空齿轮，读数机构齿轮，具有一定速度的减速器齿轮
8 级	<6	<10	一般机器中的普通齿轮，汽车、拖拉机、减速器中的一般齿轮，航空器中的不重要齿轮，农机中的重要齿轮
9 级	<2	<4	精度要求低的齿轮

9.6.3　精度等级的标注

当齿轮的检验项目为同一精度等级时，可标注精度等级和标准号。例如，同为 7 级时，可标注为

7　GB/T 10095. 1—2001

当齿轮检验项目的精度等级不同时，可按齿轮传递运动准确性、齿轮传动平稳性和载荷分布均匀性的顺序进行标注。例如，齿距累积总公差 F_p、单个齿距极限偏差 f_{pt} 和齿廓总公差 F_α 皆为 8 级，螺旋线总公差 F_β 为 7 级时，则标注为

8(F_p、f_{pt}、F_α)、7(F_β) GB/T 10095. 1—2001

或标注为

8—8—7　GB/T 10095. 1—2001

9.7 齿轮副与齿坯精度

9.7.1 齿轮副精度

1. 中心距偏差（Δf_a）

中心距偏差 Δf_a 是指实际中心距与公称中心距之差。

Δf_a 会影响齿轮工作时的侧隙。当实际中心距小于设计中心距时，会使侧隙减小；反之，会使侧隙增大。为保证侧隙要求，用中心距极限偏差控制中心距偏差。

Δf_a 的合格条件是它在中心距极限偏差范围内，即 $-f_a \leqslant \Delta f_a \leqslant +f_a$。

中心距极限偏差数值见表 9-11，供参考。

表 9-11 中心距极限偏差 $\pm f_a$（单位：μm）

齿轮精度等级		1~2	3~4	5~6	7~8	9~10	11~12
f_a		$\frac{1}{2}$IT4	$\frac{1}{2}$IT6	$\frac{1}{2}$IT7	$\frac{1}{2}$IT8	$\frac{1}{2}$IT9	$\frac{1}{2}$IT11
齿轮副的中心距/mm	>6~10	2	4.5	7.5	11	18	45
	>10~18	2.5	5.5	9	13.5	21.5	55
	>18~30	3	6.5	10.5	16.5	26	65
	>30~50	3.5	8	12.5	19.5	31	80
	>50~80	4	9.5	15	23	37	95
	>80~120	5	11	17.5	27	43.5	110
	>120~180	6	12.5	20	31.5	50	125
	>180~250	7	14.5	23	36	57.5	145
	>250~315	8	16	26	40.5	65	160
	>351~400	9	18	28.5	44.5	70	180

2. 轴线平行度偏差（$\Delta f_{\Sigma\delta}$、$\Delta f_{\Sigma\beta}$）

一对啮合的圆柱齿轮，若它们的两条轴线不平行，即形成了空间的异面（交叉）直线，则会影响齿轮的接触精度。

轴线平行度偏差在相互垂直的轴线平面［H］和垂直平面［V］上测量。轴线平面［H］上的平行度偏差 $\Delta f_{\Sigma\delta}$ 是实际被测轴线 2 在［H］面投影对基准轴线 1 的平行度误差；垂直平面［V］上的平行度偏差 $\Delta f_{\Sigma\beta}$ 是实际被测轴线 2 在［V］面投影对基准轴线 1 的平行度误差，如图 9-20 所示。

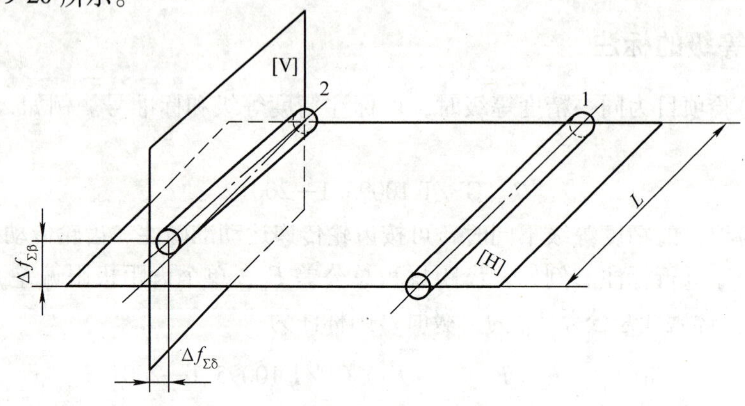

图 9-20 轴线平行度偏差

1—基准轴线 2—被测轴线 ［H］—轴线平面 ［V］—垂直平面

$\Delta f_{\Sigma\beta}$的公差$f_{\Sigma\beta}$和$\Delta f_{\Sigma\delta}$的公差$f_{\Sigma\delta}$分别用下列两个公式计算：

$$f_{\Sigma\beta}=0.5\frac{L}{b}F_{\beta} \tag{9-5}$$

$$f_{\Sigma\delta}=2f_{\Sigma\beta} \tag{9-6}$$

式中，L、b 和 F_{β} 分别为轴承跨距、齿宽和螺旋线总公差。

轴线平行度偏差的合格条件是：$\Delta f_{\Sigma\delta}\leqslant f_{\Sigma\delta}$且 $\Delta f_{\Sigma\beta}\leqslant f_{\Sigma\beta}$

3. 接触斑点

接触斑点是指安装好的齿轮副在轻微制动下，运转后齿面上分布的接触擦亮痕迹。

可以根据安装好的配对齿轮所产生接触斑点的大小，评估齿面接触精度；也可以通过测量接触斑点，来评估装配后齿轮螺旋线精度和齿廓精度；还可以用接触斑点来规定和控制轮齿齿长方向的配合精度。接触斑点分布的示意图如图 9-21 所示，图中 b_{c1}、b_{c2}分别为接触斑点的较大长度和较小长度；h_{c1}、h_{c2}分别为接触斑点的较大高度和较小高度。装配后直齿轮接触斑点的最低要求见表 9-12。

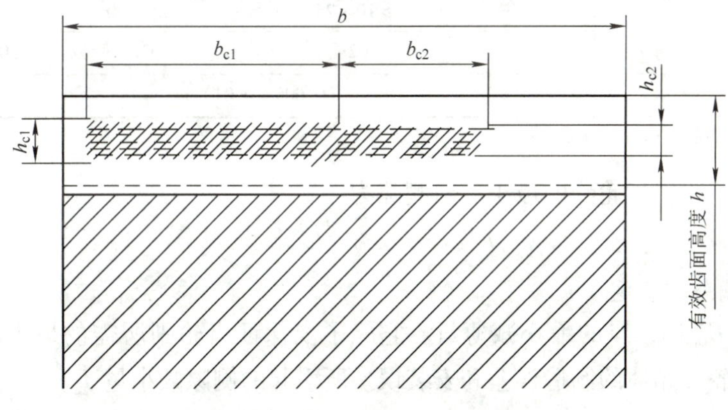

图 9-21　接触斑点分布的示意图

接触斑点的检验方法比较简单，对大规格齿轮尤其具有实用意义，因为较大规格齿轮副一般是在安装好的传动中检验。

接触斑点综合反映了齿轮的加工误差和安装误差。

表 9-12　直齿轮装配后接触斑点（摘自 GB/Z 18620.4—2002）

精度等级	$b_{c1}/b\times100\%$	$h_{c1}/h\times100\%$	$b_{c2}/b\times100\%$	$h_{c2}/h\times100\%$
4 级及更高	50%	70%	40%	50%
5 和 6	45%	50%	35%	30%
7 和 8	35%	50%	35%	30%
9 至 12	25%	50%	25%	30%

9.7.2　齿厚极限偏差

1. 最小法向侧隙 $j_{bn\,min}$

法向侧隙j_{bn}是指安装好的齿轮副，当工作齿面接触时，非工作齿面之间的最短距离。

为了保证齿轮转动的灵活性，根据润滑和补偿热变形的需要，齿轮副必须有一定的最小法向侧隙 $j_{bn\ min}$。最小法向侧隙的确定应考虑以下因素：

（1）齿轮副的工作温度　补偿齿轮和箱体温升引起热变形所需的最小侧隙 $j_{bn\ min1}$ 为

$$j_{bn\ min1} = a(\alpha_1 \Delta t_1 - \alpha_2 \Delta t_2) \times 2\sin\alpha_n \tag{9-7}$$

式中　a——齿轮副中心距（mm）；

α_1、α_2——分别为齿轮和箱体材料的线膨胀系数（1/°C）；

α_n——法向压力角；

Δt_1、Δt_2——分别为齿轮和箱体工作温度与标准温度（20°C）之差。

（2）润滑方式及齿轮圆周速度　为保证正常润滑，所需的最小侧隙 $j_{bn\ min2}$ 取决于润滑方式和齿轮的圆周速度，可参考表 9-13 选取。

表 9-13　保证正常润滑所需的最小侧隙 $j_{bn\ min2}$（推荐值）

润滑方式	齿轮的圆周速度 v/（m·s^{-1}）			
	≤10	>10～25	>25～60	>60
喷油润滑	$0.01m_n$	$0.02m_n$	$0.03m_n$	$(0.03 \sim 0.05)\ m_n$
油池润滑	$(0.005 \sim 0.01)\ m_n$			

注：m_n—齿轮法向模数（mm）。

考虑以上两因素，齿轮副的最小法向侧隙为

$$j_{bn\ min} = j_{bn\ min1} + j_{bn\ min2} \tag{9-8}$$

2．齿厚上偏差的确定

齿厚上偏差 E_{sns} 即齿厚的最小减薄量。它除了要保证齿轮副所需的最小法向侧隙 $j_{bn\ min}$ 外，还要补偿齿轮和箱体的制造误差和安装误差所引起的侧隙减小量 J_n。

$$J_n = \sqrt{(f_{pt1}^2 + f_{pt2}^2)\cos^2\alpha_n + F_{\beta1}^2 + F_{\beta2}^2 + (f_{\Sigma\delta}\sin\alpha_n)^2 + (f_{\Sigma\beta}\cos\alpha_n)^2} \tag{9-9}$$

式中　f_{pt1}、f_{pt2}——两齿轮的齿距极限偏差；

$f_{\Sigma\delta}$、$f_{\Sigma\beta}$——齿轮副轴线平行度公差；

$F_{\beta1}$、$F_{\beta2}$——两齿轮螺旋线总公差；

α_n——法向压力角。

为计算简便，将两齿轮的齿距极限偏差和螺旋线总公差分别取成相等（按大齿轮取值），根据式（9-5）和式（9-6），并取 $\alpha_n = 20°$，则上式可化简为

$$J_n = \sqrt{1.76f_{pt}^2 + [2 + 0.34(L/b)^2]F_\beta^2} \tag{9-10}$$

另

$$j_{bn\ min} = (|E_{sns1}| + |E_{sns2}|)\cos\alpha_n - f_a \times 2\sin\alpha_n - J_n$$

式中　E_{sns1}、E_{sns2}——两齿轮齿厚上偏差；

f_a——中心距偏差。

通常，取 $E_{sns1} = E_{sns2} = E_{sns}$，则可求得齿厚上偏差为

$$|E_{sns}| = f_a\tan\alpha_n + \frac{j_{bn\ min} + J_n}{2\cos\alpha_n} \tag{9-11}$$

3．齿厚下偏差的确定

齿厚公差 T_{sn} 计算式为

$$T_{sn} = 2\tan\alpha_n \sqrt{F_r^2 + b_r^2} \tag{9-12}$$

式中　F_r——径向跳动公差；

b_r——切齿径向进刀公差，推荐按表 9-14 选取。

齿厚下偏差为

$$E_{sni} = E_{sns} - T_{sn} \tag{9-13}$$

表 9-14　切齿径向进刀公差 b_r

齿轮传递运动准确性的精度等级	4	5	6	7	8	9
b_r	1. 26IT7	IT8	1. 26IT8	IT9	1. 26IT9	IT10

注：标准公差值 IT 按齿轮分度圆直径从表 2-1 中查取。

9.7.3　公法线长度极限偏差

公法线长度极限偏差分别由齿厚极限偏差换算得到，换算公式如下：

对外齿轮

$$\left.\begin{aligned} E_{ws} &= E_{sns}\cos\alpha - 0.72F_r\sin\alpha \\ E_{wi} &= E_{sni}\cos\alpha + 0.72F_r\sin\alpha \end{aligned}\right\} \tag{9-14}$$

对内齿轮

$$\left.\begin{aligned} E_{ws} &= -E_{sni}\cos\alpha - 0.72F_r\sin\alpha \\ E_{wi} &= -E_{sns}\cos\alpha + 0.72F_r\sin\alpha \end{aligned}\right\} \tag{9-15}$$

9.7.4　齿坯精度

齿坯精度是指齿轮在设计、制造、检测和装配时的基准面的尺寸精度和形位精度，它们对齿轮的加工、检测和装配精度都有很大影响。因此，必须对齿坯精度予以规定。

齿轮内孔（或轴齿轮的轴颈）、顶圆的尺寸公差的选取如表 9-15 所示；齿面及齿坯基准面的表面粗糙度要求如表 9-16 所示。

表 9-15　齿坯公差

齿轮精度等级①	1	2	3	4	5	6	7	8	9	10	11	12
孔	IT4				IT5	IT6	IT7		IT8		IT9	
轴颈	通常按滚动轴承的公差等级确定											
顶圆直径②	IT6		IT7			IT8			IT9		IT11	

① 齿轮的各项精度等级不同时，按最高的精度等级确定齿坯公差。

② 齿顶圆不作测量齿厚的基准时，尺寸公差按 IT11 给定，但不大于 $0.1m_n$。

表 9-16 齿面及齿坯基准面的表面粗糙度参数 R_a 值 （单位：μm）

齿轮精度等级	3	4	5	6	7	8	9	10
齿面	≤0.63	≤0.63	≤0.63	≤0.63	≤1.25	≤5	≤10	≤10
基准孔	≤0.2	≤0.2	0.4~0.2	≤0.8	1.6~0.8	≤1.6	≤3.2	≤3.2
基准轴颈	≤0.1	0.2~0.1	≤0.2	≤0.4	≤0.8	≤1.6	≤1.6	≤1.6
端面、齿顶圆柱面	0.2~0.1	0.4~0.2	0.8~0.4	0.8~0.4	1.6~0.8	3.2~1.6	≤3.2	≤3.2

注：齿轮的各精度等级不同时，按最高精度等级确定。

基准端面对基准孔轴线的端面圆跳动公差 t_t 可按下式确定：

$$t_t = 0.2\frac{D_d}{b}F_\beta \tag{9-16}$$

式中 D_d——基准端面的直径；

b——齿宽；

F_β——螺旋线总公差。

齿顶圆柱面对基准孔轴线的径向圆跳动公差为

$$t_r = 0.3F_p \tag{9-17}$$

式中，F_p 为齿距累积总公差。

9.7.5 齿轮精度设计实例

例 9-1 参看图 9-22，某通用减速器中一直齿圆柱齿轮，模数 $m=3$mm，压力角 $\alpha=20°$，变位系数 $\chi=0$，齿数 $z=32$，中心距 $a=288$mm，箱体轴承孔跨距 $L=65$mm，齿宽 $b=20$mm，圆周速度 $v=6.5$m/s。采用油池润滑，齿轮材料为钢，线膨胀系数 $\alpha_1=11.5\times10^{-6}$/℃；箱体材料为铸铁，线膨胀系数 $\alpha_2=10.5\times10^{-6}$/℃；减速器工作时，齿轮温度增至60℃，箱体温度增至40℃。试设计齿轮的精度，并画出齿轮零件图。

解：

(1) 确定齿轮精度等级

参照表 9-9 所列通用减速器齿轮和表 9-10 齿轮精度等级的应用范围，按本例所给的齿轮圆周速度 $v=6.5$m/s，齿轮精度等级应选用 7 级，但考虑到一般减速器对传递运动准确性要求不高，从而确定齿轮传递运动准确性、传动平稳性、载荷分布均匀性的精度等级分别为 8 级、7 级、7 级。

(2) 确定检验项目及其公差（或极限偏差）

由表 9-1 ~ 表 9-4 分别查得：

① 齿距累积总公差 $F_p=53\mu m$

② 单个齿距极限偏差 $\pm f_{pt}=\pm12\mu m$

③ 齿廓总公差 $F_\alpha=16\mu m$

④ 螺旋线总公差 $F_\beta=15\mu m$

(3) 确定齿厚偏差

① 最小法向侧隙 $j_{bn\,min}$ 的确定

由式（9-7）得

$$j_{bn\,min1}=a(\alpha_1\Delta t_1-\alpha_2\Delta t_2)\times2\sin\alpha_n$$

$$=228\text{mm}\times(11.5\times10^{-6}\times40-10.5\times10^{-6}\times20)\times2\sin20°$$
$$=0.049\text{mm}$$

减速器采用油池润滑，查表9-13得：$j_{\text{bn min2}}=0.01m_n=0.01\times3\text{mm}=0.03\text{mm}$

由式（9-8）得

$$j_{\text{bn min}}=j_{\text{bn min1}}+j_{\text{bn min2}}=0.049\text{mm}+0.03\text{mm}=0.079\text{mm}=79\mu\text{m}$$

② 确定齿厚上偏差

由式（9-10）得

$$J_n=\sqrt{1.76f_{pt}^2+[2+0.34(L/b)^2]F_\beta^2}$$
$$=\sqrt{1.76\times12^2+[2+0.34(65/20)^2]\times15^2}\mu\text{m}$$
$$=38.88\mu\text{m}$$

查表9-11得$f_a=40.5\mu\text{m}$。

由式（9-11）得

$$E_{\text{sns}}=-(f_a\tan\alpha_n+\frac{j_{\text{bn min}}+J_n}{2\cos\alpha_n})=-(40.5\times\tan20°+\frac{79+38.88}{2\times\cos20°})\mu\text{m}=-77\mu\text{m}$$

③ 确定齿厚下偏差

查表9-14得：$b_r=1.26\text{IT9}=1.26\times87\mu\text{m}=110\mu\text{m}$，查表9-6得$F_r=43\mu\text{m}$。

由式（9-12）得

$$T_{\text{sn}}=2\tan\alpha_n\sqrt{F_r^2+b_r^2}=2\times\tan20°\sqrt{43^2+110^2}\mu\text{m}=86\mu\text{m}$$

由式（9-13）得

$$E_{\text{sni}}=E_{\text{sns}}-T_{\text{sn}}=(-77-86)\mu\text{m}=-163\mu\text{m}$$

（4）确定公法线长度及其极限偏差

由式（9-1）得

$$k=\frac{z}{9}+0.5=\frac{32}{9}+0.5\approx4$$

由式（9-4）得

$$W=m\cos\alpha[\pi(k-0.5)+z\text{inv}\alpha]$$
$$=3\text{mm}\times\cos20°\times[3.1416\times(4-0.5)+32\times\text{inv}20°]$$
$$=32.34\text{mm}$$

由式（9-14）得

$$E_{\text{ws}}=E_{\text{sns}}\cos\alpha-0.72F_r\sin\alpha=(-77\cos20°-0.72\times43\times\sin20°)\mu\text{m}=-83\mu\text{m}$$
$$E_{\text{wi}}=E_{\text{sni}}\cos\alpha+0.72F_r\sin\alpha=(-163\cos20°+0.72\times43\times\sin20°)\mu\text{m}=-143\mu\text{m}$$

即公法线的要求为$32.34_{-0.143}^{-0.083}\text{mm}$。

（5）确定齿坯公差

按表9-15，基准孔尺寸公差为IT7，其尺寸公差带确定为$\phi40\text{H7}(_{0}^{+0.025})$。

齿顶圆柱面不作为测量齿厚的基准，齿顶圆直径公差带确定为$\phi102\text{h11}(_{-0.22}^{0})$。

按式（9-16），基准端面的圆跳动公差为

$$t_t=0.2\frac{D_d}{b}F_\beta=0.2\times\frac{70}{20}\times15\mu\text{m}=11\mu\text{m}$$

（6）确定齿面表面粗糙度参数

按齿轮的精度等级，由表 9-16 查得齿面的表面粗糙度参数 $R_a \leqslant 1.25\mu m$。

（7）本例齿轮图如图 9-22 所示。

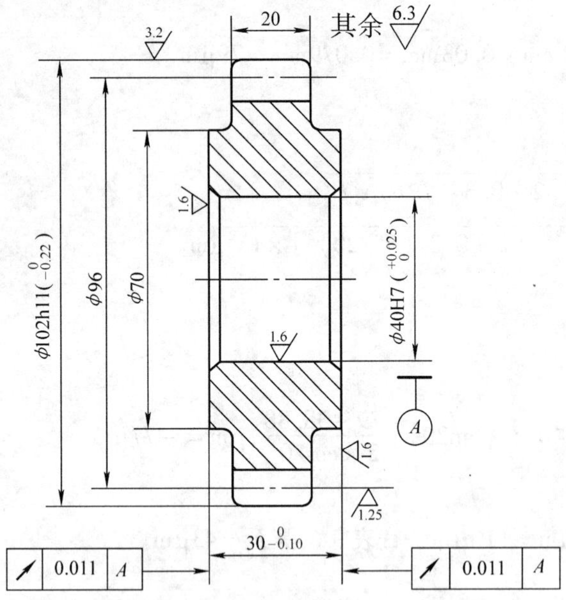

齿数	z	32
模数	m	3
压力角	α	20°
精度等级	8-7-7 GB/T 10095. 1—2001	
齿距累积总公差	F_p	0. 053
单个齿距极限偏差	$\pm f_{pt}$	0. 012
齿廓总公差	F_α	0. 016
螺旋线总公差	F_β	0. 015

图 9-22　齿轮

习　题　9

9-1　齿轮传动的使用要求有哪些？不同用途和不同工作条件的齿轮对这些使用要求的侧重点是否相同？试举例说明。

9-2　影响齿轮传递运动准确性的主要误差来源于什么？其特性如何？评定齿轮传递运动准确性的指标有哪些？

9-3　影响齿轮传动平稳性的主要误差是什么？其特性如何？评定齿轮传动平稳性的指标有哪些？

9-4　影响载荷分布均匀性的主要误差是什么？如何评定齿轮载荷分布的均匀性？

9-5　选择齿轮的侧隙指标时，测量公法线长度偏差比测量齿厚偏差优越之处何在？

9-6　GB/T 10095. 1—2001 中对单个渐开线圆柱齿轮的精度是如何规定的？

9-7　齿轮副精度的评定指标有哪些？

9-8　某直齿圆柱齿轮图样上标注了 7-6-6 GB/T 10095. 1—2001，模数 $m=3$mm，齿数 $z=32$，标准压力角 $\alpha=20°$，齿宽 $b=30$mm。该齿轮加工后经测量的结果为：$\Delta F_p=0.040$mm，$\Delta f_{pt}=0.008$mm，，$\Delta F_\alpha=0.010$mm，$\Delta F_\beta=0.015$mm，试判断该齿轮的精度指标的合格性。

9-9　已知某直齿圆柱齿轮，模数 $m=3$mm，标准压力角 $\alpha=20°$，齿数 $z=30$，变位系数 $\chi=0$，$E_{ws}=-0.120$mm，$E_{wi}=-0.198$mm。在该齿轮均布方位测得 6 条实际公法线长度分别为：32. 130mm，32. 124mm，32. 095mm，32. 133mm，32. 106mm，32. 120mm。试写出该齿轮 ΔE_w 的合格条件，并判断它们合格与否。

9-10　大量生产某直齿圆柱齿轮，其模数 $m=3.5$mm，标准压力角 $\alpha=20°$，齿数 $z=30$，齿宽 $b=50$mm，变位系数 $\chi=0$，齿轮的精度等级为 7 GB/T 10095. 1—2001，齿厚上、下偏差分别为 −0. 07mm 和 −0. 14mm。试确定：

（1）必检项目及其公差（或极限偏差）。

（2）测量公法线时的跨齿数，公称公法线长度及其上、下偏差。

（3）齿面的表面粗糙度。

（4）齿轮坯基准孔和齿顶圆的公差等级（齿顶圆柱面不作为切齿或测量时的基准）。

9-11　有一减速器中的直齿圆柱齿轮，模数 $m=6\text{mm}$，压力角 $\alpha=20°$，变位系数 $\chi=0$，齿数为 $z=36$，齿宽 $b=50\text{mm}$，中心距 $a=360\text{mm}$，箱体轴承孔跨距 $L=90\text{mm}$，转速 $v=8\text{m/s}$。减速器工作时要求保证最小法向侧隙 $j_{\text{bn min}}=0.21\text{mm}$。齿轮结构如图 9-23 所示，试确定：

（1）齿轮的精度等级。

（2）齿轮的必检指标及其公差（或极限偏差）。

（3）齿轮的公称公法线长度及相应的跨齿数和极限偏差。

（4）齿轮齿面的表面粗糙度。

（5）齿轮坯公差。

（6）画齿轮零件图。

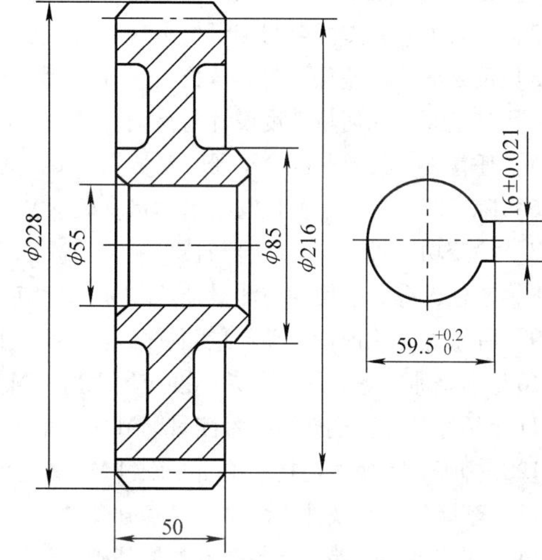

图 9-23　习题 9-11 图

参考文献

[1] 方昆凡．公差与配合实用手册［M］．北京：机械工业出版社，2006.

[2] 姚云英．公差配合与测量技术［M］．北京：机械工业出版社，2005.

[3] 黄云清．公差配合与测量技术［M］．北京：机械工业出版社，2005.

[4] 马正元．几何量精度设计与检测［M］．北京：机械工业出版社，2001.

[5] 任喜卉．公差与配合手册［M］．北京：机械工业出版社，2000.

[6] 陈于萍，等．互换性与技术测量基础［M］．2 版．北京：机械工业出版社，2006.

[7] 徐茂功，等．公差配合与技术测量［M］．2 版．北京：机械工业出版社，2005.

[8] 李柱，等．互换性与测量技术［M］．北京：高等教育出版社，2004.

[9] 甘永立．几何量公差与检测［M］．7 版．上海：上海科学技术出版社，2006.

[10] 李晓沛，等．简明公差标准应用手册［M］．上海：上海科学技术出版社，2005.

[11] 杨好学．互换性与技术测量［M］．西安：西安电子科技大学出版社，2006.

[12] 柳晖．互换性与技术测量基础［M］．上海：华东理工大学出版社，2006.

[13] 李巽尔．互换性与测量技术基础［M］．2 版．北京：中央广播电视大学出版社，2002.

[14] 胡荆生．公差配合与技术测量基础［M］．2 版．北京：中国劳动社会保障出版社，2000.

[15] 张安民．圆柱齿轮精度［M］．北京：中国标准出版社，2002.

[16] GB/T10095.1、10095.2—2001 渐开线圆柱齿轮　精度［S］．北京：中国标准出版社，2001.

[17] GB/Z18620.1、18620.2、18620.3、18620.4—2002 圆柱齿轮　检验实施规范［S］．北京：中国标准出版社，2002.

[18] GB/T192—2003 普通螺纹　基本牙型［S］．北京：中国标准出版社，2004.

[19] GB/T197—2003 普通螺纹　公差［S］．北京：中国标准出版社，2004.

[20] GB/T1095—2003 平键　键槽的剖面尺寸［S］．北京：中国标准出版社，2004.

[21] GB/T1144—2001 矩形花键　尺寸、公差和检验［S］．北京：中国标准出版社，2001.